Kerstin Hausknecht, Thomas Liebich

BIM-Kompendium

Kerstin Hausknecht, Thomas Liebich

BIM-Kompendium

Building Information Modeling
als neue Planungsmethode

Fraunhofer IRB Verlag

Bibliografische Information der Deutschen Nationalbibliothek:
Die Deutsche Nationalbibliothek verzeichnet diese Publikation in der Deutschen National-
bibliografie; detaillierte bibliografische Daten sind im Internet über www.dnb.de abrufbar.

ISBN (Print): 978-3-8167-9489-9
ISBN (E-Book): 978-3-8167-9490-5

Lektorat: Sigune Meister
Satz und Herstellung: Angelika Schmid
Umschlaggestaltung: Martin Kjer
Druck: BELTZ Bad Langensalza GmbH, Bad Langensalza
3. Nachdruck, November 2017

Umschlag-Abbildungen: Koordinationsmodell und Fachmodelle des Wettbewerbsbeitrags
zum Architekturwettbewerb »neues bauen am horn«, Weimar 1999

© Fraunhofer IRB Verlag, 2016
Fraunhofer-Informationszentrum Raum und Bau IRB
Nobelstraße 12, 70569 Stuttgart
Telefon +49 7 11 9 70-25 00
Telefax +49 7 11 9 70-25 08
irb@irb.fraunhofer.de
www.baufachinformation.de

Prolog

Vorwort eines wissenschaftlichen Vaters der Planungsmethode
Foreword from a scientific father of the methodology

Roughly thirty years after the manufacturing and aerospace industries recognized that CAD/CAM with structured data models of the product were the future representational base for design, engineering, fabrication and operations, the construction industry has started its own similar transformation.

The opportunities of digital design and manufacturing are still being further developed; the future impacts of Building Information Modeling (BIM), alternatively Virtual Design and Construction (VDC), will also go on for multiple decades. BIM and VDC has as its first level the development of highly structured models and operations supporting the different design, engineering and production augmentation that is now possible.

Of equal and growing importance is the integration and collaboration needed to make the processes integrated and seamless. Many of its impacts are difficult to anticipate. What is known is that digital technology will become a fundamental aspect that will both integrate the participants in the AECO industries and also provide new levels of differentiation among project teams.

The authors have been innovators and leaders in the development of standards for building modeling. Their perspectives gained from developing data standards provide an important and insightful perspective of the field not widely available until the publishing of this book.

Prof. Charles Eastman, Director
Digital Building Laboratory, College of Architecture
Georgia Institute of Technology
Atlanta, October 2015

Vorwort eines Wegbereiters aus der Planung

Foreword from an industry champion

In 1994 a small group of building industry participants begin exploring ways to improve interoperability in the Building Industry. After a year of discussion and technical testing, the International Alliance for Interoperability (IAI) was formed with a bold mission to transform the world of building design and construction. It is important to remember that this was before the Internet, smart phones or what is today called »BIM«. The IAI quickly formed chapters around the world, including an active chapter in Germany where Thomas Liebich and Kerstin Hausknecht began to transform our ideas and goals into technical reality.

In 2008 the IAI was rebranded as buildingSMART International and broadened its mission to transform both buildings and infrastructure – the built environment. BIM has replaced CAD as the vehicle of choice for design and construction and the key requirement is open BIM – full sharing of information regardless of software platform or tool. Successful use of open BIM also requires full collaboration between all project participants, including the design team, construction team – and most importantly the building owner.

Today buildingSMART is the home of open BIM and our Industry Foundation Classes (IFC) have become the common language for sharing open BIM data. My term for IFC is International Friendship Club referring to friendships forged across the globe by members of the buildingSMART family. Thomas Liebich and Kerstin Hausknecht are an essential part of buildingSMART and major contributors to IFC development and a better future for our industry. We are privileged to have their participation in and dedication to buildingSMART International.

Patrick MacLeamy, FAIA
Chair, buildingSMART International
Chair and CEO, HOK Architects
San Francisco, October 2015

Inhaltsverzeichnis

Einleitung

Wenn der Wind des Wandels weht,
bauen die einen Schutzmauern,
die anderen bauen Windmühlen.«
Chinesische Weisheit

Warum BIM?

Wir leben in einer Zeit, in der der technologische Fortschritt unser Leben und unsere Arbeitswelt bestimmt und in nie gekannter Schnelligkeit verändert. Neue Technologien werden in immer kürzeren Abständen entwickelt. Die meisten Entwicklungen zielen auf die Verbesserung bekannter Arbeitsmethoden. Über deren Einführung kann leicht anhand von Rentabilitätsüberlegungen entschieden werden, da die Abläufe weitgehend gleich und damit vergleichbar bleiben. Wenn sich die gleichen Arbeitsprozesse effizienter gestalten lassen, und die Effekte der Effizienzsteigerung die notwendigen Investitionen übertreffen, dann werden diese neuen Technologien problemlos eingesetzt.

Einige technologische Entwicklungen stellen jedoch die bisherigen Arbeitsmethoden und Abläufe selbst in Frage und führen letztlich zu einem Paradigmenwechsel innerhalb des Wirtschaftszweiges. Hierbei werden nicht nur die Arbeitsprozesse innerhalb der Firma beeinflusst, die diese Technologie einsetzten will, sondern auch die Zusammenarbeit mit anderen sowie vertragliche und regulative Rahmenbedingungen. Es handelt sich dann nicht nur um eine neue Technologie, sondern um eine neue Methode des Wirtschaftens. Einfache Rentabilitätsüberlegungen zur direkten Amortisation der Investitionen sind ebenfalls schwierig, da sich die Vergleichsparameter ändern. Andererseits sind die größten Produktivitätssteigerungen auf solche industriellen Revolutionen zurückzuführen.

Während die neuen digitalen Technologien, wie das Produktdaten- und -lebenszyklusmanagement (PDM/PLM) und die virtuelle Produktentwicklung (zuerst digital erstellen, dann real produzieren), in anderen Branchen bereits erfolgreich angewandt werden, kam diese Innovation im Bauwesen kaum voran. Heute jedoch wird *Building Information Modeling*, auf deutsch *Bauwerksinformationsmodellierung* oder besser *Planungsmethode auf der Basis von Bauwerksinformationsmodellen*, abgekürzt *BIM*[1], als eine wegweisende Änderung der Planungsmethode im Bauwesen diskutiert.

---

1   Die unterschiedlichen Bedeutungsebenen des Begriffs *BIM* werden in Kapitel 2.2 im Detail erläutert.

Aber was ist BIM? Es ist eine vielversprechende Entwicklung in der Bauwirtschaft, die es erlaubt, die Bauwerke zuerst digital zu erstellen, bevor diese real gebaut werden. Wenn diese Methode richtig eingesetzt wird, dann können die Entwurfsprozesse integraler und die Ausführung koordinierter und fehlerfreier umgesetzt werden und damit die Bauwerke effizient und im genauer abgesteckten Zeit- und Kostenrahmen errichtet werden. Als die wesentlichen Elemente der neuen Methode stellen sich einerseits die Ablösung einer zeichnungs- und dokumentenbasierten Arbeitsweise durch eine computermodellbasierte und dabei häufig drei- oder sogar vierdimensionale Planung heraus, und andererseits die viel intensivere Zusammenarbeit der Planer und Ausführenden mit der computergestützten Verzahnung der jeweiligen digitalen Modelle.

Davon ausgehend ist BIM als neue Planungsmethode die Antwort auf die altbekannte Frage: »Warum arbeiten wir nicht mehr wirklich zusammen?« Der »vorsichtige« Umstieg von einer integrierten Planung auf BIM ist dann nicht mehr so schwer, wenn der Wille zur Zusammenarbeit gegeben ist.

Chance oder Risiko?

Sowohl die oft gebrauchte Bezeichnung *digitale Revolution*, als auch die möglichen Auswirkungen der neuen Technologie im Allgemeinen, werfen dabei viele Fragen auf und generieren auch Ängste:

- »Wo bleibe ich mit meinen Fähigkeiten?«
- »Wie positioniere ich mein Büro?«
- »Ist BIM nicht wieder nur eine dieser Umwälzungen, bei der nur die ›Großen‹ gewinnen und die vielen kleinen Büros ins Hintertreffen geraten?«

Vieles wird vom Verständnis und dem Willen abhängen, Veränderungen als eine Chance zu begreifen. Verständlicherweise fällt es zunächst jedem schwer, ob im Beruf oder auch privat, bestehende und bis dato erfolgreiche Arbeitsabläufe in Frage zu stellen und durch neue vorerst unbekannte Methoden zu ersetzen. So stellen sich auch viele Planungsbüros und ausführende Firmen die Frage, wozu sie sich mit BIM beschäftigen sollen, und scheuen die Anfangsinvestitionen – zunächst nur die Zeit, sich mit der Herausforderung BIM auseinanderzusetzen, später auch die Kosten für Softwareupdates, Schulungen und den kontinuierlichen Verbesserungsprozess. Zumal es schwierig ist, die Vorteile der neuen Arbeitsweise in seriösen Prozentzahlen der Einsparungen auszudrücken.

Anfangs dominierte die Auffassung, dass BIM sich eigentlich nur für Großprojekte rechnet. Kleine Büros waren oft der Meinung, dass es sich für sie nicht lohnt und es auf jeden Fall besser wäre, weiter abzuwarten. Mittlerweile zeigt sich allerdings immer mehr, dass dies nicht stimmt. Vom kleinen Architekturbüro bis hin zu Handwerksbetrieben steigt das ernsthafte Interesse an dieser neuen Planungsmethode. Die Anzahl von Publikationen und Informationsveranstaltungen ist sprunghaft angestiegen. Dahinter stehen entweder die Neugierde und das Eigeninteresse an Weiterentwicklung oder die Sorge, anderweitig den Anschluss zu verpassen und in Zukunft nicht mehr wettbewerbsfähig zu sein. Unter den Pionieren der neuen Methode befinden sich viele kleine Büros und Firmen, die oft den entscheidenden Vorteil haben, schlanker zu sein, und damit schneller bei Veränderungen agieren zu können, als Großbetriebe.

Building Information Modeling darf nicht nur als eine neue Generation von Softwareprodukten gesehen werden, es wird auch den Ablauf der Planung und insbesondere die Art und Weise der Zusammenarbeit der Projektbeteiligten in wesentlichen Punkten ändern. Damit wirkt sich BIM auf die Arbeitsmethode jedes Einzelnen aus, wie genau ist derzeit für viele noch schwer durchschaubar. Dadurch resultieren weitere Fragen: »Brauche ich eine andere Software, brauche ich Mitarbeiter mit anderen Qualifikationen, muss ich die Planungsabläufe ändern, kostet das mehr und was bringt es mir am Ende für Vorteile?«

Daneben wird BIM oft auch sehr umfassend dargestellt und insbesondere in der bislang allein verfügbaren englischsprachigen Literatur quasi als Allheilmittel gegen alle Unannehmlichkeiten der heutigen Bauwirtschaft angepriesen. Was ist dabei überzogen und was ist wirklich relevant? BIM ermöglicht eine neue Methode der Zusammenarbeit und zeigt daher selbstverständlich Defizite bei den heutigen Ausschreibungs- und Vergabeformen auf, die zu sehr auf die Abgrenzung der Aufgaben und Risiken der einzelnen Projektbeteiligten setzen und zu wenig auf die Kooperation und gemeinsame Verantwortung hinsichtlich des Gesamterfolgs: Der Übergabe des Bauwerks in der vereinbarten Qualität mit Einhaltung der Kosten und Termine. Aber sind für den Einsatz von BIM neue Vertragsformen essenziell oder kann BIM auch unter den heutigen Rahmenbedingungen eingesetzt werden? – noch einmal neue Fragen.

Wenn man als Auftraggeber BIM bei einem neuen Projekt als eine Planungsmethode voraussetzen möchte, als Planer demnächst BIM einführen will oder als Bauausführender BIM zur Kalkulation und zur Bauausführung nutzen will, wie weiß man, ab wann das erstellte beziehungsweise übergebene Bauwerksinformationsmodell den dafür notwendigen Detaillierungsgrad aufweist? Anders als bei den bislang gewohnten Plänen kann dieser nicht mehr durch eine Maßstabsangabe suggeriert werden – weitere Fragen.

Warum dieses Buch?

Dieses Buch soll die Fragen klären, Missverständnisse aus dem Weg räumen und will sich BIM auf verständliche Weise nähern, so dass der Leser ein Grundverständnis von BIM bekommt und sich bei seinem nächsten Projekt auf die Planung mit BIM einlässt, in einem bereits BIM-affinen Projektteam mitarbeiten kann oder als Auftraggeber bei der nächsten Ausschreibung BIM vorsieht.

Dieses Kompendium wendet sich an alle im Bauwesen Beschäftigten, die in Planungs- und Entscheidungsprozessen während des Lebenszyklus eines Bauwerkes, von den frühen Entwurfsphasen, über die Planung und Ausführung, bis hin zum Betrieb und dem Um- oder Rückbau, mitwirken. Denn BIM ist eine prinzipielle Methode für die Digitalisierung der Arbeitsprozesse, und die dabei verwendeten Informationsmodelle müssen nicht immer zwangsläufig dreidimensional sein[2]. Dennoch spielt die dritte Dimension eine wichtige Rolle[3].

Die Autoren müssen sich, um den Rahmen dieses BIM-Kompendiums nicht zu sprengen, in der konkreten Darstellung auf die wesentlichen Rollen bei der Umsetzung von BIM in der deutschen Bauwirtschaft beschränken. Obwohl die neue Methode sowohl im Hochbau als auch im Infrastrukturbau angewandt werden kann, in beiden Bereichen sowohl für Neubauten als auch für das Bauen im Bestand, wird der Hauptfokus auf Neubauten im Hochbau liegen.

Zuerst werden die Auftraggeber adressiert, die mehrfach Planungs- und Bauleistungen ausschreiben und die entstehenden Gebäude und baulichen Anlagen selbst nutzen oder direkt an Nutzer weitervermieten. Insbesondere diese Auftraggeber werden die Vorteile von BIM für sich realisieren können, wenn sie die wesentlichen Grundzüge der Methode erkennen, diese in den Ausschreibungen und Verträgen entsprechend verankern und die hochwertigen BIM-Daten für das spätere Bewirtschaften der baulichen Anlagen zu nutzen verstehen.

Die nächste entscheidende Zielgruppe sind die Ersteller der Bauwerksmodelle, diejenigen, die über diese Modelle ihre Zusammenarbeit neu organisieren können – die Architekten und die Fachingenieure. Während die Einführung von CAD[4] vor zwei Dekaden die bisherigen zeichnungsorientierten Arbeitsabläufe optimiert, aber im Wesentlichen unverändert gelassen hat, wird BIM weitreichende Veränderungen hervorrufen, die, wenn richtig angewandt, den Entwurf wieder in den Mittelpunkt stellen. Dabei können die technologischen Möglichkeiten so genutzt werden, dass die technische Entwurfsqualität jederzeit geprüft werden kann, um die Entwurfsvarianten entsprechend zu optimieren. Die BIM-basierten Zusammenarbeitsmodelle ermöglichen es, die Fachingenieure besser in die Entwurfsarbeit zu integrieren und damit die Planung zu koordinieren. Mit den jederzeit nutzbaren Visualisierungen der BIM-Modelle können die Entwurfsideen besser den Auftraggebern und anderen Beteiligten erklärt werden, auch um späteren Missverständnissen vorzubeugen.

Das Buch wendet sich auch an die ausführenden Firmen, für die BIM entscheidende Vorteile in der Angebots- und Ausführungsphase bieten kann. Im Vordergrund stehen hierbei die belastbaren Informationen aus akkuraten BIM-Modellen hinsichtlich der Konstruktionsdetails, der Mengen und der Widerspruchsfreiheit zwischen den Fachplanungen. Des Weiteren können die BIM-Modelle mit Terminplänen verknüpft werden, auch 4D genannt, um den Bauablauf zu visualisieren und zu optimieren und mit Leistungs-

---

2 Ein qualifiziertes Raum- und Funktionsprogramm in der Grundlagenermittlung, das digital auswertbar in einer Datenbank erstellt wird, kann am Beginn eines BIM-Prozesses stehen, ohne selbst ein 3D-Modell zu sein. Eine objektbasierte CAFM-Datenbank, in welche die bewirtschaftungsrelevanten Modellelemente (wie Räume und technische Ausstattungen) überführt wurden, kann am Ende eines BIM-Prozesses stehen und ist ebenfalls kein 3D-Modell.

3 In den Planungs- und Ausführungsphasen ist die geometrische Basis von BIM ein 3D-Modell. Wichtig ist, dass sich BIM nicht auf 3D beschränkt, sondern ein Hauptaugenmerk auf den damit verknüpften Informationen, den Objektattributen, liegt.

4 Die Einführung von CAD erfolgte im Bauwesen im Wesentlichen als *computer-aided drafting*, der computergestützten Zeichnungstätigkeit. Die zweite Bedeutung des Begriffs *computer-aided design* stand dagegen kaum im Vordergrund.

verzeichnissen verlinkt werden, werbewirksam als 5D bezeichnet, um die Kostenkontrolle mittels BIM zu verbessern. Insgesamt bietet BIM den Baufirmen eine optimale Methode für das Risikomanagement.

Auch die anderen Beteiligten in Bauprojekten werden mit der BIM-Methode konfrontiert werden. Die Projektsteuerer werden BIM als eine Methode des Informationsmanagements und damit als Steuerungselement erkennen und sicherlich in Zukunft solche Leistungen mit anbieten. Die Bauprodukthersteller überlegen sich, wie sie ihre Produkte so beschreiben können, dass die Produktinformation nahtlos in den BIM-Prozess mit einfließen kann. Die Portfolio und Facility Manager, wenn nicht bereits direkt in der Auftraggeberrolle involviert, werden am Ende des Bauprojekts von den aktuellen BIM-Daten der Bestandsmodelle in vielfältiger Weise profitieren können und Anforderungen aufstellen, wie diese am besten bei der Projektübergabe zu übermitteln sind.

Vorstellung des Buchinhalts

Zu Beginn des Buches wird kurz auf den heutigen Planungsalltag eingegangen: »Wo stehen wir, was sind die Schwierigkeiten und Herausforderungen der deutschen Bauwirtschaft, denen wir uns stellen müssen?« Dazu bietet sich zur besseren Einschätzung des aktuellen Standes ein Vergleich mit anderen Branchen und der Situation am Bau in anderen Ländern an. Damit verknüpft ist die grundlegende Frage: »Ist BIM ein umfassender Lösungsansatz oder nur eine weitere neue Softwaretechnologie?«

Ein kurzer Abriss zeigt die geschichtliche Entwicklung des Building Information Modeling, interessant hierbei: BIM ist wesentlich älter, als man denkt. Zur Erleichterung des Gesamtverständnisses werden die unterschiedlichen Begriffsdefinitionen erläutert. Kurz wird an dieser Stelle auch auf die wesentlichen Vorteile dieser neuen Planungsmethode eingegangen.

Nach diesen beiden Einführungskapiteln 1 und 2 beginnt der Hauptteil des Buches – das erforderliche BIM-Grundwissen. Für die erfolgreiche Umsetzung von BIM in Unternehmen und in Bauprojekten sind die folgenden Hauptpunkte entscheidend:

- das softwaretechnisch Machbare
- der erfolgreiche Datenaustausch
- die korrekte Erstellung der Datenmodelle
- der richtige Detaillierungsgrad zum rechten Zeitpunkt
- die Anpassung der Planungs- und Ausführungsprozesse
- die Auswahl der mehrwertbringenden Anwendungsfälle
- das Informationsmanagement
- die rechtlichen Rahmenbedingungen.

Diese Punkte spiegeln sich im weiteren Aufbau des Buches wider.

Kapitel 3 beginnt mit der Beschreibung der technologischen Grundlagen und den generellen Softwareanforderungen für die Einführung von BIM. Einige BIM-fähige Softwareprodukte, getrennt nach den entsprechenden Anwendungsfällen, werden beschrieben. Dies führt zu einem breiten Überblick über die marktgängigen Produkte. Die BIM-Software sollte natürlich offene BIM-Schnittstellen besitzen, wenn BIM während des

Planungsprozesses in seiner ganzen Bandbreite genutzt werden soll. In diesem Kapitel werden daher folgerichtig die wichtigsten BIM-Schnittstellen mit Fokus auf IFC ausführlich beschrieben.

Ausgerüstet mit dem Wissen über die Werkzeuge zur Arbeit mit BIM folgen in Kapitel 4 die Erläuterungen zu den Fachmodellen, Modellelementen, deren geometrischer Ausprägung und den zugeordneten Eigenschaften. Die unterschiedlichen Fertigstellungs-, Detaillierungs-, Geometrie- und Informationsgrade während des Planungsverlaufs werden erklärt. Den Abschluss dieses Kapitels bildet die Vorstellung einer Datenbank für das BIM-Anforderungs- und Qualitätsmanagement BIM-Q, die die Autoren bei AEC3 entwickeln.

Das Vielversprechendste an der Anwendung der neuen Planungsmethode mit BIM ist die Neuausrichtung der Zusammenarbeitsprozesse. Denn das gemeinsame Arbeiten vieler, möglichst aller, Beteiligten im Planungsteam mittels der verschiedenen BIM-Modelle bringt die höchste Synergie. Der BIM-Referenzprozess wird in Kapitel 5 als eine von den Autoren mit erarbeitete Methode zum besseren Prozessverständnis in Planung und Ausführung erläutert. Angefangen mit der Erläuterung der BIM-Prozesse wird danach zu beispielhaften Workflows übergeleitet. Von der Kollisionsprüfung anhand des Koordinationsmodells bis hin zur Übergabe der Bauwerksinformationen an das Facility Management werden die wesentlichen BIM-Anwendungsfälle exemplarisch beschrieben und den BIM-Zielen zugeordnet.

Die Einführung von BIM im eigenen Unternehmen oder in einem Bauprojekt wird in Kapitel 6 erläutert. Sie sollte immer von realistischen BIM-Zielen geleitet sein. Daraus leiten sich die vereinbarten BIM-Anwendungsfälle ab, aber auch die Rollen und Verantwortlichkeiten für die BIM-Nutzung im Projekt. Wichtige Etappen für eine BIM-Einführung in das Unternehmen werden vorgestellt. Der BIM-Projektabwicklungsplan als zentrales Dokument für das Informationsmanagement in Bauprojekten wird diskutiert und im Detail vorgestellt. Damit wird ein Grundverständnis über die notwendigen Vereinbarungen zwischen Auftraggebern und Auftragnehmern für eine büroübergreifende Zusammenarbeit im Projekt vermittelt.

BIM und HOAI sind keine Gegensätze und BIM lässt sich im deutschen Regelwerk verwirklichen. Dennoch wird es Auswirkungen auf die Anwendung der HOAI haben. Daher werden in Kapitel 7 die BIM-relevanten Leistungsbilder beschrieben und die fachlichen Inhalte angegeben, die am besten bei einer Vertragsgestaltung berücksichtigt werden sollten. Selbstverständlich kann und darf keine juristische Hilfestellung gegeben, sondern nur auf die zu klärenden Sachverhalte, wie zum Beispiel bei Haftungs- und Urheberrechtsfragen, verwiesen werden.

Bleibt der Ausblick auf die Zukunft. Wie geht es weiter? Welche weiteren Ideen zur Digitalisierung der Planung werden in der Forschung diskutiert? Wie realistisch sind die Visionen? Diese und weitere Fragen werden in Kapitel 8 geklärt.

Am Ende findet sich im Glossar ein umfangreiches Nachschlagewerk, um bei der Verwendung der neuen Begriffe sicherer zu werden und um sich im teilweise vorhandenen babylonischen Begriffswirrwarr zurechtzufinden.

1 Status Quo

*Ein neuer Gedanke wird zuerst verlacht, dann bekämpft,
bis er nach längerer Zeit als selbstverständlich gilt.«
Arthur Schopenhauer*

Die Lage der deutschen Bauwirtschaft ist durch große Herausforderungen gekennzeichnet. Bauprojekte werden immer komplexer, die Forderung nach einem in wirtschaftlicher, ökologischer und sozialer Hinsicht nachhaltigen Bauen nimmt zu, der Wettbewerbsdruck ist weiterhin hoch und viele gutgemeinte Partnerschaftsmodelle konnten sich im rauen Geschäftsklima nicht durchsetzen. Vielfach fehlt auch das Verständnis, dass ein mehr an Gemeinsamkeit und dennoch Wettbewerb um die beste Lösung keine Gegensätze bilden. Und nicht zuletzt trifft die Bauwirtschaft auch der demografische Wandel beim Werben um den talentierten Nachwuchs.

Bereits 2009 wurde das *Leitbild Bau* von allen wichtigen Interessenvertretern der deutschen Bauwirtschaft veröffentlicht [Verbände der deutschen Bauwirtschaft, 2009], das wesentliche Kernsätze zur Verbesserung der Situation enthält:

- Die Akteure der Wertschöpfungskette Bau sind Gestalter und Problemlöser.
- Kundenorientierung, Partnerschaft und Fairness sind die Grundlage für die Zusammenarbeit in der Wertschöpfungskette Bau.
- Die Qualität von Bauwerken ist über den Lebenszyklus zu bewerten und soll nach wirtschaftlichen, ökologischen und sozialen Nachhaltigkeitskriterien verbessert werden.
- Bildung ist der Schlüssel für Qualität, Innovation, Beschäftigungssicherheit und Wettbewerbsfähigkeit.
- Die Innovationskraft der Wertschöpfungskette Bau soll gestärkt und Deutschland ein Leitmarkt für innovatives Bauen werden.
- Legalität und Wertemanagement sind Voraussetzungen für fairen Wettbewerb, Arbeitsplatzsicherheit und nachhaltigen Geschäftserfolg.

Das *Leitbild Bau* benennt zwar die richtigen Ziele als die Leitlinien für eine innovative Bauwirtschaft, zeigt aber nicht auf, wie diese Ziele zu erreichen wären und welche Chancen sich aus der technologischen Entwicklung und dem digitalen Wandel insgesamt für das Bauwesen bieten.

Die aktuellen Schlagzeilen werden jedoch von Projekten bestimmt, bei denen die oben skizzierten Grundsätze eher Makulatur waren. Dazu kommt eine generelle Skepsis der Bürger gegenüber großen Bauprojekten, die vielfach von Termin- und Kostenüberschreitungen geprägt sind und häufig in langen Rechtsstreits zwischen den Beteiligten enden.

1.1   Problembeschreibung

Spätestens seit den schon in der breiten Öffentlichkeit angekommenen Schreckensszenarien bei der Durchführung von Großprojekten hinsichtlich der Nichteinhaltung von Terminen und Kosten ist die kritische Situation der heutigen Bauwirtschaft in Deutschland im allgemeinen Gespräch. Dies führt zu einer sinkenden Akzeptanz von Großprojekten insgesamt und der bislang gute Ruf der deutschen Architektur-, Ingenieur- und Bauleistungen hat im In- und Ausland Schaden genommen.

Wer den Schaden hat, braucht für den Spott nicht zu sorgen. Die Satirezeitschrift *Der Postillon* schreibt hierzu unter der Rubrik *Lego startet neue Serie – gescheiterte deutsche Großprojekte*:

>> Beim Aufbau stellt sich allerdings schnell heraus, dass die sonst bei Lego sehr übersichtlich gehaltenen Baupläne völlig unbrauchbar sind. Viele Arbeitsschritte sind vollkommen undurchführbar, immer wieder muss von vorne begonnen werden und nicht zuletzt fehlen wichtige Bauteile … Zusätzlich zu den drei Grundboxen will Lego vierteljährlich Erweiterungsboxen (je 29,99 Euro) herausbringen, die Eltern ihrem Nachwuchs schon allein deswegen kaufen werden, damit die Anfangsinvestition nicht vergeblich war. <<   [Sichermann, 2013]

Selbstverständlich trug eine ganze Reihe von Faktoren ursächlich zu den genannten Problemen bei Großbauprojekten bei. Projekte mittlerer Größe sind ebenfalls davon betroffen, auch wenn diese nicht so im Fokus der Öffentlichkeit stehen. Es ist nicht Aufgabe dieses Buches, alle Probleme im Detail zu analysieren und es wäre vermessen zu behaupten, dass die Thematik dieses Buches *Building Information Modeling* die alleinige Lösung dafür wäre.

Dennoch sind einige der am meisten genannten Ursachen, wie fehlende Transparenz, das mehr gegeneinander als miteinander Agieren, fehlende beziehungsweise falsche und nicht aktuelle Informationen für die Risikoabschätzungen, ungenügende Vorplanung und späte, nicht mehr beherrschbare Planungsänderungen, verursachende Symptome, deren Bewältigung auch im Fokus von BIM liegt.

Das große öffentliche Interesse an den in der Kritik stehenden deutschen Großprojekten hat bereits dazu geführt, dass sich die Bundespolitik dem Problem stellen muss. Dazu wurde 2013 eine Reformkommission Großprojekte ins Leben gerufen, die ihre Arbeit 2015 abgeschlossen hat und einen Leitfaden für künftige Großprojekte erstellte.

Einer der konstituierten Arbeitskreise innerhalb dieser Kommission beschäftigte sich dabei mit *Modernen computergestützten Planungsmethoden (BIM)* und verweist damit auf die Bedeutung und Chance, die gesehen wird, um mittels Building Information Modeling dazu beizutragen, solche Fehlplanungen in Zukunft zu verhindern oder zumindest zu

Abb. 1: *Legokasten*
»Gescheiterte deutsche
Großprojekte«
[Der Postillon, Feb. 2013]

erschweren. Der Abschlussbericht dieses Arbeitskreises wurde Mitte 2014 fertiggestellt und der Reformkommission übergeben. Diese hat in ihrer Sitzung im April 2014 die Agenda einer *Digitalisierung des Bauens* mit dem Fokus auf Building Information Modeling prinzipiell bestätigt.

Im Rahmen der BAU 2015 in München wurde von Seiten des Bundesministeriums für Verkehr und digitale Infrastruktur, BMVI, die digitale Agenda noch einmal bestätigt und die Gründung einer Gesellschaft *bauen digital* mit den wesentlichen Kammern und Verbänden der deutschen Bauwirtschaft im Januar 2015 verkündet. Damit ist das Thema Building Information Modeling auf der Bundesebene angekommen. Die Gesellschaft wurde dann im März 2015 unter dem Namen *planen-bauen 4.0 – Gesellschaft zur Digitalisierung des Planens, Bauens und Betreibens mbH* offiziell gegründet. Der Abschlussbericht liegt seit Juni 2015 vor [Reformkommission Bau von Großprojekten, 2015]. Darin wird gefordert:

» Der Bauherr sollte – ebenso wie alle anderen Projektbeteiligten – digitale Methoden, wie z. B. Building Information Modeling (BIM), im gesamten Projektverlauf verstärkt nutzen. Sie können die Planung und Realisierung des Projekts, z. B. durch die Visualisierung von Projektvarianten, die Erstellung einer konsistenten Planung durch Kollisionsprüfungen und einen friktionslosen Bauablauf durch Simulationen erheblich unterstützen. «   (S. 10)

Auch wenn der politische Fokus zuerst auf den Großprojekten liegt, so berührt BIM alle Bereiche des Bauens, Klein- und Großprojekte, Hochbau und Infrastrukturbau, Neubau und Bauen im Bestand. Damit betrifft es auch alle Mitwirkenden in diesen Projekten und insbesondere auch die kleineren Planungsbüros und Bauunternehmen. Die deutsche Bauwirtschaft ist, wie auch generell die Situation der Bauwirtschaft im Ausland, durch ihre kleinteiligen Strukturen gekennzeichnet.

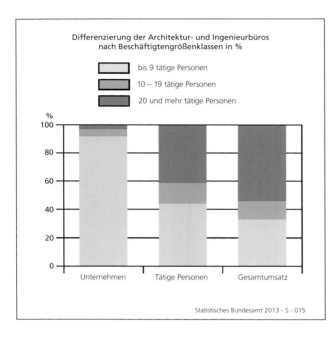

Differenzierung der Architektur- und Ingenieurbüros
nach Beschäftigtengrößenklassen in %

bis 9 tätige Personen

10 – 19 tätige Personen

20 und mehr tätige Personen

Statistisches Bundesamt 2013 - S - 015

Abb. 2: *Architektur- und Ingenieurbüros nach Beschäftigtengrößen [Statistisches Bundesamt, 2013]*

Die meisten Planungs- und Ausführungsfirmen sind Klein- oder Kleinstunternehmen[5]. Gemäß dem statistischen Bundesamt waren 2011 ca. 92 % aller Architektur- und Ingenieurbüros Kleinstunternehmen mit weniger als zehn Mitarbeitern [Statistisches Bundesamt, 2013]. Auch im Bereich der ausführenden Unternehmen dominieren die kleinen Unternehmen.

Die genannte Herausforderung der Digitalisierung des Bauens muss sich daher auch in kleinen Organisationseinheiten umsetzen lassen, um flächendeckend eingeführt werden zu können. Daher muss sich die Umsetzungsstrategie für das Bauwesen von der Umsetzung in anderen Industriebereichen, wie beispielsweise im Maschinen- und Fahrzeugbau, unterscheiden.

Ein weiterer Unterschied ist die geringe Profitabilität des Bausektors insgesamt, die zu weitaus geringeren Investitionen gerade im technologischen Bereich führt. Damit öffnet sich die Schere zwischen der Produktivität in der verarbeitenden Industrie und der Bauwirtschaft weiter. Laut Statistischem Bundesamt [Statistisches Bundesamt, 2015] ist die Arbeitsproduktivität je Erwerbstätigem im Bauwesen zwischen 1991 und 2014 in etwa gleich geblieben, wogegen sie im verarbeitenden Gewerbe auf 170 % und selbst im volkswirtschaftlichen Durchschnitt noch auf 120 % gestiegen ist.

---

5   Nach der Empfehlung der EU-Kommission [2003/361/EG] gehören zu den Kleinstunternehmen die Unternehmen, die weniger als zehn Mitarbeiter beschäftigen und deren Umsatz oder Jahresbilanz 2 Mio. Euro nicht überschreiten, und zu den Kleinunternehmen die Unternehmen, die weniger als 50 Mitarbeiter beschäftigen und deren Umsatz oder Jahresbilanz 10 Mio. Euro nicht überschreiten.

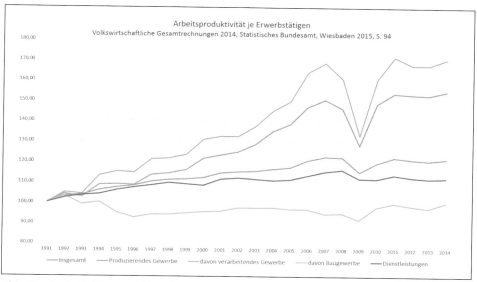

Abb. 3: *Produktivitätsentwicklung in verschiedenen Industriebranchen [Statistisches Bundesamt, 2015]*

Neben der geringeren Produktivität und Profitabilität des Bauwesens ist das hohe Risiko in Bezug auf die Kosten und Termine eine entscheidende Schwäche der heutigen Bauwirtschaft. Termin- und Kostenüberschreitungen sind leider nicht die Ausnahme.

In einer kürzlich veröffentlichten Studie [BauInfoConsult, 2014] wurde der durch Planungs- und Bauausführungsfehler verursachte Fehlerkostenanteil analysiert. Die gesamten Fehlerkosten werden dabei auf 10,5 Mrd. € pro Jahr in Deutschland geschätzt, dies ergibt bezogen auf den gesamten Branchenumsatz eine Fehlerkostenquote von 11 Prozent. Eine wesentliche Quelle des Entstehens und Propagierens der Fehlerkosten wird in der komplexen Organisations- und Lieferkette gesehen: »In einem Bauprojekt sind viele unterschiedliche Akteure beteiligt – angefangen vom Planer bis hin zum Subunternehmer. So können an jeder kleinen Ecke Fehler unterlaufen« [BauInfoConsult, 2014]. Insbesondere Nichtwohngebäude mit komplexeren Planungsanforderungen sind laut dieser Studie im Vergleich zu reinen Wohngebäuden öfter von Fehlerkosten betroffen.

Welche über die tagesaktuellen Debatten hinausgehenden kritischen Faktoren, die im Einflussbereich der BIM-Methode liegen, sind nun für den Status quo der Bauwirtschaft charakteristisch? Nachfolgend sollen fünf Faktoren genauer untersucht werden:

a) eine immer weiterführende Spezialisierung der Planungs- und Ausführungsdisziplinen aufgrund immer komplexerer Bauaufgaben, der dafür notwendigen Berechnungen und Nachweisen und der zunehmenden industriellen Fertigung

b) ein Vergabesystem, das Einzelvergaben und losweise Vergaben bevorzugt und damit wenig Anreize für eine gesamtheitliche Leistungserbringung setzt

c) ein Vertragssystem, das zu wenig auf gemeinsame Anreize für den gemeinschaftlichen Erfolg setzt (gemeinsame Bonus/Malus Regelungen), sondern auf den Einzelerfolg mit weitreichenden Konsequenzen für die Koordination der Gewerke

d) immer umfangreichere Dokumentationspflichten, Nachweise und Genehmigungen (wie bei Energienachweisen, Nachhaltigkeitszertifikaten, Bauproduktenverordnung, etc.), die vom Gesetzgeber oder Auftraggeber verlangt werden

e) ungenügende Qualität der Planungsinformationen in Form von Bauzeichnungen[6] und abgeleiteten Tabellen, Listen und anderen Auszügen. Oft herrscht ein genereller Datennotstand, (meist zu wenige, manchmal auch zu viele) Informationen, deren Genauigkeit, Aktualität und Belastbarkeit kaum zu prüfen sind.

a) Hohe Komplexität der Organisationsstrukturen

Die Anzahl verschiedener Objekt- und Fachplaner sowie Fachexperten, die in einem typischen Hochbauprojekt involviert sind, steigt ständig weiter an. Neben den klassischen Planungsdisziplinen für die Objektplanung – Architektur (ggf. getrennt in Architektur und Innenarchitektur), Ingenieurbau und Verkehrsanlagenplanung, die technische Ausrüstung und die Tragwerksplanung – werden oft noch weitere Fachdisziplinen mit einbezogen, wie thermische Bauphysik, Schallschutz und Raumakustik, Bodenmechanik, Erd- und Grundbau sowie Vermessung.

Daneben werden bei größeren Projekten oft Projektsteuerer für das Projektmanagement eingesetzt, und ab der Ausführungsplanung kommen das technische Büro der Baufirmen und die vielen Handwerker und Subunternehmen hinzu. Bei komplexen Bausystemen, zum Beispiel bei der Fassadenplanung, werden die Zulieferfirmen mit einbezogen.

All diese Beteiligten benötigen Planungsinformationen und tragen zur zunehmenden Detaillierung der Planung bei. Dabei entsteht ein hoher Abstimmungsaufwand, oft das zentrale Problem bei der termin- und kostengerechten Abwicklung der Bauvorhaben. Building Information Modeling bietet hierbei die geeignete Methode, um die Koordination zwischen den Beteiligten auf Basis digital auswertbarer Bauwerksmodelle zu verbessern.

Komplexität wird auch als eine Situation gekennzeichnet, in der die Vielzahl der einwirkenden Faktoren und das Ausmaß ihrer gegenseitigen Abhängigkeiten das Merkmal einer schlecht zu strukturierenden Entscheidungssituation hervorrufen [Ulrich & Fluri, 1992]. Dies trifft auf viele entscheidende Situationen im Bauprojekt zu, zumal noch oft die widersprechenden Zielsetzungen der einzelnen Akteure hinzukommen. In einer solchen Umgebung können keine klar determinierten Entscheidungen getroffen werden, kooperative Verfahren mit gemeinsamen Zielen empfehlen sich.

---

6   Der Begriff *Bauzeichnung* wird in diesem Buch synonym für alle Plandokumente (Grundrisse, Schnitte und Ansichten), unabhängig von deren Detaillierungsgrad verwendet. Er steht damit u. a. für Entwurfsplan, Ausführungsplan, Detailzeichnung.

b) Vergabesysteme basierend auf Einzelleistungen und deren Abgrenzung

In vielen Bauprojekten werden Planungsleistungen separat ausgeschrieben und trotz Koordinierungspflicht separat erbracht und abgerechnet. Eine solche Einzelvergabe erschwert das Etablieren langfristiger Netzwerke und Abstimmungen zwischen den Planungspartnern. Die Zusammenarbeit muss sich für jedes neue Bauprojekt neu etablieren, das schließt auch eine Abstimmung der computergestützten Planung mit ein. Oft trifft man sich dann unter Zeitdruck auf dem kleinsten gemeinsamen Nenner der »flachen« CAD-Zeichnung und kann das Optimierungspotenzial einer weiterführenden computergestützten Zusammenarbeit nicht erschließen.

Im Ergebnis ist die Planung durch immer wieder wechselnde Planungsteams charakterisiert. Die bereits im *Leitbild Bau* 2008 geforderte Wertschöpfungskette Bau lässt sich so nicht erzielen.

Auch gibt es kaum wirtschaftliche Anreize zur wirklichen Zusammenarbeit, die an dem gemeinsam geschuldeten Werk orientiert ist und die eine echte Kommunikation und Kooperation zwischen den Planungsbeteiligten auch aus dem eigenen wirtschaftlichen Interesse heraus fördert. Dies erschwert es, die komplexen Organisationsstrukturen entsprechend zu koordinieren.

Ein verständlicher Grund für die Einzelausschreibung insbesondere bei öffentlichen Projekten, die auch in der Ausführungsphase als losweise Vergabe entsprechend praktiziert wird, ist die Mittelstandsförderung, also die Verbesserung der Wettbewerbschancen kleinerer und lokaler Büros und Firmen. Es wäre zu untersuchen, ob nicht flexible Netzwerke von kooperierenden Firmen und nicht nur große Generalplaner, entsprechend gemeinsam beauftragt werden könnten. Eine solche Untersuchung steht jedoch nicht im Fokus dieses Buches.

Was hat dies mit Building Information Modeling zu tun? – direkt mit der neuen computergestützten Methode erst einmal nichts, aber in dem Maße, wie BIM die Koordinationsschritte verbessert und optimiert, treten die weiteren organisatorischen und vertragsrechtlichen Hemmnisse umso stärker zu Tage. Daher werden in den Ländern, in denen BIM bereits seit Längerem zum Einsatz kommt, auch neue Vertrags- und Vergabesysteme diskutiert, wie Partnering oder Mehrparteienverträge, wie das *Integrated Project Delivery (IPD)*.

c) Preis- statt Qualitätswettbewerb

Bei der Vergabe von Bauleistungen wird im Wettbewerb oft allein auf die niedrigsten Erstkosten der Erstellung des Bauwerks, statt auf die Qualitätskriterien und die Lebenszykluskosten geschaut. Das billigste, nicht das wirtschaftlichste, Angebot bekommt den Zuschlag. Somit wird »billig« gefördert, nicht Qualität zum angemessenen Preis. Hierbei wird auch häufig unter den Erstellungskosten mit der Maßgabe angeboten, die auskömmlichen Preise über Nachträge zu realisieren. Häufig ermöglichen dabei die bereits genannten Probleme mit der Koordination der Planung eine solche Spekulation, um einzukalkulierende Nachträge bereits im Voraus zu erkennen.

Dies gilt insbesondere bei Projekten mit klassischer Ausschreibung für den günstigsten Bieter nach Abschluss der Werkplanung, leider erhält dann zumeist der Billigste den

Zuschlag. Die strikte Trennung zwischen Planung und Ausführung und die derzeitige Vergabepraxis bieten den Raum, um Dumpingpreise anzubieten und dann über Nachträge die eigentlich notwendige Kostendeckung zu erreichen.

Wenn Building Information Modeling die Koordination verbessert und durch Methoden, wie die Kollisionsprüfung, widerspruchsfreie Planungen ermöglicht, dann werden sich diese Geschäftsmodelle, wie die Unterbietung von kostendeckenden Preisen mit Spekulation auf Nachträge, nicht mehr umsetzen lassen.

d) Dokumentationswahn

Die Anzahl der Pläne und Dokumente, die in einem Projekt angelegt und verwaltet werden müssen, steigt mit den immer komplexeren Bauaufgaben in einem Maße, welches das Informationsmanagement immer schwieriger macht. Trotz Unterstützung von Dokumentenmanagementplattformen, die zunehmend im Einsatz sind, ist diese Informationsflut kaum mehr zu beherrschen. In dem englischsprachigen Standardwerk *BIM Handbook* zitieren die Autoren [Eastman; Teicholz; Sacks & Liston, 2011] eine Untersuchung zur Komplexität heutiger Planungs- und Ausführungsstrukturen bei größeren Bauprojekten. Hierzu stellen sie fest:

》 Unabhängig von den konkreten vertraglichen Bedingungen zeigen statistische Erhebungen über größere Bauvorhaben (10 Mio. Dollar oder mehr) ähnliche Zahlen zu den in der Planungs- und Bauphase beteiligten Personen, Firmen und dem Umfang der erstellten Planungsinformation. 《

Eine Statistik, zusammengestellt von einer Baufirma aus Quebec, Canada, wurde dazu beispielhaft aufgeführt [Hendrickson, 2007]:

- Anzahl der beteiligten Firmen: 420 (inklusive aller Zulieferer und Subunternehmer)
- Anzahl der beteiligten Personen: 850
- Anzahl der verschiedenen Arten an Dokumenten: 50
- gesamte Seitenanzahl aller Dokumente: 56 000
- Anzahl der Archivkartons zum Aufbewahren der Projektdokumente: 25
- Anzahl der Planschränke: 6
- Anzahl der Bäume, die für das hierzu benötigte Papier gebraucht werden: 6
- äquivalente digitale Größe, die zum Scannen der Dokumente benötigt wird: 3 000 MB
- äquivalente Anzahl der Compact Discs (CDs): 6.

Neben der Vielzahl der zeichnerischen Darstellungen (Grundrisse, Schnitte, Ansichten) müssen auch Nachweise, wie Baustoffrichtlinie, CE-Norm, Brandschutznachweis, Energienachweis, Nachhaltigkeitsbewertungen, etc. dokumentiert werden.

Alle hierfür benötigten Informationen, die nicht direkt abgeleitet werden können, werden häufig fehleranfällig und aufwändig in einem äußerst unübersichtlichen Prozess generiert. Insbesondere bei Planungsänderungen kann das katastrophal werden, da kaum noch nachvollzogen werden kann, in welchen Plänen und anderen Dokumenten diese Änderungen nachgeführt werden müssen.

Sämtliche an der Planung beteiligten Fachplaner kreieren einen eigenen Zeichnungssatz, der vielfach auf die Bauzeichnungen anderer referenziert. Es entsteht eine Flut von notwendigen, aber auch redundanten Informationen, die sich auf unterschiedliche Dokumente verteilen – das genaue Nachvollziehen von Zeichnungsrevisionen und die Kontrolle, ob alle Bauzeichnungen zueinander konsistent sind, ist nur mit viel manuellem Aufwand und auch dann nicht wirklich fehlerfrei, möglich.

Erschwerend kommt hinzu, dass mittlerweile oft nicht mehr wirklich zusammengearbeitet wird, sondern häufig aneinander vorbei. Zwar gibt es Koordinierungssitzungen, aber trotzdem versucht jeder seinen Bereich zur Risikobegrenzung abzusichern und nicht auf die Beseitigung der Inkonsistenzen in der Gesamtplanung hinzuwirken.

Das Building Information Modeling ermöglicht es, wenige umfangreiche Bauwerksdatenmodelle als Fachmodelle[7] zu erstellen und über ein zentrales Koordinationsmodell abzugleichen. Diese Datenmodelle sind digital auswertbare Planungshilfen, aus denen sich die Bauzeichnungen genauso ableiten, wie andere Planungsinformationen für die vielfältigen Auswertungen.

e) Ungenügende Planungsinformationen

Im Planungsprozess wird parallel an verschiedenen sich inhaltlich überlappenden Dokumenten, zum Beispiel an den verschiedenen Bauzeichnungen, gearbeitet. Die Abhängigkeiten sowohl zwischen den Bauzeichnungen, wie Grundrissen, Schnitten, Ansichten, als auch zwischen den Zeichnungen und den verschiedenen Dokumenten, wie den Fenster- und Türlisten, dem Bauteiltypendokument für die thermische Berechnung oder dem Raumbuch für die spätere Nutzung, sind sehr schwer zu verwalten.

Jede einzelne Planungsänderung erfordert ein Nachführen der Änderungen in den verschiedenen Bauzeichnungen, sowohl in den eigenen als auch in den Plänen der anderen Planer. Gleichzeitig muss geprüft werden, welche der vielen weiteren Dokumente ebenfalls geändert werden müssen. Das Verwalten der verschiedenen Revisionsstände ist eine große Herausforderung, wofür zunehmend Dokumentenmanagementsysteme eingeführt werden.

Ein wesentliches, im nächsten Kapitel noch genau zu beleuchtendes Problem, besteht jedoch trotz des Dokumentenmanagements weiterhin – es gibt keine computerinterpretierbare Information über die Abhängigkeiten zwischen den Dokumenten.

---

7   Die Begrifflichkeiten (Fachmodell und Koordinationsmodell) werden in Kapitel 4.2 definiert.

Ein Beispiel: Ein mit CAD gezeichneter Grundriss enthält den Schichtenaufbau der Außenwand. Daraus wurde der Außenwandtyp AW1 für die thermische Berechnung dokumentiert und dem Bauphysiker übergeben. Beide Dokumente, die CAD-2D-Zeichnung und das Bauteiltypendokument für die Bauphysik, werden als Versionsstände im Dokumentenmanagementsystem eingestellt und der Bauphysiker automatisch benachrichtigt. Zu beiden Dokumenten kennt das Dokumentenmanagementsystem nur die »Kopfdaten«, also Ersteller, Dateiname, Datum der Bereitstellung, etc., nicht jedoch die Inhalte, weder die Beschreibung der Außenwand in der Zeichnung, noch dass sich diese Information auch in weiteren Dokumenten wiederfindet. Daher kann das System keine Änderungsnotiz an den Bauphysiker generieren, wenn sich die CAD-2D-Zeichnung geändert hat – das Wissen über diese Abhängigkeiten existiert allein im Kopf des Planers.

Ein weiteres offenes Problem sind die ungenügend auswertbaren und belastbaren Planungsinformationen in den frühen Entwurfsphasen, wie beispielsweise die Variantenuntersuchungen im Vorentwurf. Aufgrund der fehlenden Durchgängigkeit der Planungsinformationen, die genutzt werden könnten, um überschlägige Simulationen für die Mengen, den Energiebedarf oder die Bauregelkonformität zu generieren, werden viele Potenziale, hinsichtlich Energieeffizienz, Klimaschutz, Nachhaltigkeit, etc., nicht voll ausgeschöpft.

Mit dem Building Information Modeling werden verschiedene Fachmodelle als Bauwerksmodelle erstellt, die im Gegensatz zur Bauzeichnung digital auswertbar sind und nicht weiterhin eine *black box* für das Dokumentenmanagementsystem darstellen. Das ermöglicht die automatische Erkennung von Planungsänderungen sowie die Neugenerierung der verschiedenen Dokumente auf Basis eines konsistenten Datenstands. Und da die Planungsänderungen in den Fachmodellen und nicht in den massenhaften Zeichnungen und Nachweisführungen, nachgeführt werden, können Aktualisierungen und Versionsstände besser organisiert werden. Darauf wird noch ausführlich in diesem Buch eingegangen.

1.1.1 Systemimmanentes Problem der technischen Zeichnung

Die meisten Ansätze, die die Probleme in der heutigen deutschen Bauwirtschaft, insbesondere hinsichtlich der Termin- und Kostentreue beheben sollten, waren mit den Symptomen beschäftigt. Eine wesentliche Ursache hingegen blieb bislang ausgeklammert: die Bauzeichnung als dem zentralen Informationsträger.

Die Bauzeichnung, oder der Plan, ist das Entwurfs- und Kommunikationsmittel der Bauwirtschaft, auf das sich fast alle Prozesse und Vorschriften beziehen. Auch die Einführung von CAD als *computer-aided drafting* beziehungsweise computergestütztes Zeichnen hat daran prinzipiell nichts geändert.

Planinformationen sind keine elektronische Beschreibung der Bauteile, Räume oder Anlagen. Sie basieren auf jahrhundertealten Zeichnungskonventionen.

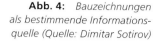

Abb. 4: *Bauzeichnungen als bestimmende Informations- quelle (Quelle: Dimitar Sotirov)*

Bauzeichnungen enthalten analoge Informationen, die nicht oder fast nicht digital auswertbar sind. Solange an der Bauzeichnung als dem beherrschenden Informationsträger festgehalten wird, wird das Bauwesen nicht im digitalen Zeitalter des 21. Jahrhunderts ankommen.

Welche Schwierigkeiten bestehen nun mit der Bauzeichnung? Nach Crotty [Crotty, 2012] können hierzu vier wesentliche Punkte genannt werden:

- Bauzeichnungen sind von Natur aus kryptische, auf Zeichnungskonventionen beruhende Dokumente. Der Betrachter der Bauzeichnung muss diese Konventionen und Symboliken verstehen, fehlende Informationen in seinem Kopf ergänzen, um auf die dargestellten Bauteile oder generell auf alle Artefakte zu schließen. Dieser Prozess ist fehlerbehaftet. Insbesondere Nichtfachleute oder auch Fachleute anderer Gewerke können die speziellen symbolischen und abstrakten Darstellungen häufig nicht richtig deuten – Missverständnisse sind vorprogrammiert.
- Verschiedene Bauzeichnungen, wie Grundriss, Schnitt, Ansicht, stellen zwar die gleichen Bauteile dar, aber diese stehen in keinem Zusammenhang, außer nach der entsprechenden Interpretation beim Betrachter. Änderungen in einer Darstellung können daher nicht in den anderen Darstellungen nachvollzogen werden.
- Die Notation des Bauteils in der Bauzeichnung, im Allgemeinen eine Strichdarstellung, eventuell ergänzt durch Schraffur, Bemaßung, Etikett oder andere Angaben, ist informationstechnisch gesehen genau das: eine Linie, eine Schraffur, eine Maßkette, ein Text, nicht jedoch das Bauteil selbst. Daher können elektronische Bauzeichnungen nicht entsprechend ausgewertet werden und weitere Informationen, wie die Mengenauszüge, das Leistungsverzeichnis, der Bauablaufplan, können nicht mit den in Bauzeichnungen beschriebenen Bauteilen in Verbindung gebracht werden.
- Komplexe Formen können in 2D-Bauzeichnungen nur lückenhaft beschrieben werden. Insbesondere organische Formen, die sich sowohl im Längs- als auch Querschnitt ändern, sind mit der klassischen Rissdarstellung nicht vollständig zu beschreiben.

Die Bauzeichnung ist die Geheimsprache der Bauleute gegenüber den Nichtfachleuten!

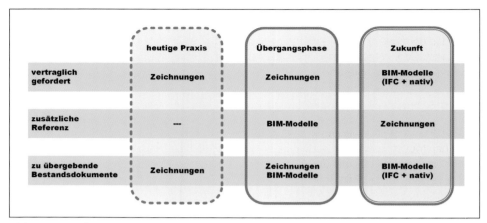

Abb. 5: *Grundlegende Bedeutung von Bauzeichnungen und Bauwerksmodellen [Building and Construction Authority, 2013]*

Ein Beispiel: Zwei Striche und eine Schraffur sind keine digitale Beschreibung einer Mauerwerkswand – sie beschreiben eine Zeichnungskonvention und sind elektronisch nur als Linien auswertbar – erst in der menschlichen Interpretation werden sie zu einer Mauerwerkswand.

Ein wesentlicher Punkt aller digitalen Wertschöpfungsketten, die prozessübergreifende Weitergabe geprüfter und vertrauenswürdiger Daten, kann daher nicht auf Bauzeichnungen beruhen. In anderen Bereichen der verarbeitenden Industrie und des Handwerks wurden diese digitalen Prozessketten bereits mit großen Produktivitätssteigerungen umgesetzt.

Die grundlegende Änderung, die sich mit dem Building Information Modeling vollziehen wird, ist, dass die Bauzeichnung nicht mehr der primäre Träger der Planungsinformationen sein wird. Die Zeichnung wird, vergleichbar mit anderen Auswertungen aus einer Datenbank, tagesaktuell aus dem Bauwerksmodell erstellt, alle Änderungen werden ebenfalls im Bauwerksmodell und nicht separat in den vielen Zeichnungen ausgeführt. Die Rolle der Bauzeichnung wird sich fundamental ändern.

1.2   Lösungsansätze

Viele der genannten Faktoren sind weder spezifisch für das Bauwesen noch für den Industriestandort Deutschland. Wie gehen andere Branchen und die Bauwirtschaft in anderen Ländern mit diesen Herausforderungen um?

1.2.1   Situation in anderen Branchen

Andere Branchen der verarbeitenden Industrie standen vor ähnlichen Problemen. Ein wichtiger Industriezweig, die deutsche Automobilindustrie, durchlief vor ca. zwanzig Jahren eine Systemkrise, die den Standort Deutschland gefährdete. Diese war durch spezialisierte hausinterne Fertigungstiefe, wenig Standardisierung (Wiederholteile, Modellplattformen), ungenügende Prozessoptimierung und unzureichende Anbindung der Lieferkette an den Hauptprozess der taktgebenden Fließbandmontage gekennzeichnet.

Die Neuausrichtung der Automobilbranche, gemäß den Prinzipien der dritten industriellen Revolution, erfolgte entlang der Leitlinien:

* Reduzierung der hausinternen Fertigungstiefe durch Standardisierung (Modellpaletten) und enge Einbindung der Lieferkette
* Digitalisierung der gesamten Information, zentrale Stellung der Produktmodelle für Planung, Optimierung, Fertigung und Logistik – notwendige Dokumente werden daraus generiert
* Standards für die Erstellung und den Austausch von Produktinformationen entlang der Wertschöpfungskette.

Im Ergebnis entstanden neue schlankere Prozesse für Planung, Fertigung, Logistik und den Vertrieb, deren Rückgrat die digitale Optimierung der Prozesskette ist. Auch dieser Prozess lief nicht ohne Widerstände ab, Schulungen und Motivationen für die Mitarbeiter spielten eine wesentliche Rolle. Heute ist die Produktionsvorbereitung in der Automobilindustrie gekennzeichnet durch:

* digitale Prototypen, digitale Optimierung (des Produkts, der Fertigung, der Ergonomie, etc.)
* PDM (Product Data Management) und PLM (Product Lifecycle Management).

Inzwischen wird über die vierte industrielle Revolution gesprochen, die Industrie 4.0. Auch hier macht die Entwicklung keinen Halt.

Tab. 1: *Vergleich Automobilbau mit dem Bauwesen vor 50 Jahren*

	Automobilbau vor 50 Jahren	Bauwesen vor 50 Jahren
Produkt	Massenproduktion	einfache Unikate, wenn fertigteilbasiert, dann Massenproduktion
Produktionsverfahren	manuelle Montage, wenig Wiederholteile und Baugruppen	vor Ort, wenig industrialisiert, wenn Vorfertigung, dann starre und weitgehend manuelle Fertigungsverfahren
Entwurfsverfahren	dokumentenbasiert, Planung am Reißbrett	dokumentenbasiert, Planung am Reißbrett

Tab. 2: *Vergleich Automobilbau mit dem Bauwesen heute*

	Automobilbau heute	Bauwesen heute
Produkt	*Mass customization*, kundenindividuelle Massenproduktion[1]	hoch komplexe Unikate, wenn fertigteilbasiert, dann *Mass customization*
Produktionsverfahren	automatisierte Montage, Baugruppen und gemeinsame Modellplattformen	vor Ort, hoher Maschineneinsatz, wenn Vorfertigung, dann flexible, auch computergesteuerte Produktionsverfahren
Entwurfsverfahren	Produktdatenmanagement (PDM), Produktlebenszyklusmanagement (PLM)	dokumentenbasiert, Planung am »elektronischen Reißbrett«

1   ein Produktionskonzept, in dem einerseits die Vorzüge der Massenproduktion genutzt werden, andererseits dem wachsenden Wunsch des Kunden nach Individualisierung seines Produktes Rechnung getragen wird. Bei technischen Produkten wird insbesondere mit Produktkonfigurationen gearbeitet. (http://de.wikipedia.org/wiki/Mass_Customization) [Stand: 09/2015]

1.2.2   Situation in anderen Ländern

Wie später in Kapitel 2.1 detailliert beschrieben, ist Building Information Modeling keine wirklich neue Erfindung. Die theoretischen Vorarbeiten wurden bereits in den 80er Jahren des vorherigen Jahrhunderts geleistet, die ersten Prototypen kamen in den 90er Jahren auf und seit Beginn dieses Jahrhunderts wurde BIM bereits in einigen europäischen Ländern schrittweise eingeführt.

Die Vorreiterrolle bei der Einführung von BIM haben die skandinavischen Länder übernommen. Erste Pilotvorhaben wurden in Finnland bereits 2002 mit der Umgestaltung des Auditoriums der Alto Universität in Espoo durchgeführt, in Norwegen dann 2005 mit der

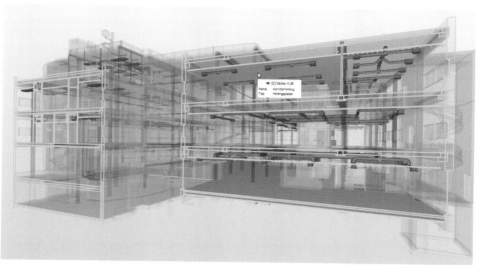

Abb. 6:   *Frühes BIM-Pilotprojekt, die Erweiterung der Universität Tromsø (Quelle: Statsbygg, 2006)*

Erweiterung an der Universität von Tromsø. Beide Pilotvorhaben wurden wissenschaftlich begleitet und die Ergebnisse dann anhand weiterer Bauprojekte getestet. Seit 2007 in Finnland, 2008 in Norwegen und ebenfalls 2008 in Dänemark stehen entsprechende BIM-Richtlinien zur Verfügung, die die neue BIM-Methode erklären und Handlungsanleitungen für die Arbeit mit Bauwerksinformationsmodellen zur Verfügung stellen. Zeitgleich wurde BIM schrittweise als die bevorzugte und später vertraglich verpflichtende Methode der Projektabwicklung bei öffentlichen Bauaufgaben eingeführt. Zum jetzigen Zeitpunkt wird die überwiegende Anzahl aller neuen Bauaufgaben mit BIM abgewickelt.

Auch in außereuropäischen Ländern wird BIM bereits seit einiger Zeit in den jeweiligen Bauwirtschaften strategisch eingeführt. In Singapur wird langfristig an der Verbesserung der Standortbedingungen für Investitionen gearbeitet und die Baueingabeprozesse zur Genehmigung von Bauvorhaben digitalisiert und teilautomatisiert. Der öffentliche Bauherr, die *Building Construction Authority (BCA)*, hat dabei Building Information Modeling als eine Schlüsseltechnologie eingesetzt.

In den USA war ebenfalls der öffentliche Bauherr, die *General Service Administration (GSA)*, federführend bei der Einführung von BIM bei öffentlichen Bauvorhaben. Seit 2012 hat jetzt auch Großbritannien die Chancen von BIM als eine der wegweisenden Methoden für das gesamte Immobilienmanagement erkannt und arbeitet zielgerichtet auf die landesweite Einführung bis zum Jahr 2016 hin. Gleichzeitig wurden auch viele institutionelle und private Bauherren in diesen Ländern auf die Möglichkeiten von BIM aufmerksam und treiben die Entwicklung mit voran.

1.2.3   Situation in der deutschen Bauwirtschaft

Im Vergleich mit den oben genannten Ländern ist Building Information Modeling in Deutschland immer noch eine Ausnahmeerscheinung. Zwar wenden einige Firmen diese Methode und die diesbezüglichen Werkzeuge bereits erfolgreich hausintern als *little BIM* an, aber in kaum einem Bauprojekt wird BIM als eine übergreifende Methode der Projektabwicklung genutzt.

Viele Schwierigkeiten des Wandels in der deutschen Bauwirtschaft gelten dabei in ähnlicher Form auch für andere Länder:

- sehr fragmentierte Struktur ohne Marktführer, die einen industrieweiten Änderungsprozess voranbringen können
- eine Industrie mit sehr geringer Profitabilität, wenig eigene Möglichkeiten in langfristige Innovationen investieren zu können
- eine stark regulierte Industrie mit vielen Vorschriften, Normen und Standards, die alle auf die tradierten und analogen Verfahren eingestellt sind
- kulturelle Hindernisse eines sehr alten Berufszweiges. Die Planungs- und Baukultur ist über Jahrhunderte auf der Basis von Skizzenbüchern, Risszeichnungen und Bauplänen entstanden.

Der größte Marktteilnehmer im Bauwesen, die öffentliche Hand als Investor und Betreiber des größten Anteils an Gebäuden und öffentlichen Anlagen, erkannte bislang noch nicht ihre Rolle als Systemführer im Wandlungsprozess – dies unterscheidet die Lage in Deutschland bislang von der in anderen Ländern.

In Deutschland ist BIM derzeit noch ein Angebotsmarkt ohne große Nachfrage. Einige Planungsfirmen, verstärkt die Bauindustrie und in der überwiegenden Zahl die Softwareindustrie, bieten BIM-Leistungen und -Werkzeuge an, die von den Auftraggebern jedoch kaum nachgefragt werden.

Seit Ende 2014 zeichnet sich jedoch ein Wandel in Deutschland ab, geführt vom Ministerium für Verkehr und digitale Infrastruktur, BMVI, das die ersten vier BIM-Pilotvorhaben im Bereich des Infrastrukturbaus für Straße und Schiene mit Brücken und Tunnelprojekten verkündet hat. Die Deutsche Bahn hat ebenfalls die ersten BIM-Vorhaben beim Schienennetz und den Verkehrsstationen gestartet. Es ist damit zu rechnen, dass ab 2015/16 auch weitere öffentliche Auftraggeber bei Bund, Ländern und Kommunen erste BIM Pilotvorhaben durchführen werden.

So sind wesentliche Prozesse der Entwurfs- und Produktionsvorbereitung noch den alten, aus dem analogen Zeitalter kommenden Verfahren verbunden und nicht im digitalen Zeitalter angekommen:

- Es gibt nur einen geringen Grad der Standardisierung der nicht wertschöpfenden Prozesse.
- Die Ergebnisse werden dokumentenzentriert und insbesondere zeichnungsorientiert erstellt.
- Es gibt keine digitalen Prozessketten, wo belastbare Planungsinformationen direkt in Folgeprozessen weiterverarbeitet werden.

- Industrialisierte Produktionsverfahren halten nur schrittweise Einzug, die individuelle Vorort-Arbeit auf der Baustelle überwiegt noch.

Das Bauwesen ist damit einer der letzten großen Wirtschaftszweige, der den Übergang noch nicht vollzogen hat. Dieser Paradigmenwechsel steht jetzt mit BIM an. Dieser Wandel ist kein normaler Erneuerungszyklus der IT-Werkzeuge, wie CAD und AVA-Systeme, die in den Planungsteams und den technischen Büros genutzt werden. Es ist eine prinzipielle Umstellung von der derzeitigen dokumentenzentrierten Arbeit in eine neue Ära durchgängiger digitaler Arbeitsprozesse.

1.3   BIM als Lösung

Digitaler Wandel – was kennzeichnet ihn? Zuerst muss die Bedeutung und Qualität digitaler Daten erkannt werden, danach können durchgehende Prozessketten auf der Basis digitaler Informationen umgesetzt werden. Kennzeichen eines digitalen Wirtschaftszweiges sind [Crotty, 2012]:

- elektronisch auswertbare Informationen
- elektronisch prüfbare Informationen
- Aufbau von Wertschöpfungsketten auf Basis überprüfbarer, belastbarer Informationen
- Digitale Informationen können in Beziehung gesetzt werden und sind vielfältig auswertbar.

Prozessorientierte Planung mit durchgängiger digitaler Informationsverarbeitung, wie bereits im Automobilbau, Schiffsbau und anderen Bereichen des verarbeitenden Gewerbes etabliert, kann sich jetzt auch im Bauwesen durchsetzen. Mit Building Information Modeling steht dieser Wandel von einer analogen zu einer digitalen Bauwirtschaft unmittelbar bevor. Was zeichnet BIM nun in Bezug auf die Kriterien eines digitalen Wirtschaftszweiges aus?

- **elektronisch auswertbare Informationen:** Ein BIM-Modell entspricht einer Datenbank, die alle bauwerksrelevanten Informationen als Eigenschaften von Modellelementen enthält. Dieses BIM-Modell kann jederzeit abgefragt werden, beispielsweise nach der Anzahl von Elementen gleichen Typs (wie die Anzahl aller Türen im geplanten Gebäude) oder nach deren Eigenschaften (wie die Anzahl aller linksaufschlagenden Flügeltüren in diesem Gebäude) oder nach abgeleiteten Informationen (wie die Menge von Kubikmeter Beton einer bestimmten Betongüte in allen Außenwänden);
- **elektronisch prüfbare Informationen:** Die elektronische Auswertbarkeit lässt sich auf die Überprüfung der Belastbarkeit von Modellinformationen ausweiten. Ein BIM-Modell kann jederzeit überprüft werden, beispielsweise nach der Vollständigkeit der Informationen zu einem gegebenen Zeitpunkt (wie »Ist für alle Türen die Aufschlagsrichtung und die Feuerwiderstandsklasse angegeben?«), nach der geometrischen

Widerspruchsfreiheit (wie »Können alle Türen kollisionsfrei geöffnet werden?«) und nach der Einhaltung von Bauregeln (wie »Schlagen alle Türen in Fluchtrichtung auf?«).

- **Aufbau von Wertschöpfungs- und Lieferketten auf Basis überprüfbarer und belastbarer Informationen:** Da ein BIM-Modell digital auswertbar ist, können die Ergebnisse direkt als Input für andere Prozesse genutzt werden. Ein BIM-Modell kann zum Beispiel mit den qualitativen Informationen (Bauelementtyp, Materialtyp, etc.) und den Teilmengen der Modellelemente, die automatisch aus der 3D-Geometrie im Kontext mit den Lagebeziehungen zu anderen Elementen generiert werden, direkt als Mengenauszug an die Ausschreibung weitergegeben werden.
- **Digitale Informationen können in Beziehung gesetzt werden und sind somit vielfältig auswertbar:** Zunächst werden die verschiedenen Rissdarstellungen (Grundrisse, Schnitte, Ansichten) aus derselben Datenbasis erzeugt. Sie sind damit immer konsistent zueinander. Weiterhin können die Daten in den BIM-Modellen mit externen Informationen verknüpft werden, wie externe Materialdatenbanken, Herstellerbibliotheken oder kartographische Informationen aus dem Bebauungsplan.

Die Anwendung der BIM-Methode führt zu einer Digitalisierung der Bauwirtschaft. Dies hat jedoch Konsequenzen weit über die Nutzung neuer IT-Werkzeuge hinaus. Eine über die Fachdisziplingrenzen hinausgehende Prüfung und Auswertung digitaler Informationen setzt eine Abstimmung der Planungsprozesse und gewollte Kooperation voraus. Digitale Wertschöpfungsketten verlangen nach neuen Leistungs- und Lieferstrukturen. Es sind nicht nur neue Werkzeuge und digitale Modelle zu beherrschen, sondern die Planungs- und Baubeteiligten müssen sich auch neuen Fragen der Arbeitsabläufe und des Informationsmanagements stellen.

2 Hintergrundinformationen zu BIM

*Nichts auf der Welt ist so mächtig wie eine Idee,
deren Zeit gekommen ist.«
Victor Hugo*

Bevor in den Kapiteln zum Grundwissen über die verschiedenen Facetten von BIM – Kapitel 3 zu den Werkzeugen, Kapitel 4 zu den Modellen, Kapitel 5 zu den Prozessen und Kapitel 6 zum Informationsmanagement – detailliert berichtet wird, dient dieses Kapitel 2 zur geschichtlichen und methodischen Einordnung von BIM in die historischen Abläufe der Bau- und Planungsgeschichte sowie zur Klärung der verwendeten Begrifflichkeiten. Des Weiteren wird hier auf die Bedeutung von BIM für die verschiedenen Projektbeteiligten hingewiesen und werden die Chancen aufgezeigt, die eine geordnete Einführung von BIM bietet.

2.1 Geschichtliche Entwicklung

Bereits Anfang/Mitte der 90er Jahre des vorherigen Jahrhunderts vollzog sich ein erster Wechsel in der Bauwirtschaft, indem flächendeckend CAD-Systeme im Sinne des *computer-aided drafting* eingeführt wurden. Dies ging einher mit dem Siegeszug des Personalcomputers – PC, der die bisherigen teuren Zentralrechner endgültig für die meisten Büroanwendungen ablöste.

Obwohl schon in den 80er Jahren die ersten Softwaresysteme, die eine 3D-Bearbeitung ermöglichten und die bereits Anfänge der Produktmodellierung unterstützten, entwickelt wurden, wurden mit dem PC vor allem 2D-CAD-Zeichnungsprogramme eingeführt. Diese erlaubten den leichten Übergang von der bisherigen Arbeit am Reißbrett zu der neuen Arbeit mit CAD, der auch als solcher beworben wurde: »Nur den Stift mit der Maus tauschen«.

Obwohl heute die Bauzeichnungen computergestützt »gezeichnet« werden und viele ehemals aufwändigen Prozesse jetzt viel effektiver verlaufen, wie das einfache Editieren (statt Radieren und Kratzen auf der Transparentfolie), das Übereinanderstapeln der verschiedenen Layer (statt Folien auf dem Lichttisch übereinanderlegen), das Beschriften und Bemaßen (statt Buchstabenschablonen) und das Vervielfältigen (statt aufwändiges Erstellen von Blaupausen) – um einige heute obsolete Verfahren zu nennen –, so bleiben

Abb. 7:   *Alte CAD Werbung »nur den Stift tauschen« (um 1992)*

Abb. 8:   *Allegorische Darstellung der Vitruvianischen Urhütte (Quelle: Frontispiz von Charles Eisen [Laugier, 1755])*

die CAD-Zeichnungen weiterhin Dokumente mit ihren in Kapitel 1.1 detailliert benannten Einschränkungen.

Die wesentlichen Planungs- und Abstimmungsprozesse bleiben dagegen auch unter Verwendung von 2D-CAD-Systemen unverändert, so dass diese erste Einführungsphase noch keinen wirklichen Übergang zu einer digitalen Bauwirtschaft darstellen kann.

Wenn die Einführung von BIM zu neuen Prozessen in der Planung und Ausführung führt und damit zu einem umfassenden Erneuerungsprozess, dann bietet dieser Wandel, wie jeder Umbruch, sowohl Chancen als auch Risiken für die Beteiligten. Da der Ausgang für jeden Einzelnen oft schwer zu erkennen ist, werden auch Widerstände und eine Ablehnungshaltung bei Einzelnen provoziert.

Hierbei ist es wichtig zu erkennen, dass die Einführung von BIM im Büro und in Bauprojekten ein Weg ist, der schrittweise vollzogen werden soll, auch um Hemmnisse zu erkennen und nacheinander zu überwinden.

Bevor auf die einzelnen Chancen und Risiken eingegangen wird, soll zuerst die Geschichte der Planungsdokumentation allgemein und die Geschichte der Vorläufer von Building Information Modeling im Speziellen erläutert werden.

2.1.1   Vorgeschichte der Planung

In der vorantiken Zeit wurden weder Planungen noch Plandokumentationen verwendet. Es entstanden Abwandlungen von lokalen Archetypen nach den meist sehr beschränkten Möglichkeiten der Erbauer und damit gleichsam der Nutzer. Nach Vitruv markiert diese

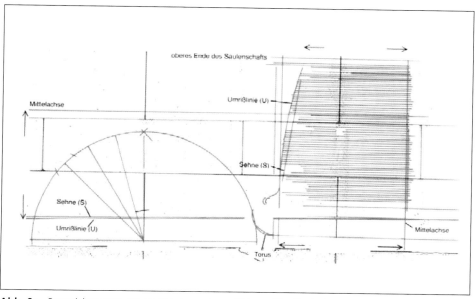

Abb. 9: *Bauzeichnungen am Apollontempel von Didyma (Quelle: Lothar Haselberger)*

einfache Form der menschlichen Behausung – die »Urhütte« – den mythologischen Beginn des Bauens.

Von der Antike bis zum Mittelalter war die Organisation der Errichtung der meist herrschaftlichen und kirchlichen Bauten ein noch wesentlich einfacherer Vorgang. Alle am Bau Beteiligten waren vor Ort und konnten sich schnell abstimmen. Es gab keine Trennung des Orts der Planung von dem Ort der Ausführung. Daher waren keine langwierigen und fehleranfälligen Planungen und deren Dokumentation als Handlungsanweisungen für die Baustelle notwendig. »Man baute einfach gemeinsam«.

Notwendige geometrische Proportionen und Maße wurden oft direkt vor Ort aufgetragen. Zu den frühsten dokumentierten »Ausführungszeichnungen« gehören Gravuren an griechischen Tempeln, mit denen die Entasis[8] direkt auf der Baustelle in Stein gefasst und dann über Schablonen auf die Säulen übertragen wurde. Ein Beispiel der »1 : 1 Planung« vor Ort, wie am Apollontempel in Didyma entdeckt.

In der *Bauhütte* waren die Baumeister und Handwerker zusammen vertreten und bildeten ein Unternehmen. Die Bau- oder Hüttenmeister des Mittelalters, die mit ihrer Bauhütte von Kirchenbau zu Kirchenbau zogen, nutzten skizzenhafte Darstellungen, um ihren Entwurfskanon festzuhalten. Diese Zeichnungen waren nicht maßstäblich und damit keine direkte Bauanleitung, sondern eher Gedankenstützen und Ideenbücher. Als Beispiele früher Pläne und Skizzenbücher sollen hier der St. Galler Klosterplan, die Turmansicht des Kölner Doms von Meister Eckardt und das Hüttenbuch des Villard de

---

8   Die Schwellung des Schafts einer Säule, die sich dann nach oben verjüngt.

Abb. 10: *Beispiel aus dem Hüttenbuch von Villard de Honnecourt [Hahnloser, 1972]*

Honnecourt genannt werden. Oft unterlagen diese Darstellungen des Entwurfswissens der Bauhütte auch dem Hüttengeheimnis. Selbstverständlich waren auch die Bauwerke technisch einfacher, nur aus wenigen Materialien bestehend, beim Kirchenbau meist Naturstein, daher waren die Bauhütten auch sehr eng an die Steinmetzbruderschaften gebunden. Beim Backsteinbau, in Gebieten ohne ausreichende Natursteinvorkommen, gab es bereits komplexere Beziehungen zwischen der Bauhütte (Planung und Ausführung) und der Ziegelherstellung (Baustoffproduktion), wobei schon frühe Normierungen der Ziegelformate, wie das Klosterformat, eingesetzt wurden.

Ein erster Paradigmenwechsel, der zu einer schrittweisen Trennung zwischen der Planung und Ausführung führte, vollzog sich in der Renaissance. Die Wiederentdeckung der antiken Schriften von Vitruv, die theoretischen Arbeiten von Alberti und Palladio über Maße und Proportionen in der Architektur und die Entdeckung der perspektivischen Konstruktion durch Brunelleschi, all dies führte zu dem Wissen um eine präzise Vorabdarstellung eines Entwurfs mittels einer Rissdarstellung und einer illustrativen Darstellung als Perspektive. Aus den Ideenskizzen und Hüttenbüchern der Gotik wurden echte maßstäbliche Pläne – Grundriss, Aufriss und Schnitt.

Die Baumeister der Renaissance, die sich jetzt als Architekten bezeichneten, nutzen diese neue Methode der Plandarstellung, um, von der ständigen Präsenz auf der Baustelle unabhängig geworden, gleichzeitig für mehrere Bauvorhaben arbeiten zu können. Die Trennung des Orts der Planung vom Ort der Ausführung wurde vollzogen. Mit zunehmender Komplexität der Baumaßnahmen wurden dann mehr und mehr Pläne notwendig, bis hin zu den Detailinformationen für die Ausführung. Die Verantwortlichkeit für Planung

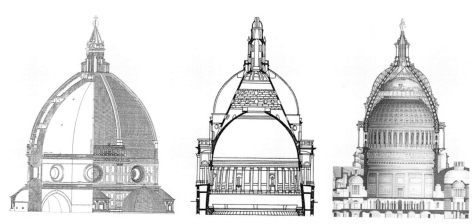

Abb. 11: *Die drei Kuppeln: Dom in Florenz, St. Paul Kathedrale in London, Kapitol in Washington (Quelle: eigene Zusammenstellung nach [Fanelli, 2004], [Koch, 2014], Benjamin Brown French)*

und Ausführung blieb jedoch bei den Architekten. Die heute als gegeben angesehene Trennung zwischen Planung und Ausführung gab es bis zum 19. Jahrhundert noch nicht. MacLeamy hat dies als die *Geschichte der drei Kuppeln* prägnant zusammengefasst [MacLeamy, 2007]:

》 Die Rolle der Baumeister/Architekten hat sich geändert. Während Brunelleschi 1418–36 beim Bau des Doms Santa Maria del Fiore noch als klassischer Baumeister die Planung und Ausführung geleitet und nebenbei auch noch Maschinen zum Bau der Kuppel erfunden hatte, hatte Christopher Wren 1675 bis 1710 beim Bau der Saint Paul Kathedrale die Planung geleitet, aber die Bauausführung nur noch verantwortlich überwacht. Beim Bau der Kuppel des Kapitols 1851–1863 hat der Architekt Thomas U. Walter nur noch die Planung geleitet, die Bauleitung übernahm Montgomery C. Meigs vom Army Corps of Engineers, die Bauausführung wurde komplett durch eine Baufirma (einen Generalunternehmer) übernommen. Die Trennung zwischen Planung und Ausführung wurde vollzogen. 《   zitiert nach [MacLeamy, 2007]

Danach vollzog sich eine weitere Spezialisierung. Im Rahmen der aufkommenden akademischen Ausbildung wurde erstmals zwischen der Architektur und dem Bauingenieurwesen unterschieden. Der Baumeister wurde immer mehr zum Bauunternehmer, der sich schrittweise vom Handwerksmeister unterschied.

Ein erster Versuch, die Aufgliederung in die akademische und rein entwurfsorientierte Architekturausbildung und die praktisch orientierte Ausbildung von Bau- und Handwerksmeistern zu überwinden, wurde ab 1922 am Bauhaus in Weimar unternommen. Erst nach dem Absolvieren der freien künstlerischen Vorlehre und der praktischen Ausbildung als Gesellen an den Werkstätten, sollte mit zusätzlichem Bau- und Ingenieurwissen die Synthese am Bau, als Baumeister/Architekt, vollendet werden.

Ziel der Form- und Werklehre am Bauhaus war jedoch nicht die Rückkehr zum handwerklichen Unikat, sondern die industrielle Fertigung, die zu einer Industrialisierung und

Standardisierung der Produkte und am Ende des Bauwerks selbst führen sollte. Die Bauhaustradition wurde dann maßgeblich für die Moderne in der Architektur, auch wenn sich die Ausbildung wieder traditionell auf die akademische Lehre mit weiterer Separierung der Planungsdisziplinen zurückzog.

Aufgrund der höheren Komplexität der Bauwerke und der technischen Installationen nahm die Spezialisierung dagegen immer weiter zu. Nach Architektur und Bauingenieurwesen kamen die Gebäudetechniker, Bauphysiker, Akustiker, Bau- und Bodengutachter und weitere Spezialisten hinzu. Desweitern spaltete sich der ursprünglich generisch angelegte Architekturberuf in seine Teildisziplinen – einmal der klassische Architekt als Objektplaner für Gebäude, daneben der Innenarchitekt, der Landschaftsarchitekt und der Städtebauer.

Aber auch die ureigenen Aufgaben der Architekten, die Planung zu koordinieren, den Bauablauf zu überwachen sowie das Bauwerk dem Bauherrn für den Betrieb zu übergeben und dabei die funktionalen, wirtschaftlichen und terminlichen Rahmenbedingungen einzuhalten, werden zunehmend neu verteilt. Projektsteuerer, Bauwirtschaftler und Facility Manager sind in den letzten Jahren als neue Berufsgruppen entstanden.

Es besteht damit die reale Gefahr, dass die Architekten immer mehr auf den gestalterischen Entwurf eingeengt werden. Die zukunftsorientierte Antwort darauf wäre, weiterhin die Koordination zu übernehmen und dabei die neuesten Technologien anzuwenden, um die Zusammenarbeit im Sinne einer integralen Planung zu beherrschen und Ausführungswissen früh in den Entwurfsprozess mit einzubeziehen.

Realität ist aber, dass heute noch im Prinzip mit denselben Methoden geplant und die Zusammenarbeit organisiert wird wie seit der Renaissance – mit nun zwar elektronischen, aber weiterhin 2D-Plänen und separaten Dokumenten. Der Rapidograph wurde gegen die Computermaus ausgetauscht und die immer leistungsfähigeren Computer blieben elektronische Zeichenmaschinen.

2.1.2   Geschichte von BIM

Sowohl die Geschichte der wissenschaftlichen Vorarbeiten als auch die des Begriffs *BIM* reichen weit zurück. Bereits in den 70er Jahren des vorherigen Jahrhunderts wurden frühe universitäre Arbeiten im Bereich der Verknüpfung von graphischen und alphanumerischen Informationen und der ersten semantischen Computermodelle veröffentlicht. Erste Grundlagen zur parametrischen Beschreibung von Bauteilen für Computerprogramme entstanden in etwa zur gleichen Zeit. Ein erster sich herauskristallisierender Begriff dafür war *Produktmodell* (englisch *Product Information Model*, oder *Product Model*). Während am Beginn die Entwicklung von Computermodellen und Programmen für die verarbeitende Industrie stand (vorrangig Fahrzeug-, Flugzeug- und Maschinenbau), so wurden die Konzepte bald auch auf das Bauwesen übertragen.

Zwei fundamentale Schlussfolgerungen wurden bereits früh getroffen [Eastman, 1975] und [Eastman, 1978]: erstens, dass sich die Organisation der Computermodelle an den Bauelementen und nicht den geometrischen Formen orientieren muss, und zweitens, dass sich die zeichnerische Darstellung aus dem Schnitt durch das 3D-Modell mit dem Wissen um die geschnittenen Bauelemente heraus generieren muss. Diese Gedanken wurden auch in frühen Softwareprototypen, wie BDS *Building Description System*

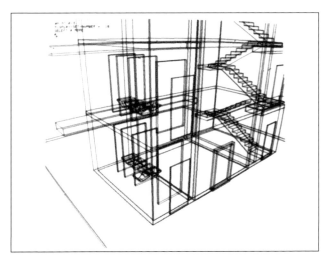

und dessen Weiterentwicklung GLIDE *Graphical Language for Interactive Design*, von Eastmans Team mit dem Ziel umgesetzt, das architektonische Entwerfen mittels dreidimensionaler, parametrisch variabler Baukörper zu unterstützen.

Parallel zu diesen Vorarbeiten an der Carnegie Mellon University wurde auch in Großbritannien in den späten 70er Jahren an ähnlichen Prototypen gearbeitet, wie das OXSYS System aus Cambridge [Richens, 1976]. Diese und spätere Arbeiten wurden in den USA häufig als *Building Product Models* und in Europa als *Product Information Models* kategorisiert. Eine ausführliche Zusammenfassung dieser frühen Entwicklungsphase ist in [Eastman, 1999] aufgeführt.

In den 80er und 90er Jahren des 20. Jahrhunderts wurden wesentliche Arbeiten zu den Grundlagen der semantischen Datenstrukturen, die als Basis für die Produktmodelle dienten, geleistet. Dabei wurde schon früh der Standardisierungsgedanke mit verfolgt, um Produktinformationen später besser austauschen zu können. Auch hier wurden die Grundlagen zunächst von der verarbeitenden Industrie gelegt, die seit 1984 als *STEP Standard for the Exchange of Product model data* in der Serie von ISO 10303 Standards entwickelt werden. Frühe Initiativen aus dem Bauwesen waren *GARM General AEC Reference Model* [Gielingh, 1988] und *BCCM Building Construction Core Model* [Wix & Liebich, 1997]. Mit GARM wurde die Unterscheidung zwischen der funktionalen Anforderung an ein Modellelement, der *functional unit*, und der Umsetzung, *technical solution*, getroffen, die heute wieder bei dem BIM-Anforderungsmanagement sehr relevant ist. BCCM ist eine der Grundlagen der *IFC Industry Foundation Classes*, die heute der international anerkannte Standard für den Austausch von BIM-Daten ist. Die meisten dieser Entwicklungen kamen aus Europa (Niederlande, Großbritannien, Deutschland) und sind oft im Zusammenhang mit EU-Forschungsprojekten entstanden, wie in ATLAS, COMBI und Vega. Junge und Liebich geben hierzu eine genauere Übersicht [Junge & Liebich, 1998].

In diese Zeit fällt auch die erstmalige Publikation des heute geläufigen Begriffs BIM als *Building Information Modeling* [van Nederveen & Tolman, 1992]. Etwa zehn Jahre später wird dieser Begriff, wahrscheinlich unabhängig davon, durch den Publizisten Laiserin

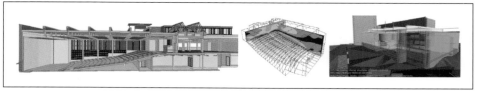

Abb. 13: *Frühes Pilotprojekt mit BIM, HUT 600 der Aalto Universität, Espoo (Quelle: M. Fischer & C. Kam, 2002)*

[Laiserin, 2002] wieder aufgegriffen. Seit der Marktführer von CAD-Software, die Firma Autodesk diesen Begriff für ihre Marketingstrategie im Bausektor verwendet, hat sich BIM als Oberbegriff des Paradigmenwechsels hin zu einer umfassenden Digitalisierung das Planens und Bauens durchgesetzt[9].

In den späten 90er und den Nullerjahren werden die Grundlagen zum praktischen Einsatz von BIM in Bauprojekten gelegt. Innovative Planungsbüros, Baufirmen aber auch insbesondere Bauherren testen diese Möglichkeiten in Pilotprojekten. Im Kapitel 1.2 wurden einige dieser frühen Anwendungen genannt. Auf der technologischen Seite standen nun Architektursoftwarepakete, wie ArchiCAD, Allplan oder Microstation TriForma, zur Verfügung sowie die erste Applikation von Autodesk – AutoCAD Architectural Desktop. Im Bereich der Tragwerksplanung Tekla, Bocad oder Allplan, für die Haustechnik zum Beispiel MagiCAD oder RoCAD. Für den Datenaustausch bei den ersten interdisziplinären Projekten konnten frühe Versionen der IFC-Schnittstelle begrenzt genutzt werden. Damit konnte erstmalig in einer größeren, realen Umgebung der Wandel vom elektronischen Zeichenbrett zu BIM vollzogen werden.

Die Ergebnisse dieser Pilotprojekte waren für die Bauherren und die beteiligten Firmen insgesamt sehr positiv, so dass daraus weitere reale Bauprojekte, die mit der BIM-Methode geplant und schrittweise ausgeführt wurden, folgten. Allerdings vollzog sich die Entwicklung sehr ungleichmäßig. Während zum Beispiel in Skandinavien bald ein Großteil der öffentlichen und viele private Bauprojekte mit BIM geplant wurden, hielten sich die öffentlichen Bauherren in Deutschland zurück. Es wurden bis 2014 keine öffentlichen Pilotprojekte initiiert.

Nichtsdestotrotz hat sich BIM in vielen Regionen seit Beginn der 10er Jahre durchgesetzt, in einigen, wie den skandinavischen Ländern aber auch in Singapur, fast flächendeckend, anderswo, wie in den USA und den arabischen Ölstaaten zumindest bei Großprojekten. Die technologischen Voraussetzungen sind weitgehend geschaffen, Details dazu im Kapitel 3.3, ein Datenaustausch steht für viele Anwendungsfälle zur Verfügung, siehe hier Kapitel 3.4, und eine Reihe von BIM-Richtlinien und Leitfäden für die Anwender wurden ebenfalls veröffentlicht. Bereiche der heutigen Forschung und Entwicklung beschäftigen sich daher mit den nächsten Fragestellungen, wie dem Einsatz von BIM im Sinne des Informations- und Projektmanagements, der Wechselwirkung von BIM als Managementmethode und den vertraglichen Regelungen insbesondere für die

---

9 Entgegen häufig verbreiteter Informationen ist BIM weder eine begriffliche Erfindung, noch ein geschützter Begriff der Firma Autodesk. Ein anderer gebräuchlicher, aber geschützter Begriff ist *Virtual Building*™, der Begriff des virtuellen Gebäudemodells der Firma Graphisoft.

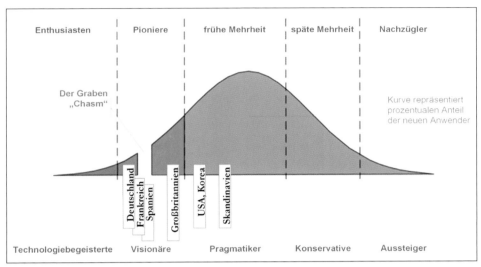

Abb. 14:   *Adaptionskurve von BIM [Liebich; Schweer & Wernik, 2011] (aktualisiert)*

Kooperation der Projektbeteiligten, aber auch mit neuen technischen Fragen, wie der Verbindung von BIM und GIS, dem semantischen Web oder den neuen Produktionsmethoden im Sinne der Industrie 4.0.

2.1.3   Entwicklungsstufen von BIM

BIM wird nicht über Nacht eingeführt und der Begriff ist auch sehr dehnbar, was die verschiedenen Stufen der Umsetzung betrifft. Daher ist die Frage »Ist meine derzeitige Planung schon BIM?« ohne eine Untergliederung des BIM Begriffs in die verschiedenen Bedeutungsebenen und der Festlegung von Stufen der Nutzung nicht eindeutig zu beantworten.

Die Umsetzung von BIM wird meist aufgrund der Durchgängigkeit des Einsatzes von BIM-Technologien und den verschiedenen BIM-Modellen entlang dieser drei Achsen betrachtet:

*   über die Leistungsphasen (nur im Vorentwurf, im Vorentwurf und Entwurf, bis hin zur Werkplanung, einschließlich der Betriebsphase)
*   über die Anzahl der Projektbeteiligten, die BIM verwenden (nur die Architekten, nur die Planer, Planung und Ausführung, Übernahme für den Betrieb)
*   über die Tiefe der Anwendung (Arbeit mit BIM-Modellen – Austausch aber nur über Zeichnungen, Austausch von BIM-Modellen, gemeinsames Arbeiten mit BIM-Modellen), beziehungsweise die Anzahl der BIM-Anwendungsfälle.

In der dritten Achse werden dann auch die Fähigkeiten zur Beherrschung von BIM-Methoden und BIM-Management gefordert sein.

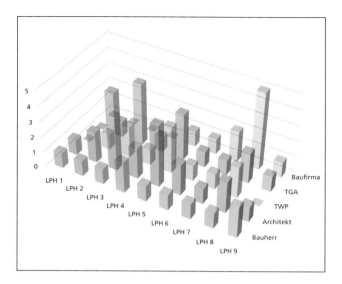

Abb. 15: *Achsen der BIM-Nutzung im Projekt (Phase, Beteiligte, Anwendungsfälle)*

little bim, BIG BIM

Bei der Einführung von BIM im Kleinen, also in den jeweiligen Büros und neuen Projekten, wird oft zwischen *little bim* und *BIG BIM* unterschieden, benannt nach dem Buch von Jernigan [Jernigan, 2007].

- die BIM-Insel – *little bim*, Einführung im eigenen Büro für die Optimierung der eigenen Arbeitsprozesse, in einem Projekt die unabhängige Nutzung von BIM bei einem oder mehreren Projektbeteiligten
- die BIM-Integration – *BIG BIM*, basierend auf den *little bim*-Ansätzen der einzelnen Projektbeteiligten wird BIM zusätzlich zur integralen Planung und Koordination genutzt, die BIM Umsetzung im eigenen Büro wird offen hinsichtlich der Abstimmung mit anderen Projektbeteiligten weiterentwickelt.

Bei Projekten, in denen der Bauherr BIM initiiert und dessen Umsetzung fordert, ist eigentlich immer von einem *BIG BIM*-Ansatz auszugehen, hierbei wird oft noch zusätzlich zwischen *closed BIM* und *open BIM* unterschieden.

- geschlossene Lösung – *closed BIM*, der Bauherr oder der bestimmende Projektbeteiligte (Generalplaner, Generalunternehmer) bestimmt die technologische Plattform (wie die von allen zu verwendende BIM-Software),
- offene Lösung – *open BIM*, der Bauherr und die Projektbeteiligten verwenden offene Schnittstellen beziehungsweise neutrale Austauschformate zur Integration. Die jeweils beste BIM-fähige Software (siehe Kapitel 3.2) kann verwendet werden.

Abb. 16: *Matrix »little-big«*
und »closed-open«
der BIM-Umsetzung

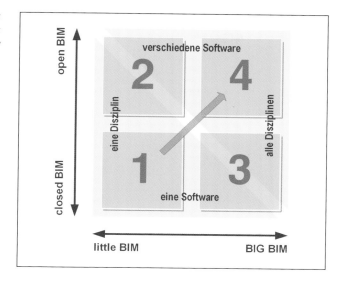

Aus diesen vier Kategorien ergibt sich folgende Matrix [Liebich; Schweer & Wernik, 2011]:

1 *little closed BIM* – geschlossene BIM-Insel

Der Anwender arbeitet in seiner Fachdisziplin mit seiner Software für sich mit BIM. Er tauscht seine Daten nicht mit anderen Fachdisziplinen oder weiteren am Bau Beteiligten aus.

2 *little open BIM* – offene BIM-Insel

Der Anwender arbeitet, wie bei *little closed BIM*, in seiner Fachdisziplin mit seiner Software für sich mit BIM. Im Unterschied zu *little closed BIM* stellt er seine Daten nun anderen Beteiligten zur Verfügung. Dafür ist ein neutrales Austauschformat, wie IFC, notwendig.

3 *big closed BIM* – geschlossene BIM-Integration

Mehrere Anwender unterschiedlicher Fachdisziplinen arbeiten in einer Softwarefamilie mit BIM (Modell und Prozess). Die BIM-Modelle werden innerhalb dieser Softwareumgebung zu einem gemeinsamen Koordinationsmodell zusammengeführt.

4 *big open BIM* – offene BIM-Integration

Mehrere Anwender unterschiedlicher Fachdisziplinen arbeiten in ihrer Software mit BIM. Das Softwareumfeld ist in diesem Fall heterogen. Daher ist eine Zusammenfassung der einzelnen Fachmodelle zu einem gemeinsamen Modell zwecks Koordinationsplanung im Gegensatz zu *big closed BIM* nur über ein neutrales Austauschformat – *open BIM* – möglich. Das Ziel einer großflächigen BIM-Einführung auch in der deutschen Bauwirtschaft sollte dieses Szenario sein, unter anderem weil es auch den größten Mehrwert verspricht.

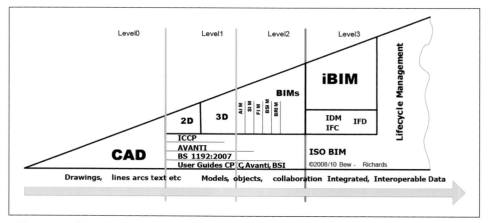

Abb. 17: *Definitionen der Level 1, 2 und 3 gemäß der UK BIM-Strategie (Quelle: Mark Bew, Mervyn Richards, 2008)*

BIM Einführungsschritte

Bei der Einführung von BIM im Großen, also als eine Strategie zur Effizienzsteigerung der Bauindustrie, wie dies in einigen Ländern bereits forciert wird, wird eher von einer stufenweisen Entwicklung und Einführung ausgegangen.

In Großbritannien, wo die Regierung die Einführung von BIM bei allen zentralen öffentlichen Bauvorhaben ab 2016 fordert, wurden diese Einführungebenen oder Levels definiert, um für das Stichjahr einen klar beschriebenen, mittleren Level 2 festzulegen. Diese Levels werden wie folgt definiert[10]:

- Level 1
  nicht durchgängige Anwendung von 3D/BIM, insbesondere in der Entwurfsphase mit 2D/CAD für die Baueingabe und Werkplanung bei Verwendung bestehender Vorgaben (wie Layerstandards), keine explizite Vorgabe für die disziplinübergreifende Zusammenarbeit mit CAD oder BIM-Technologien
- Level 2
  durchgängige Anwendung von 3D/BIM bei allen Projektbeteiligten, Nutzen einer definierten Methode zur gemeinsamen Bearbeitung, Freigabe und Archivierung von allen elektronischen Dokumenten (*Common Data Environment*), explizite Vorgabe zur Erfassung und Weitergabe von elektronischen Informationen, die aus den 3D-/ BIM-Modellen generiert werden (2D-PDF, Projektinformationen über COBie, eine Teilmenge des IFC-Standards ohne Geometrie)

---

10 Überarbeitete Zusammenstellung durch die Autoren mit Verwendung von Begriffen aus dem deutschen Planungsalltag. Für eine gute kurze Zusammenfassung aus der Perspektive Großbritanniens siehe [Lymath, 2014].

Abb. 18: *Der BIM-Begriff und seine Deutungs-möglichkeiten*

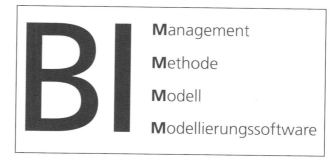

- Level 3
  durchgängige Arbeit mit einem Gesamtmodell, das durch ein *Common Data Environment* verwaltet wird, über den gesamten Lebenszyklus des Bauwerkes. Das Gesamtmodell ist die Summe der integriert zu nutzenden Fachmodelle im Sinne des *open BIM*.

Trotz der verschiedenen Untergliederungen in Achsen, Matrizes oder Stufen – eins haben alle Systematiken gemein, es muss zuerst im Kleinen BIM eingeführt und Erfahrung gesammelt werden, um dann im größeren Zusammenhang diese Anwendungen zu vernetzen und durchgängig zu nutzen. Weil hierzu viele Absprachen notwendig werden, soll strukturierten und standardisierten Methoden der Integration von Prozessen, Daten und Software der Vorrang gegeben werden.

2.2   Begriffe und Definitionen

Die Abkürzung *BIM* wurde bereits in den vorherigen Kapiteln mehrfach verwendet, zum Teil für unterschiedliche Bedeutungen oder mit einem erklärenden Folgewort. Zwei dieser konkretisierenden Wortpaare traten dabei hervor – *BIM-Modell* und *BIM-Methode* –, welche den Gegenstand und die damit verknüpfte Arbeitsweise kennzeichnen.

Hinzu kommen noch das Werkzeug, die Modellierungssoftware um den Gegenstand, das digitale Modell des Bauwerks, zu erstellen und auszuwerten, und das Management, welches die Arbeitsprozesse, in denen die digitalen Modelle verwendet werden, steuert.

2.2.1   Erläuterung des Akronyms BIM

- Das »B« für *building* steht für den Geltungsrahmen, es ist nicht eine beliebige Informationsmodellierung, sondern diejenige konkret für das Bauwesen[11] – deutsch *Bau-*.
- Das »I« für *information* steht für den Inhalt, digitale verknüpfte Informationen über das Bauwerk, wobei damit mehr als nur die 3D-Geometrieinformation gemeint ist.
- Das »M« für *modeling* steht für die Aktion, das Modellieren, häufig aber auch für das Ergebnis, das Modell, manchmal auch für das Werkzeug, die Software oder die Steuerung der Anwendung im gesamten Planungs- und Bauprozess, das Management. Hieraus ergeben sich die vielen parallelen, teilweise verwirrenden Definitionen.

In unserer aktuellen Interpretation hat der Begriff BIM diese vier Bedeutungsebenen, die sich aus der Interpretation des letzten Bestandteils »M« ergeben:

- Building Information Modeling Software
  parametrische, 3(++)-dimensionale und bauteilorientierte Erstellungs- und Auswertungssoftware für die BIM-Modelle
- Building Information Model
  digitale Bauwerksmodelle, die bauteilorientiert alle fachlich inhaltlichen Bauinformationen integrieren; mittels BIM-Software werden einzelne BIM-Fachmodelle erstellt.
- Building Information Modeling
  Methode der integrierten Planung und Bauvorbereitung unterstützt durch Erstellung, Austausch und gemeinsame Nutzung von BIM-Modellen
- Building Information Management
  strategische und projektbegleitende Steuerung der Prozesse und der Durchgängigkeit der Planungs- und Ausführungsinformationen mittels BIM-Methoden.

Die übergeordneten Begriffsebenen verweisen dabei immer auf die darunterliegende Ebene und verdeutlichen damit, dass alle Komponenten für eine erfolgreiche Umsetzung benötigt werden.

In der Tabelle 3 sind diese vier BIM-Begriffe in Englisch, in deutscher Übersetzung und in vereinheitlichter Benennung zusammengefasst.

---

11   Die Übersetzung in den neutralen Begriff *Bau*, welcher in der deutschen Sprache sowohl den Hoch- als auch den Tiefbau umfasst, vereinfacht die allgemeingültige Definition. Mit dem originalsprachlichen englischen Begriff *building* ist meist das Gebäude und damit der Hochbau gemeint. Für den Tiefbau wird daher auch parallel der Begriff *Virtual Design and Construction (VDC)* verwendet. Da die Gemeinsamkeiten in der Anwendung jedoch vorherrschen, soll der Begriff *BIM* hier allgemein für Hoch- und Tiefbau verwendet werden.

Tab. 3:   *Gegenüberstellung englischer und deutscher BIM-Begriffe*

Ebene	englischer Begriff	deutscher Begriff	Benennung im Buch
1	BIM authoring/ evaluation tool	BIM-Modellierungs-software BIM-Auswertungs-software	BIM-Software
2	Building Information Model	Bauwerksmodell	BIM-Modell
3	Building Information Modeling	Bauinformations-modellierung	BIM-Methode
4	Building Information Management	Bauinformations-management	BIM-Management

2.2.2 Definition von BIM

In der Literatur werden verschiedene Definitionen des Begriffs BIM, über die Deutung des Akronyms hinaus, angeführt. Die vielleicht am meisten zitierte stammt aus der amerikanischen BIM-Richtlinie *National Building Information Modeling Standard (NBIMS)*:

》 Building Information Modeling (BIM) ist eine Methode im Bauwesen, die das Erzeugen und Verwalten von digitalen Abbildungen der physikalischen und funktionalen Eigenschaften eines Bauwerks beinhaltet. Die Bauwerksmodelle stellen dabei eine Informationsdatenbank rund um das Bauwerk dar, um eine verlässliche Quelle für Entscheidungen während des gesamten Lebenszyklus zu bieten; von der ersten Vorplanung bis zum Rückbau. 《   zitiert nach [NIBS buildingSMART alliance, 2012]

Und weiter (dieser zweite Teil wird häufig nicht mit zitiert, obwohl dieser ebenfalls von großer Bedeutung ist):

》 Eine grundlegende Voraussetzung von BIM ist die Zusammenarbeit der am Bau Beteiligten über die verschiedenen Phasen des Lebenszyklus einer baulichen Anlage, um die gemeinsam zur Verfügung stehenden Bauwerksinformationen, aus der Sicht des jeweiligen Beteiligten, zu erstellen, auszuwerten, zu ändern oder zu aktualisieren. 《
zitiert nach [NIBS buildingSMART alliance, 2012][12]

---

12 Siehe hierzu auch die Zusammenfassung als FAQ *frequently asked questions* [NIBS buildingSMART alliance, 2013]

Die wichtigsten Bestandteile dieser Definition sind:

- die Bauwerksmodelle als Plural – nicht ein Modell, sondern viele verbundene Fach-modelle, in der Literatur wird auch von *federated models* gesprochen
- die Informationsdatenbank als die Gemeinsamkeit der Fachmodelle mit anderen digitalen Informationen über das Bauwerk, häufig in einer Projektplattform zusam-mengeführt[13]
- der Lebenszyklus eines Bauwerks als Anwendungsbreite – BIM ist nicht nur eine Pla-nungsmethode, es dient auch zur Vorbereitung und Steuerung der Ausführung und als Datenbasis für den Betrieb sowie für Um- und Rückbau
- die digitale Abbildung der physikalischen und funktionalen Eigenschaften – BIM enthält nicht nur die 3D-Geometrie der Bauteile, sondern auch weitere physikalische Eigenschaften, wie Material- und Konstruktionsangaben, aber auch funktionale Eigen-schaften, wie Räume, Zonen, und weitere Informationen – das »I« in BIM
- Methode der Zusammenarbeit – BIM, wenn über die reine *BIM-Insel* hinausgehend, muss immer die Planungs- und Ausführungsinformationen mehrerer Projektbeteiligter integrieren und anderen zur Verfügung stellen, diese Aufforderung zur wirklichen Zusammenarbeit muss nicht nur technologische, sondern auch organisatorische und vertragliche Schranken überwinden.

Nach der Tabelle 4 entspricht diese Definition aus NBIMS im Wesentlichen den Ebenen 2 und 3, dem *BIM-Modell* und der *BIM-Methode*. Zu Beginn der BIM-Einführung wurde, und in der Praxis in Deutschland wird derzeit immer noch, BIM zuerst als eine IT-Aufgabe gesehen. Eine der ersten Fragen bei der Beschäftigung mit BIM ist weiterhin »Welche Software muss ich denn jetzt kaufen?«. Hierbei wird verkannt, dass die Einführung von BIM eine Entscheidung der Unternehmensausrichtung ist und keine alleinige Aufgabe des Systemadministrators. Andererseits ist am Ende die Fähigkeit des Werkzeugs mit entscheidend für die Qualität des Ergebnisses. Daher darf bei der BIM-Definition die Soft-ware- und Datenaustauschkomponente, also die Ebene 1, nicht vernachlässigt werden.
Neuere BIM-Definitionen konzentrieren sich stärker auf den Managementaspekt, zum Beispiel bei Race, der alternativ den Begriff *Project Information Management* vorschlägt [Race, 2013, S. 16f], dann aber auch erkennt, dass dieser ebenfalls missverständlich sein kann[14]. Der Aspekt des Informationsmanagements bei der Projektabwicklung wird bei der Definition von BIM im offiziellen Building Information Modeling Dokument der britischen Regierung hervorgehoben:

>> Building Information Modeling (BIM) ist eine kooperative Arbeitsmethode, gestützt durch digitale Technologien, welche effizientere Methoden des Planens, Ausführens und Bewirtschaftens von baulichen Anlagen ermöglichen. BIM schließt die wesent-

---

13 In der BIM Initiative Großbritanniens wird hierzu der Begriff CDE, das *Common Data Environment*, geprägt.

14 Ähnliche Verwirrung hatte auch der Begriff CAD gebracht. »CA« stand einheitlich für *Computer-aided*, aber »D« wahlweise für *Design*, *Drafting* oder auch *Drawing*. Am Ende waren es theoretische Diskus-sionen mit wenig Relevanz bei der praktischen Einführung und Anwendung – das Gleiche wird auch bei BIM der Fall sein, egal welche Bedeutungspräferenz dem Buchstaben »M« beigemessen wird.

lichen Produkt- und Anlagendaten in ein dreidimensionales Computermodell ein, das für ein effektives Informationsmanagement während des gesamten Lebenszyklus verwendet werden kann. « zitiert nach [HM Government, 2012, S. 3].

Tab. 4: *Die Beschreibung der BIM-Ebenen in den Kapiteln zum BIM-Grundwissen*

Ebene	Kapitel
1	Kapitel 3: BIM-Grundwissen – Software und Schnittstellen
2	Kapitel 4: BIM-Grundwissen – Modell
3	Kapitel 5: BIM-Grundwissen – Prozesse und Anwendungsfälle
4	Kapitel 6: BIM-Grundwissen – Einführung und Management

Auch im BIM-Leitfaden für Deutschland wurde dem Aspekt Informationsmanagement ein ganzes Kapitel gewidmet [Egger; Hausknecht; Liebich & Przybylo, 2014, S. 45–50]. Die Ebene 4 nach der Kapitel 4 ist damit Teil der BIM-Definition, sollte aber nicht dazu verführen, BIM ausschließlich als eine Management- und Steuerungskomponente zu sehen, was den kooperativen Aspekt einer integralen Planung konterkarieren könnte.

Die weitere Gliederung der Hauptkapitel des Buches reflektiert die genannten vier Ebenen des BIM-Begriffs.

2.2.3 Das »I« in BIM

Bei der Erklärung der Buchstaben »B–I–M« war das »I« am einfachsten zu fassen. Die *Information* als das zentrale Element, und es ist nicht nur der präziseste Teil des BIM-Begriffs, sondern auch der wichtigste. Die Information steht im Zentrum von BIM.

Zuerst erklärt das »I« den Fokus der BIM-Modelle. Es sind (von sehr frühen Formfindungsstudien abgesehen) keine reinen 3D-Modelle, sondern Modelle der Bauteile mit 3D-Geometrie und vielen digital verknüpften Informationen. Der Zugriff auf diese Informationen steht im Fokus wie auch deren Belastbarkeit zur Entscheidungsfindung.

All diese Informationen müssen dabei nicht in einem solitären BIM-Modell enthalten sein, es können auch Verweise auf andere Programme und Datenbanken sein, die die weiterführenden Informationen zurückliefern. Wichtig ist, dass die Informationen strukturiert sind, am besten standardisiert (damit viele Projektbeteiligte gleich wissen, unter welchem Begriff sie die benötigten Eigenschaften finden) und qualitätsgeprüft.

Die fachlichen Informationen sind meist dieselben, auf denen heute schon die Planung beruht – die Lage und Abmessung der Bauteile, Anschlussdetails, Mengen, Kosten, Termine. Die Ableitung (zum Beispiel der Mengen aus den Bauteilen im objektorientierten 3D-Modell) und die Verknüpfung (zum Beispiel zwischen den Bauteilen und dem Terminplan) ist das wirklich Neue beim »I« in BIM.

Aufgabe der BIM-Software ist es, diese Funktionalität komfortabel und nutzerfreundlich in einem Projektraum, einem Extranet oder auf dem Desktop zu ermöglichen. BIM-Modelle können dabei im Gegensatz zur Zeichnung vielfältig ausgewertet werden.

2.3   Vorteile durch BIM

Aus der Umsetzung von BIM in Bauprojekten, beginnend im Kleinen mit *little bim* bis zur BIM-gesteuerten Projektabwicklung im Großen als *BIG BIM*, ergeben sich viele Vorteile für die Beteiligten, sowohl auf der Bauherrenseite als auch für die Projektbeteiligten. Darüber hinaus sind auch allgemeine Vorteile von gesamtwirtschaftlicher Bedeutung für die Baubranche erkennbar.

- **Transparenz:** Konsolidierte BIM-Daten sind eine solide Entscheidungsgrundlage für Bauvorhaben. Struktur, Kosten und Termine werden aufgrund der BIM-Modelle allgemeinverständlich darstellbar, Planungsänderungen können klar kommuniziert und in ihrer Auswirkung auf Qualität, Kosten und Termine überprüft werden.
- **Zuverlässigkeit:** Mit der kommunizierbaren Prüfung der Planung, wie Kollisionsprüfung, Mengenauszug, Bauablaufkontrolle und deren visueller Rückkopplung zum BIM-Modell, können eine hohe Kosten- und Termintreue garantiert werden.
- **Zusammenarbeit:** Über das BIM-Koordinationsmodell können die verschiedenen Planungsdisziplinen im Sinne der integralen Planung auf Augenhöhe miteinander kommunizieren. Über BIM-gerechte Vertragsmodelle wird der partnerschaftliche Ansatz vertieft.
- **Einsparungspotenzial:** Insbesondere bei der Bauausführung und im Betrieb entstehen Potenziale zur Kosteneinsparung, hierzu sind das Ausführungs- und Betreiberwissen früh in den Planungsablauf zu integrieren und die BIM-Daten sind entsprechend zu erweitern.
- **Lebenszykluskosten:** Die vollständige Dokumentation des Bauvorhabens im BIM-Modell mit verlinkten Betriebsanleitungen ist der ideale Ausgangspunkt für das Facility Management, dessen Kosten bereits in der Planung optimiert werden können.
- **Nachhaltigkeit:** Nachhaltigkeitsnachweise und Zertifikate beruhen zu einem großen Teil auf Daten, die in einem BIM-Modell ohnehin für andere Aufgaben, wie die Mengenermittlung für Kostennachweise, enthalten sind. Deren leichte Auswertung erlaubt frühzeitige Nachhaltigkeitsuntersuchungen und damit die Optimierung und nicht nur die Zertifizierung.
- **Bürgerbeteiligung:** Das BIM-Modell ist für Nichtfachleute aussagekräftiger als Pläne, Entwurfsideen sind besser vermittelbar, Änderungswünsche in ihren Auswirkungen genauer darstellbar. Dies ermöglicht eine bessere Mitsprache und Entscheidungen der Auftraggeber, mitentscheidender Gremien aber auch der involvierten Bürger.
- **Branchenimage:** Das Bauwesen, im Wettstreit mit anderen Branchen, hat derzeit keine besondere Anziehungskraft für die Kreativen und Innovativen der nachwachsenden Generation, neue digitale und vernetzte Mediennutzung führt zu attraktiven zukunftsorientierten Berufsbildern.

Der Fokus liegt somit auf einer höheren Planungs-, Termin- und Kostensicherheit, die durch die Transparenz und Qualität der Planungsinformationen über den gesamten Lebenszyklus eines Bauwerks entsteht. Diese Sicherheit vereinfacht das Risikomanagement.

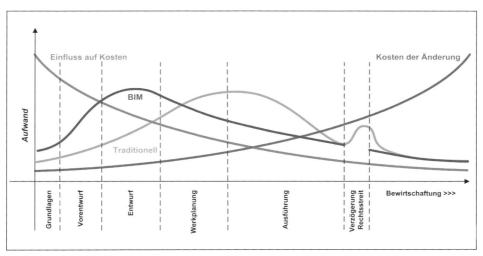

Abb. 19: *Abhängigkeit der Kostenbeeinflussung und der Änderungskosten im Planungsverlauf (nach [MacLeamy, 2007])*

Der Hauptvorteil von BIM für den Bauherrn entsteht durch die umfassenden, offen zugänglichen und von vielen nutzbaren Bauwerksinformationen. Diese qualitativ hochwertigen und konsistenten Planungsdaten ermöglichen frühzeitige und belastbare Entscheidungsfindungen.

Ein BIM-Modell ermöglicht es, den Umfang der vorliegenden Projektdokumentation visuell schnell zu erfassen und mit den entsprechenden Werkzeugen nachvollziehbar zu prüfen. Kollisionsprüfungen zwischen verschiedenen Fachmodellen sichern die kollisionsfreie Planung und Koordinationsmodelle erlauben es, die Mängelverfolgung eindeutig nachzuvollziehen. Die damit verbundene hohe Planungsqualität hilft, Risikoaufschläge zu vermeiden und die Gefahr umfangreicher Nachträge zu reduzieren. Ebenso sind an vielen Stellen Möglichkeiten gegeben, Prozesse durch Teilautomatisierung nicht wertschöpfender Arbeitsschritte effektiver zu gestalten .

Durch die hohe Anzahl an Informationen und die umfassende Bauwerksbeschreibung können unterschiedliche Datenquellen nun besser verlinkt, Informationen zielgerecht übertragen und verschiedene Berechnungen einfacher durchgeführt werden. Viele der möglichen Vorteile sind davon abhängig, wie durchgängig und konsequent partnerschaftlich die Projektarbeit vertraglich verankert und durchgeführt wird [Egger; Hausknecht; Liebich & Przybylo, 2014].

Ein optimierter Informationsaustausch zwischen den Planungsbeteiligten und insbesondere den Ausführenden und Zulieferern führt zu direkteren und effektiveren Lieferketten. Die Produktauswahl kann auf Basis von Modellinformationen elektronisch vorbereitet, die Logistik über das Modell kontrolliert und die Baufortschrittskontrolle mit dem Modell verknüpft werden.

2.3.1 Motivationen für die verschiedenen Projektteilnehmer

Wie jedoch profitieren konkret die Projektbeteiligten von diesen allgemeinen Vorteilen? Wodurch entsteht letztlich die Motivation, sich mit BIM zu beschäftigen und diese Methode schrittweise einzusetzen?

Wenn sich, wie beispielsweise in Großbritannien, die Regierung stellvertretend für den öffentlichen Auftraggeber zum Ziel gesetzt hat, bis 2016 BIM auf dem kleinen gemeinsamen Nenner *Level 2* (siehe Kapitel 2.1) von allen Marktteilnehmern bei öffentlichen Bauprojekten zu fordern, stellt sich weniger die Motivationsfrage, es wird zur Existenzfrage. Da in Deutschland derzeit eine solche politische Entscheidung nicht zu erwarten ist, vielleicht mit der Ausnahme von Großprojekten allgemein und größeren Infrastrukturmaßnahmen im Besonderen, bleibt die Frage »Warum soll ich BIM machen?«.

Im BIM-Leitfaden für Deutschland [Eschenbruch; Malkwitz; Grüner; Poloczek & Karl, 2014, S. 25] beschreiben die Autoren, dass die Motive für eine Beschäftigung mit BIM sehr unterschiedlich sind. Grundsätzlich lassen sich externe und unternehmensinterne Einflüsse erkennen:

Externe Einflüsse sind:

- **Projektvorgaben:** Sowohl bei Bewerbungen im Ausland als auch im Inland bei einigen institutionellen Bauherren wird BIM zunehmend als Eignungsnachweis des Bieters verlangt.
- **Lieferkette:** Das Hauptunternehmen (der Generalplaner, der Generalunternehmer) setzt BIM zur Optimierung der eigenen Arbeitsabläufe bereits um und fordert das Gleiche von seinen Subunternehmen.
- **Partner:** Beim Zusammenschluss von Planern oder Ausführenden zur gemeinsamen Projektabwicklung setzen einige Partner bereits auf BIM und fordern die anderen damit heraus.
- **Konkurrenz:** Mitbewerber haben bereits ihre internen Arbeitsabläufe mit BIM optimiert und setzen andere einem Qualitäts- oder Preisdruck aus.
- **Marketing:** Alle sprechen über BIM, man will dabei sein.

Interne Beweggründe sind:

- **Strategie:** BIM wird von der Geschäftsleitung als ein wichtiger Teil der strategischen Neuausrichtung des Büros oder der Firma gesehen. Dabei wird BIM auch Teil der Unternehmenskommunikation nach außen.
- **Optimierung:** Bei der Analyse und Verbesserung der internen Arbeitsabläufe und der Integration zwischen den verschiedenen Abteilungen im Unternehmen wird auf BIM als geeignete Methode gesetzt.
- **Softwareanwendung:** Neue Softwareprodukte sollen angeschafft, die Funktionalität bestehender Software besser ausgenutzt und verschiedene Produkte hausintern oder mit Partnern integriert werden. Dabei wird BIM als neuer Qualitätsmaßstab genutzt.

- **Neue Betätigungsfelder:** Das Geschäftsfeld wird erweitert, zum Beispiel in Richtung Informationsmanagement und Steuerung, neue Leistungen in Richtung CAFM oder allgemeine BIM-Beratungsangebote.

Projektteilnehmer, die sich früh engagieren und entsprechende Kompetenzen aufbauen, werden den Bauherren über ihre Produkte und Leistungen große Vorteile anbieten können und öfter bei Angeboten berücksichtigt werden. Aber auch im Kleinen lässt sich BIM innerhalb des Büros und mit wenigen Partnern vorteilhaft anwenden, selbst wenn der Bauherr es nicht explizit nachfragt.

Für Architekten

Schon *little bim* ermöglicht es den Architekten, ein effizientes Plan- und Revisionsmanagement einzuführen, die Pläne aus dem BIM-Modell zu generieren und die aufwändige und fehleranfällige Konsistenzprüfung zwischen den verschiedenen Grundrissen, Schnitten, Ansichten, Stücklisten und anderen sonst separat zu pflegenden Dokumenten bei Planungsänderungen zu reduzieren.

Mit dem schrittweisen Übergang zu *BIG BIM* nimmt die Bedeutung von BIM in der Koordination mit den anderen Fachdisziplinen zu. Planungsabstimmungen lassen sich effizienter mit BIM-Methoden, wie der Kollisionsprüfung, vollziehen. Planungsfehler sind erkennbar und damit vermeidbar.

Damit berührt BIM eine zentrale Aufgabe, die im Leistungsbild der Architekten in Deutschland verankert ist, die Koordination der Fachplaner und anderer fachlich Beteiligter. Auch die Rolle der Bauaufsicht, die in der neuen HOAI [HOAI, 2013] gestärkt wurde, wird durch BIM unterstützt.

Wenn sich die Architektenschaft dieser neuen digitalen Form der Koordination entzieht, werden andere Anbieter diese Lücke füllen und ein weiteres Leistungsbild wird aus den üblichen Architektenaufgaben herausgelöst werden.

Konkrete Beispiele für Vorteil bringende Anwendungen im Architekturbüro sind:

- Kommunikation mit dem Bauherrn und anderen über die 3D-Visualisierung, die jederzeit tagesaktuell mit dem BIM-Modell zur Verfügung steht, anstatt physische Modelle oder kostenaufwändige separate Visualisierungen anzufertigen
- Überprüfung des frühen Entwurfs (als Baukörpermodell) im städtebaulichen und landschaftlichen Kontext durch Einbeziehung von 3D-Geländemodellen und 3D-Stadtmodellen
- Sonnenstandsanalysen, Verschattungsanalysen und weitere Untersuchungen im städtebaulichen Kontext, Einbeziehen von Geoinformationssystemen
- Erarbeitung des ersten räumlichen Entwurfs mit direkter Referenz auf das Raum- und Funktionsprogramm des Auftraggebers, Variantenuntersuchung mit dem direkten Vergleich des geforderten Raumprogramms
- Entwerfen und Variantenuntersuchungen der architektonischen Gestaltung, insbesondere komplizierter geometrischer Formen durch parametrische 3D-Technologien

- Erstellen der Ausgangsdaten für energetische Untersuchungen, wie beispielsweise für die EnEV sowie für weitere Nachhaltigkeitsuntersuchungen
- kontinuierliche Flächen- und Ausstattungsermittlung für Raumbücher zur späteren Nutzung, bis hin zur Unterstützung der Mieterkoordination und des Marketings für den Bauherrn
- modellbasierte Mengenermittlung aus dem BIM-Modell für die Kostenschätzung und Kostenberechnung sowie für die Leistungsverzeichnisse
- wie bereits im Detail ausgeführt – wesentlich besseres Plan- und Revisionsmanagement, um vertraglich relevante Dokumente ohne weiteren Kontrollaufwand zueinander konsistent zu halten, sowie Koordination der Fachplanungen zur Sicherung einer kollisionsfreien Planung und ein einheitliches Informationsmanagement.

In dem Maße, in dem die Auftraggeber BIM vorschreiben beziehungsweise präferieren, sind die BIM-Erfahrung und das Portfolio entsprechender Projekte des Architekturbüros für die Akquisition wichtig.

Für Gebäudetechniker

Ähnlich wie den Architekten ermöglicht *little bim* auch den Gebäudetechnikern eine effektive und vorteilhafte Anwendung. Hierzu gehören:

- besseres Plan- und Revisionsmanagement durch das Erstellen und Nachführen konsistenter Pläne aus dem BIM-Modell
- effiziente Modellierung der verschiedenen Anlagen, wie Teilautomatisierung der Verlegung von Kanälen, Rohren, Kabeltrassen und den dazugehörigen Anschlüssen und Verteilern, Ausmitteln des Gefälles bei Abwasseranlagen und weitere Planungsunterstützung
- Einbeziehen von Herstellerinformationen bei den Komponenten, die direkt zur Berechnung und Auslegung der Anlagen aus dem BIM-Modell heraus genutzt werden
- Generieren von Stück- und Materiallisten für die Kostenberechnung
- Erstellung und Übergabe der Anlagendaten an das technische Facility Management.

Hinzu kommt die 3D-Koordination zwischen den verschiedenen Gebäudetechnikgewerken (Heizung, Klima, Lüftung, Sanitär, Elektro) zur Kollisionsprüfung innerhalb der Gebäudetechnik.

Mit *BIG BIM* erschließen sich weitere Vorteile:

- vollständige 3D-Koordination mit den anderen Disziplinen, insbesondere der Architektur und Tragwerksplanung, zur Kollisionsprüfung der gesamten Planung
- Übernahme der Raum- und Gebäudedaten aus dem BIM-Modell der Architektur für die vielfältigen Anwendungen und Nachweise in der Gebäudetechnik, wie die bauphysikalischen Nachweise, die Lichtplanung oder die Heizlastberechnung
- Unterstützung der Durchbruchsplanung als Koordination zwischen der Gebäudetechnik und der Architektur- und Tragwerksplanung

- Zusammenfassen der haustechnischen Komponenten mit den Ausstattungsdaten der Architektur im qualifizierten Raumbuch.

Für Bauingenieure

Auch für die Tragwerksplaner ergeben sich kurzfristige Vorteile aus dem *little bim*-Ansatz:

- besseres Plan- und Revisionsmanagement durch das Erstellen und Nachführen konsistenter Pläne aus dem BIM-Modell
- Ableiten von Detailzeichnungen, wie Bewehrungspläne, direkt aus dem BIM-Modell
- Verknüpfung des Tragwerksmodells mit dem statischen Berechnungsmodell für die statischen Berechnungen und den Stabilitätsnachweis
- Übernahme von Berechnungsergebnissen der Statik, wie die Kräfteverläufe, für die Werkplanung, zum Beispiel bei der Bewehrungsplanung oder der Detaillierung der Stahl- und Holzbauquerschnitte und Anschlussdetails
- Generieren von Stück- und Materiallisten für die Kostenberechnung.

Mit *BIG BIM* kommen hinzu:

- vollständige 3D-Koordination mit den anderen Disziplinen, insbesondere der Architektur und Gebäudetechnik, zur Kollisionsprüfung der gesamten Planung
- Übernahme des BIM-Modells der Architektur für die Erstellung des Tragwerksmodells und des statischen Berechnungsmodells und Abgleich bei Planungsänderungen.

Für Baufirmen

Viele Baufirmen, meist die Großen aus der Bauindustrie, investieren bereits in BIM-Lösungen und haben entsprechendes internes Knowhow aufgebaut. Die Vorteile, die eine Baufirma aus der BIM-Anwendung ziehen kann, und die dafür notwendigen Anwendungen, werden durch die vertraglichen Regelungen bestimmt.

Im Rahmen von *Public Private Partnership (PPP)* oder *design-build* Verträgen, bei denen der Generalunternehmer auch die Planung verantwortet, können die bereits genannten Vorteile einer integralen Planung der Architektur, des Tragwerks und der Gebäudetechnik genutzt werden[15] und durch das vorhandene Ausführungsknowhow zusätzlich ergänzt werden. Dies betrifft in Deutschland jedoch nur eine vergleichsweise kleine Anzahl von Projekten. Das Konzept von Mehrparteienverträgen, wie das *Integrated Project Delivery*, bei der die Baufirma früh Teil des Projektkonsortiums wird, ist in Deutschland weitgehend unbekannt.

Bei der klassischen Vergabe auf Basis der Ausschreibung nach Abschluss der Werkplanung liegt der Fokus eher auf einer schnellen Angebotserstellung, gegebenenfalls mit Sonderlösungsvorschlägen, und bei erteiltem Zuschlag auf der Bau- und Montage-

---

15 Die genannten Planungsdisziplinen sind hier beispielhaft für den Hochbau genannt. Im Bereich des Tiefbaus können die Verkehrswegeplanung und andere im Fokus stehen.

planung, der Baustelleneinrichtungsplanung, der Baustellenlogistik, der Terminplanung, der exakten Kalkulation und dem Nachtrags- und Änderungsmanagement.

Folgende beispielhaften Vorteile ergeben sich für bauausführende Firmen auch bei der klassischen Vergabe:

- sichere Mengen für die Angebotskalkulation über ein einfaches BIM-Modell für das Angebot; dabei werden auch die Vergabeunterlagen, die für ein späteres Nachtragsmanagement genutzt werden können, auf Planungsfehler untersucht.[16]
- detaillierte Bau- und Montagepläne zur Steuerung der Fertigung, insbesondere bei zunehmender industrieller Vorfertigung bis hin zur Maschinensteuerung
- exakte Mengenermittlung aus dem detaillierten BIM-Modell für die Kalkulation sowie Mengenvergleich zur Feststellung von Mehr- und Mindermengen bei Änderungsanforderungen
- Verknüpfung vom BIM-Modell (3D) mit dem Terminplan (4D) und den Mengen mit Kostenansätzen (5D) für die Bauvorbereitung und Überwachung
- Fortschrittskontrolle auf Basis der Rückmeldungen von der Baustelle, gegebenenfalls durch RFID Technologie unterstützt, die über das BIM-Modell visualisiert wird
- Nutzung der Telematik zur Baugerätesteuerung auf Basis von georeferenzierten BIM-Daten insbesondere beim Infrastrukturbau
- Überlagerung von Punktwolken aus dem lasergesteuerten Aufmaß und den BIM-Modellen zur Kontrolle bei der Abnahme von Bauleistungen.

In einer kürzlichen Erhebung [Smart Market Report, 2014, S. 5] berichten befragte Baufirmen über die wesentlichen Vorteile, die aus der Anwendung von BIM entstehen (in absteigender Häufigkeit):

- Verringerung der Fehlerquote (bei den Ausführungsunterlagen)
- bessere Zusammenarbeit mit den Planern und den Bauherren
- bessere Außenwirkung des Unternehmens (Image- und Kompetenzgewinn)
- Verringerung der Nacharbeiten
- geringere Produktionskosten
- bessere Kostenkontrolle und Vorhersage.

Für Bauprodukthersteller

Die direkte Integration von Objektdaten als Modellelemente in das BIM-Modell wird eine größere Bedeutung bekommen als vergleichsweise die Übernahme von 2D-Zeichnungsdetails der Produkte bei der klassischen CAD-gestützten Planung. Die BIM-Objekte der Hersteller können die 3D-Geometrie, die teilweise veränderlichen Abmessungsparameter für eine parametrische Anpassung der 3D-Geometrie und eine Reihe von technischen, kaufmännischen und weiteren Parametern beinhalten. Dies spart den Planern viel Zeit

---

16 In dieser Anwendung wendet sich die BIM-Nutzung gegen die eigentlichen Ziele von BIM – die Nachträge zu vermeiden.

bei der Detaillierung der BIM-Modelle und ermöglicht dem Hersteller eine frühe Berücksichtigung in Projekten und einen *digitalen Fußabdruck* in den Ausführungs- und später Facility Management-Modellen.

Vorteile für die Bauprodukthersteller:

- Markenpflege als innovative Anbieter hochwertiger Bauprodukte
- direkte, online-basierende Präsenz bei den Kunden, Angebot von Mehrwerten durch technische Unterstützung und Planungshilfen bei der Auswahl der Bauprodukte
- frühe Berücksichtigung bei Kundenprojekten durch die frühe Auswahl der herstellerspezifischen BIM-Objekte durch Planer
- Übergabe der bewirtschaftungsrelevanten Informationen zu den Bauprodukten, die dann über das CAFM-Modell bei der Wartung abgefragt werden können.

Für Facility Manager

Die meisten Facility Manager leiden unter einem permanenten Datenmangel – Informationen, insbesondere über die technischen Anlagen, sind entweder nicht vorhanden oder in Dokumenten, wie Leistungsverzeichnissen, verborgen.

Ein mit der BIM-Anwendung einhergehendes stringentes Informationsmanagement, in dem nicht die Zeichnung, sondern die Raumbücher und Anlagendokumentationen im Vordergrund stehen, die aus den bauseitig gepflegten BIM-Modellen abgeleitet werden können, ist der ideale Prozess, um den Betrieb mit einer optimalen Datengrundlage zu versorgen.

Darüber hinaus kann das Facility Management schon früh mit in die Entscheidungsprozesse einbezogen werden, wenn die Räume und Bauteile, beziehungsweise die daraus resultierenden Mengen und Stücklisten mit Datenbanken zu Bewirtschaftungskosten verknüpft werden. Das baubegleitende FM, schon lange gefordert, kann jetzt basierend auf BIM-Daten besser umgesetzt werden.

Zu den Vorteilen für Facility Manager gehören:

- Optimierung der Lebenszykluskosten während der Planungsphase
- Reduzierung der *Ramp up*-Zeit für die Bewirtschaftungsphase
- bessere Planung der Bewirtschaftungsaufgaben durch strukturierte und konsistente Daten
- bessere Reaktion auf Gefahrensituationen durch schnell auswertbare Modelldaten.

Als Betreiber oder Beauftragter des Betreibers nimmt der Facility Manager auch die Betreiberverantwortung wahr. Auch hier verbessert eine solide, konsistente und strukturierte Datenbasis die Position des Facility Managers.

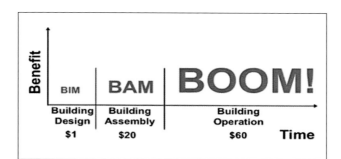

Abb. 20: *BIM, BAM, BOOM*
[MacLeamy, 2007]

2.3.2   Besondere Rolle der Bauherren und Betreiber

Viele Bauherren fragen sich, ob BIM ein Thema für sie ist. Einerseits beauftragen sie doch die Planer über einen Werkvertrag, der ihnen das Werkergebnis verspricht. Zur Absicherung gegen Kosten- und Terminüberschreitungen kann noch ein Projektsteuerer hinzugezogen werden. Muss sich ein Bauherr daher überhaupt mit BIM auseinandersetzen?

Andererseits ist der Bauherr, nach allen bislang veröffentlichten Studien über die Wirkung von BIM, derjenige, der die meisten Vorteile aus BIM für sich generieren kann. Voraussetzung dafür ist ein souveräner Umgang mit BIM – und die Verankerung der für den Bauherrn entscheidenden BIM-Ziele bei der Vertragsgestaltung.

In einem gewissen Sinne unterstützt die Nutzung von BIM auf der Bauherrenseite deren Mitwirkungspflicht durch die visuelle, leicht verständliche Darstellung des aktuellen Planungs- oder Baufortschrittsstands. Eine mitbeauftragte Kollisionsprüfung und die höhere Qualität der modellbasierten Kosten- und Terminplanung reduzieren die Gefahr späterer Nachträge und Zeitverzögerungen, die am Ende, trotz aller Absicherung, einen Schaden für den Bauherrn verursachen.

Der öffentliche Bauherr hat dazu noch eine weitere Rolle mittelstandsfördernd zu vergeben, was oft dazu führt, dass die gesamte Risikoübertragung auf einen Generalunternehmer zur schlüsselfertigen Übergabe des Bauwerks nicht angezeigt ist und der öffentliche Bauherr damit ein hohes Koordinationsrisiko (Einzelplanervergabe, losweise Vergabe) trägt. Gerade hier kann die Vorgabe und Beherrschung von BIM dem öffentlichen Bauherrn ein entscheidendes Mittel in die Hand geben, Projekte dennoch kosten- und termingerecht abzuwickeln. Des Weiteren sollte der öffentliche Auftraggeber auch eine gestaltende Rolle für den Baumarkt und seine zeitgemäße Weiterentwicklung übernehmen, ähnlich wie beim energieeffizienten und nachhaltigen Bauen.

Was sollte der Bauherr daher über BIM wissen und welche Vorteile ergeben sich daraus?

Generell erlaubt BIM auch den Bauherren, die nicht über eine eigene Bauabteilung mit entsprechendem Fachknowhow verfügen, ein besseres Verständnis des aktuellen Stands der Planung. Der alte Slogan aus der EDV-Entwicklung WYSIWYG (»*What you see is what you get.*«) gilt auch hier für die visuelle Kraft der BIM-Modelle.

- Aktuelle Visualisierungen der tatsächlichen Planunterlagen (und keine separat erzeugten »Schautafeln«) ermöglichen ein wirkliches Nachvollziehen der Planung für alle Bauherren.
- Besseres Verständnis des Gesamtkonzepts der Planung, aber auch der Konsequenzen von Planungsänderungen, denn die BIM-Modelle sind für Nichtfachleute weitaus aussagekräftiger als Grundrisse, Schnitte, Ansichten und Details. Dies erlaubt eine fundiertere Entscheidung des Bauherrn schon in frühen Planungsphasen und Planungsänderungen, die in Missverständnissen der Entwürfe begründet sind, können somit vermieden werden.
- Sicherheit bei Terminen und Kosten, »erst digital, dann real bauen«; die vorherige vollständige digitale Erfassung der Planungsinformation in Bauwerksmodellen erlaubt eine weitgehende Überprüfung der Planung hinsichtlich Widerspruchsfreiheit, Mengen, Kosten und den Abgleich mit Terminplänen. Dies sichert eine spätere konfliktfreie Baustelle (wenn entsprechend diszipliniert nach dem Planungsschluss nichts Wesentliches geändert wird). Gerade dieser Zuwachs an Kosten- und Termintreue, der mit den hochwertigen Planungsdaten aus den BIM-Modellen gewährleistet werden kann, ist für den Auftraggeber der entscheidende Nutzen.
- Bei späten Planungsänderungen durch den Auftraggeber, die vielleicht dennoch notwendig sind, weil sich die Marktlage für die Immobilie geändert hat, erlaubt das BIM-Modell eine schnelle, präzise, aber insbesondere transparent nachzuvollziehende Darstellung der Konsequenzen auf die Kosten und Termine. Solche Mehr- und Mindermengen können direkt im BIM-Modell visualisiert werden und somit dem Auftraggeber anschaulich und verständlich erklärt werden.
- Darüber hinaus kann BIM auch zur Berücksichtigung der Lebenszykluskosten beitragen. Mit einer Art *PLM light* (Produktlebenszyklusmanagement) kann statt der im Bau günstigsten, die für Bau und Nutzung insgesamt günstigste Variante bestimmt und umgesetzt werden.
- Ein ganz entscheidender Vorteil, zumindest für den selbstnutzenden Bauherrn, ist die Nutzung der BIM-Modelle für das Facility Management. Ein wesentlicher Vorteil entsteht hier durch die qualifizierte Datenbasis für den Betrieb.
- Selbst für den Rückbau ist ein exaktes Wissen über sämtliche zum Einsatz gekommenen Materialien wichtig, um die Baustoffe korrekt und umweltfreundlich recyceln zu können. Diese Anforderung wird durch die Dokumentationsrichtlinie noch einmal gestärkt.

In einer Befragung von Bauherren in den USA und Großbritannien [Smart Market Report, 2014, S. 5] wurden die folgenden wesentlichen Vorteile in dieser Reihenfolge genannt:

- Die BIM Visualisierung ermöglicht ein besseres Verständnis des vorgeschlagenen Entwurfs.
- Es gibt weniger Probleme während der Ausführungsphase, verursacht durch Planungsfehler, fehlende Koordination und Fehler bei der Bauvorbereitung.
- Die Analyse und Simulationsmöglichkeiten, die durch BIM entstehen, erlauben besser durchdachte Entwürfe.

- Die Anwendung von BIM hat einen positiven Einfluss auf die Fertigstellungstermine.
- Die Anwendung von BIM hat einen positiven Einfluss auf die Baukosten.

Bei der Beurteilung des größten erwarteten Vorteils wird jedoch die bessere Koordination der Projektbeteiligten genannt. [Smart Market Report, 2014, S. 34]

2.4   Standards und Richtlinien

Wichtig für die Koordination zwischen den Projektbeteiligten und die systemneutrale Vergabe von Planungsleistungen sind offene Standards und Richtlinien, die Klarheit bei der Nutzung von Schnittstellen, Modellinhalten zu bestimmten Leistungsphasen, Modellierungsvorschriften zur Erstellung auswertbarer BIM-Modelle oder Handlungsanweisungen beim BIM-Management bieten. Je umfassender die BIM-Anwendung ist und je offener die Nutzung der geeignetsten Werkzeuge, desto wichtiger wird auch die Anwendung geeigneter Richtlinien und Standards (siehe Abbildung 21).

Die verschiedenen BIM-Standards und Richtlinien wirken auf den vier Ebenen, die auch der BIM-Begriff umfasst:

Tab. 5:   *Wirkungsebenen von BIM-Standards und Richtlinien*

Ebene	Bedeutung	Standard-kategorie	wesentliche Festlegung
1	BIM-Software	BIM-Datenschnitt-stellen	Wo werden Informationen abgelegt?
2	BIM-Modell	BIM-Modell-standards	Welche Informationen werden übergeben?
3	BIM-Methode	BIM-Methoden-standards	Wie werden Informationen ausgewertet?
4	BIM-Management	BIM-Management-standards	Wer organisiert wie den Informationsfluss?

Definiert werden offene BIM-Standards einerseits von Vereinen, die sich der Verbreitung von effizienteren Methoden am Bau verschrieben haben, andererseits von den Standardisierungsorganisationen auf nationaler und internationaler Ebene.

Internationale Standards

buildingSMART International setzt sich als neutraler Verein seit Jahren für die Einführung von open BIM auf Basis offener Standards ein. Dazu entwickelt buildingSMART International eigene Standards, die nach erfolgreichem Test gemeinsam mit der ISO als internationale Normen herausgegeben werden. Der bekannteste Standard ist *IFC, Industry Foundation Classes*, für den Datenaustausch zwischen BIM-Software [buildingSMART, 2014]. Andere sind *BCF, BIM Collaboration Format* für das Nachverfolgen von Änderungs-

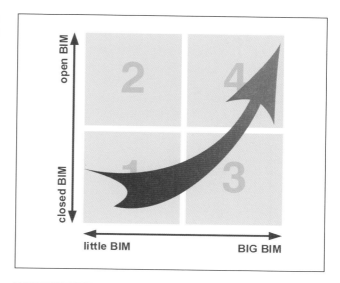

Abb. 21: *Bedeutung von BIM-Standards*

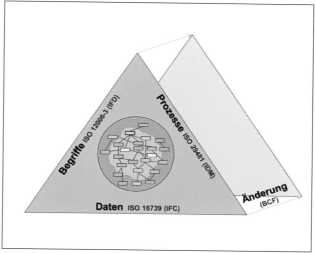

Abb. 22: *BIM-Standards von buildingSMART*

anforderungen, *IDM, Information Delivery Manual* für die Definition von Datenübergabeanforderungen sowie *IFD, International Framework for Dictionaries* für die Definition von Merkmalen [buildingSMART, 2014] (siehe Kapitel 3.4).

Die Internationale Organisation für Normung, *International Organization for Standardization (ISO)*, setzt weltweite Standards. Für den Bereich Bauinformationen ist hierzu das Technische Komitee 59 *Gebäude und Infrastrukturbauten* mit dem Unterkomitee 13 *Organisation der Informationen über Bauwerke* zuständig. Deren Entwicklung begann schon weit vor der Einführung von BIM und umfasste zuerst Klassifikationen von Bauobjekten und Leistungen oder einen internationalen Layerstandard. Jetzt versteht sich dieses Unterkomitee als das ISO-Komitee für internationale BIM-Standards. Neben der Übernahme von buildingSMART International Standards (derzeit sind IFC als ISO 16739:2013, IDM als ISO 29481-1:2010 und IFD als ISO 12006-3:2007 bereits ISO Standards) werden auch eigene entwickelt. Ein weiterer, sich aktuell in Entwicklung befindlicher Standard ist die ISO 19650 *Information management using building information modelling*, die angestrebte Internationalisierung der britischen Richtlinie BSI/PAS 1192. Eine aktuelle Übersicht kann über die ISO Webseite zu TC 59/SC 13 abgefragt werden [ISO/TC 59/SC 13, 2014]. ISO Normen können in das nationale Normenwerk als ISO DIN übernommen werden.

Tab. 6: *Internationale BIM-Standards bezogen auf die BIM-Begriffsebenen*

Ebene	Bedeutung	Standard	wesentliche Inhalte
1	BIM-Software	IFC (ISO 16739) MVD BCF	Standard für den BIM-Datenaustausch Konfiguration für IFC-Schnittstellen Änderungsmanagement mit BIM
2	BIM-Modell	IDM (ISO 29481) IFD (ISO 12006)	Vorlage für Datenaustauschanforderungen Vorlage für Merkmaldefinitionen
3	BIM-Methode	IDM (ISO 29481)	Vorlage für Prozessdefinitionen (mit BIM)
4	BIM-Management	ISO 19650 (in Vorbereitung)	Standard für Informationsmanagement mit BIM

Bislang gab es auf europäischer Ebene keine eigenen Standards für die Organisation von Bauinformationen, analog zur ISO. Im Jahr 2014 hat jedoch das dafür zuständige Europäische Komitee für Normung, *Comité Européen de Normalisation (CEN)*, eine Vorbereitungsgruppe ins Leben gerufen, um ein Europäisches Technisches Komitee (TC) *Building Information Modeling* ins Leben zu rufen. Die Gruppe hat ihre Arbeit mit der Empfehlung abgeschlossen, das TC *BIM* einzurichten, das als erste Aktivität die relevanten ISO Normen, darunter IFC und IDM, in Europäische Normen überführen soll. Diese müssen als DIN EN in das deutsche Normenwerk übernommen werden. Im April 2015 wurde dann das CEN/TC 442 *Building Information Modeling (BIM)* gegründet, das jetzt an der Übernahme der ISO Standards arbeitet.

Nationale Standards

In demselben Maße, wie die BIM-Einführung in Deutschland gegenüber vielen anderen Ländern zurücksteht, vollzieht sich auch die Entwicklung nationaler BIM-Standards und Richtlinien zeitverzögert gegenüber anderen Ländern. Bislang hatte nur buildingSMART e. V. als nationales Chapter von buildingSMART International sowohl die Anforderungen aus Deutschland für die Standardentwicklungen zusammengefasst, als auch Dokumente zur Erklärung und Umsetzung der internationalen Standards für Deutschland verfasst. Ein Beispiel dazu war das BIM/IFC Anwenderhandbuch von 2006.

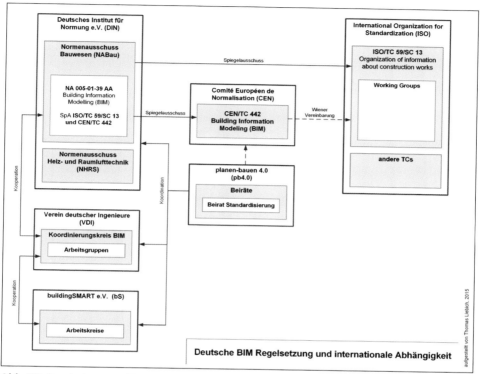

Abb. 23: *Regelsetzung zu BIM-Standards, national, europäisch und international*

Im Jahr 2014 hat sich beim Verein Deutscher Ingenieure ein VDI-Koordinierungskreis BIM konstituiert, der die VDI Richtlinienaktivitäten zu BIM begleitet. Inzwischen wurden einzelne Arbeitsgruppen eingerichtet, die Richtlinien zu unterschiedlichen Aspekten von BIM entwickeln sollen. Dazu zählen Begriffe, modellbasierte Mengenermittlung, Datenmanagement und allgemeine Anforderungen an das BIM-Modell und den BIM-Datenaustausch.

Bislang unternahm das Deutsche Institut für Normung, DIN, außer der reinen Spiegelung des ISO Komitees, keine eigenen Aktivitäten. Im April 2015 ist jedoch ein eigener BIM-Arbeitsausschuss gegründet worden, exakte Bezeichnung NA 005-01-39 AA *Building Information Modeling*, um Deutschland aktiv in der europäischen und internationalen Normung zu vertreten.

Die planen-bauen 4.0 sieht sich in diesem Zusammenhang als Koordinator der deutschen Interessen zur Standardisierung (siehe Abbildung 23).

Neben den offenen und neutralen Standards gibt es auch proprietäre Standards, entweder von großen privaten Bauherren und Betreibern, wie zum Beispiel den Konzernen im Fahrzeugbau oder von großen Softwarefirmen hinsichtlich proprietärer Schnittstellen. Diese werden bei privaten Bauherren oft vertraglich gefordert. Für eine Einführung von BIM in der deutschen Bauwirtschaft, die auf die Vielzahl der kleinen und mittleren Unternehmen Rücksicht nehmen muss, sind offene Standards zu bevorzugen.

3 BIM-Grundwissen –
Software und Schnittstellen

*Wenn Dein einziges Werkzeug ein Hammer ist,
wirst Du jedes Problem als Nagel betrachten.«
Mark Twain*

Auch wenn in den bisherigen Kapiteln dargelegt wurde, dass BIM eine Methode und keine Software und die Einführung von BIM eine umfassende Aufgabe und keine reine Softwarebeschaffungsmaßnahme ist, so ist jedoch die richtige kenntnisreiche Anwendung einer oder besser mehrerer passender BIM-Softwareprodukte eine Grundvoraussetzung des erfolgreichen Arbeitens mit BIM.

Wenn heute von BIM-Software gesprochen wird, dann wird darunter zuerst eine neue Generation von CAD-Systemen verstanden, mittels derer die BIM-Modelle von den Architekten und Fachplanern erstellt werden. Es ist dabei nicht einfach, eine klare Abgrenzung von konventionellen BIM-fähigen CAD-Systemen zu speziellen BIM-Softwareprodukten zu definieren, da die Übergänge fließend sind.

Dabei ist die Vielfalt an Softwareprodukten, die in BIM-Prozessen genutzt werden können, sehr groß – beginnend mit BIM-Viewern, den verschiedensten Auswertungs- und Prüftools, bis hin zu Programmen der Kostenplanung und Kalkulation, der Energie- und Nachhaltigkeitsberechnungen und der Definition und Kontrolle der Raumprogramme.

Im Rahmen dieses Buches sollen die verschiedenen Arten von BIM-Software erläutert und wichtige konkrete Programmsysteme genannt werden. Gleichzeitig soll nicht der Anspruch erhoben werden, diese Programme direkt zu vergleichen und zu bewerten, was aus einer allgemeinen Perspektive unabhängig von den konkreten Anforderungen des jeweiligen Büros auch schlichtweg vermessen wäre. Ebenfalls wird darauf verzichtet, eine Funktionsmatrix der jeweiligen Programme zu erstellen. Software unterliegt heute einem sehr schnellen Updatezyklus, meist erscheint jedes Jahr eine neue Programmversion, so dass jede Auflistung schon zum Zeitpunkt des Erscheinens dieses Buches veraltet wäre. Funktionalitäten werden nur exemplarisch erwähnt, ohne Bewertung und Vergleich. Auch wird keine Vollständigkeit im Sinne der Erwähnung aller Softwareprodukte einer bestimmten Kategorie angestrebt.

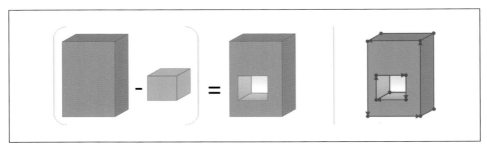

Abb. 24:   *Ein Beispiel der CSG-Methode und der B-rep-Methode*

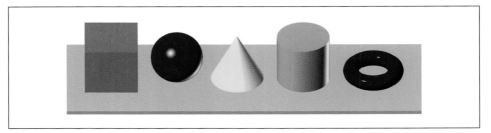

Abb. 25:   *CSG-Primitive*

3.1   3D-CAD- und BIM-Modellierungssoftware

Der Begriff *BIM-Modellierungssoftware* wird für alle BIM-Softwareprogramme genutzt, die im Wesentlichen zur Erstellung und Veränderung von BIM-Fachmodellen eingesetzt werden. In der englischsprachigen Literatur werden diese Programme auch *BIM authoring tools*, also *BIM-Erstellungsprogramme*, genannt.

Welche Mindestanforderungen werden an diese Softwareprogramme gestellt, um als BIM-fähig zu gelten? Die Fähigkeit, dreidimensionale Objekte zu generieren und darzustellen, existiert in CAD-Programmen schon seit über 30 Jahren, beginnend mit der so genannten 2½D-Funktionalität, die beschreibt, wie Linien im Grundriss und später in jedem beliebigen Benutzerkoordinatensystem mit einem Z-Wert versehen werden können, um eine Fläche im Raum darzustellen.

Später wurden die beiden prinzipiellen Technologien, dreidimensionale Körper und nicht nur Flächen im dreidimensionalen Raum zu beschreiben, die CSG- und die B-rep-Methode, schrittweise in kommerzielle CAD-Systeme eingebaut oder als neue Programme veröffentlicht:

- CSG steht für *Constructive Solid Geometry* oder Konstruktive Festkörpergeometrie, eine Geometriemethode, um beliebige 3D-Geometrien aus Operationen zwischen Basiskörpern zu erstellen
- B-rep steht für *Boundary Representation* oder Begrenzungsflächenmodell und ist eine Geometriemethode, um beliebige 3D-Geometrien aus Begrenzungsflächen zu erstellen, die eine Hüllgeometrie vollständig umschließen.

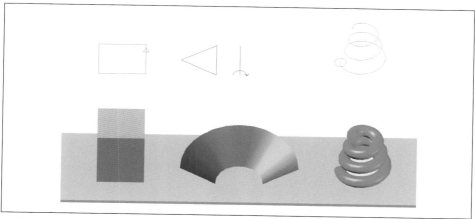

Abb. 26: *CSG-Modellgenerierung – Extrusion, Rotation, Sweep*

Bei der Geometriemodellierung mittels CSG werden komplexe Geometrien aus den 3D-Grundformen, auch *Primitive* genannt, und den Operationen zwischen diesen Primitiven, auch *Boolesche Operationen* genannt, erzeugt. Die häufig verwendeten Primitiven sind dabei Quader, Keil, Zylinder, Pyramide, Kegel, Kugel und Torus. Zwei einfache generative 3D-Formen, die Extrusion einer Fläche entlang eines Vektors in einen Körper im Raum und die Rotation einer Fläche um eine Achse im Raum, werden ebenfalls oft als Grundformen unterstützt.

Die drei Booleschen Operationen zwischen den Primitiven sind die Vereinigung, die Differenz und der Schnitt. Neben der Operation zwischen den einzelnen genannten Primitiven können auch Ergebnisse einer Operation ein Operator der nächsten Operation sein. Damit können theoretisch beliebig viele Formen, in CSG-Bäumen zusammengefasst, zu hoch komplexen Resultaten verknüpft werden. Auch in vielen bauspezifischen 3D-CAD-Systemen wird diese CSG-Funktionalität zum Beispiel für die Erstellung freier Formen angeboten und ist häufig »verdeckt« auch bei den bauteilspezifischen Funktionen im Einsatz.

Der Vorteil der CSG-Methode beruht in der reversiblen Speicherung der Körpergeometrie in Form eines CSG-Baums. Dies bedeutet, dass die verschiedenen Generierungsschritte, ausgeführt als Boolesche Operationen, jederzeit wieder zurückgenommen werden können.

Eine Stütze wird so modelliert, dass der Stützenkopf eine Aussparung zur Auflage des Trägers erhält. Diese Aussparung wird als Differenz zwischen dem Quader der Stütze und dem Quader des Abzugskörpers erstellt. Gespeichert wird das Ergebnis als ein CSG-Baum mit dem Operator *Differenz*, der die zwei Basiskörper verknüpft. Später kann diese Form variiert werden, indem die Parameter der Basiskörper verändert werden, beispielsweise die Breite des Abzugskörpers, oder der Operator aufgehoben wird – also die Aussparung wieder verworfen wird.

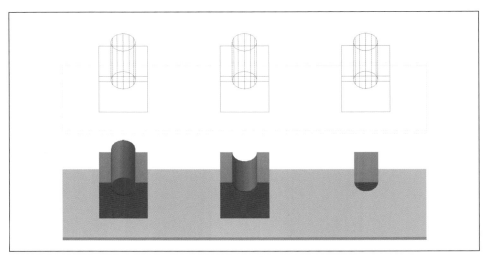

Abb. 27: *CSG-Modellgenerierung – Vereinigung, Differenz, Schnitt*

Die Nachteile der CSG-Methode liegen in der Anforderung an die Rechenleistung, da der endgültige Körper immer wieder neu berechnet werden muss. Gerade bei umfangreichen Bauwerksmodellen ist das trotz immer weiter gestiegener Rechnerleistung noch eine Einschränkung.

Im Gegensatz dazu speichert die B-rep-Methode immer nur das Ergebnis der Erstellung eines Körpers über die begrenzenden Flächen. Diese können im Anschluss nicht mehr intelligent editiert werden. Der Vorteil von B-rep besteht indessen darin, dass die durch Begrenzungsflächen beschriebenen Körper leicht dargestellt werden können und deren umschlossenes Volumen leicht berechnet und, wie zum Beispiel bei der Kollisionskontrolle, auch schnell analysiert werden kann.

Heute werden die beiden Methoden der 3D-Modellierung in allen modernen Geometriekernen und CAD-Systemen gemeinsam verwendet. Der CSG-Baum wird für die spätere Editierbarkeit gespeichert und ein B-rep-Modell, das nach einer Editierung neu berechnet wird, wird für die Anzeige und Auswertungen ebenfalls mit abgelegt. Dadurch können die Vorteile beider Methoden kombiniert werden.

Eine weitere Unterscheidung innerhalb der B-rep-Methode soll an dieser Stelle noch erläutert werden. Die Begrenzungsflächen können unterschiedlich komplex sein. Es wird hierbei zwischen Systemen unterschieden, bei denen die einzelnen Begrenzungsflächen immer eben sein müssen und denen, die B-rep-Modelle auch mit gekrümmten Begrenzungsflächen bearbeiten. Bei der Einschränkung auf ebene Flächen müssen alle nicht ebenen Flächen, zum Beispiel die einseitig gekrümmte Mantelfläche eines Zylinders bei einer runden Stütze, in kleinere ebene Flächen zerlegt werden, die dann annäherungsweise die zylindrische Fläche darstellen. Dieser Prozess wird Facettieren genannt und damit bezeichnet man dieses B-rep-Modell auch als facettiertes B-rep.

Eine Anforderung, die zuerst aus dem Automobil- und Flugzeugbau kam, führte zur Entwicklung komplexerer Geometriemethoden, die auch nicht ebene Flächen analytisch beschreiben können. Eine Fahrzeugkarosserie weist kaum noch ebene Flächen auf, die

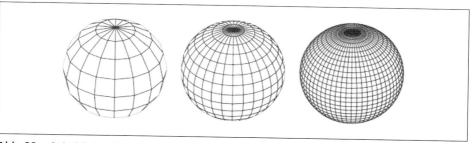

Abb. 28:   *Beispiel eines facettierten B-rep mit unterschiedlicher Genauigkeit der Facettierung*

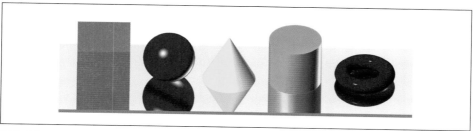

Abb. 29:   *Beispiel verschiedener fotorealistischer Präsentationen*

meisten sind komplex geformt. Die dazu entwickelte Methode wird nichtuniforme rationale B-Splines, kurz NURBS, genannt und erlaubt die Konstruktion von Freiformflächen.

Neben der Modellierung der dreidimensionalen Geometrieform der Körper können diese mit Oberflächenattributen und Informationen, wie Farbe, Transparenz, Reflexionen und Texturen, versehen werden, um fotorealistische Visualisierungen zu erzeugen. All dies führt zu einer 3D-Modellierung für den Entwurf – aber ist das schon BIM?

3.2   Anforderungen an BIM-Modellierungssoftware

Die Fähigkeit, dreidimensionale Körper zu konstruieren, ist zwar eine notwendige, aber nicht ausreichende Funktion für eine BIM-Modellierungssoftware. Allerdings können insbesondere in frühen Entwurfsphasen solche generischen CAD-Programme durchaus erfolgreich zur Formfindung eingesetzt und dann später zur Detaillierung in eine BIM-Modellierungssoftware übernommen werden[17].

Aber welche zusätzlichen Anforderungen werden an eine BIM-Modellierungssoftware gestellt, die als ein Minimum an Funktionalität bereitgestellt werden müssen?

---

17   Bekannte generische CAD-Programme, die auch im Architekturentwurf eingesetzt werden, sind zum Beispiel SketchUp und Rhino.

a) die Erstellung von Modellelementen (Bauteilen) als dreidimensionale intelligente und parametrisierbare Objekte mit der Möglichkeit, beliebige alphanumerische Informationen damit zu verknüpfen

b) die Fähigkeit, logische Abhängigkeiten zwischen den Modellelementen zu definieren und bei Veränderungen nachzuführen

c) das Erstellen von logischen Strukturelementen (Geschossgliederung, Anlagengliederung) und die Zuordnung der Modellelemente zu diesen Strukturen

d) die dynamische Planableitung (Grundrisse, Schnitte, Ansichten) aus dem Modell, so dass Pläne ohne großes Nacharbeiten als Dokumentationen des Modells generiert werden können und jederzeit in allen Ansichtsformen nachgeführt werden

e) die Generierung von Listen, Mengenauszügen und anderen Berechnungen aus dem Modell heraus

f) die Integration von anderen BIM-Programmen über offene Schnittstellen.

Auf diese einzelnen Anforderungen wird nachfolgend im Detail eingegangen.

a) Modellelementbasiertes Arbeiten mit Parametrik

Die unter Punkt a) genannte Fähigkeit, modellelementbasiert zu arbeiten, ist von zentraler Bedeutung. Die Modellelemente, also die digitalen Abbildungen der Wände, Stützen, Decken, Luftauslässe, Heizkessel und weitere, sind die entscheidenden Komponenten in BIM-Modellen.

Nur dadurch wird eine digitale Auswertbarkeit ermöglicht. Die *Typisierung* der Elemente, also das Wissen, welchen Typs dieses Element mit seiner 3D-Ausprägung ist, ist mindestens ebenso wichtig, wie die dreidimensionale Form.

Für eine BIM-Modellierungssoftware in der Architektur bedeutet das zum Beispiel, Wände parametrisiert mit einem Wandwerkzeug zu erstellen, Wandöffnungen als abhängiges intelligentes Objekt in der Wand einzufügen und Wandmerkmale (Eigenschaften) der Wand zuweisen zu können. Für eine BIM-Modellierungssoftware in der TGA bedeutet das zum Beispiel, Haustechnikkomponenten als intelligente Objekte und nicht als reine Geometrieblöcke zu erstellen, diese einer Anlage zuzuordnen, über Anschlüsse mit anderen Komponenten in einem Strang zu verbinden (Strangtopologie) und beliebige Merkmale der Komponente zuweisen zu können.

Die verschiedenen Modellelemente haben geometrische und alphanumerische Ausprägungen, die durch unterschiedliche Geometrieparameter oder Attribute gekennzeichnet sind.

Die Mindestanforderung an die Parametrik der BIM-Modellierungssoftware ist es, die Geometrieparameter des Modellelements in dem geometrischen System auszuwerten. Wenn Parameter verändert werden, wie zum Beispiel die Stützenhöhe oder der Profilquerschnitt, dann muss das im 3D-Modellbereich entsprechend mitgeführt werden.

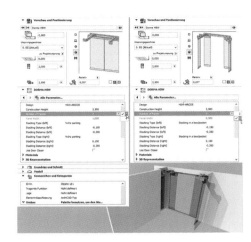

Abb. 30: *Stützentool in einer BIM-Model-lierungssoftware (Beispiel Vectorworks)*

Abb. 31: *Parametrisierte Bauprodukte für den BIM-Prozess (Beispiel Dorma HSW in ArchiCAD)*

So sollte in einer Stahlbau-BIM-Software beispielsweise eine IPE-200 in eine HE-180A Stahlstütze umgewandelt werden können ohne aufwendiges Neuzeichnen.

Eine weitreichendere Funktionalität ist es, Abhängigkeiten zwischen den geometrischen Parametern eines Objektes zu definieren und bei Änderungen auszuwerten. Das wird im Maschinenbau-CAD teilweise als *parametric sketch* bezeichnet. Ein 2D-Profil kann so entworfen werden, dass die Abmaße als Formeln eingegeben werden, wie »Breite ist immer 2 × die Tiefe«.

Des Weiteren können Abhängigkeiten oder *constraints* definiert werden, wie »die Nut ist immer mittig«, oder »der Steg sitzt immer rechtwinklig auf dem Flansch«. Dieses parametrisierte Profil wird dann in einen 3D-Körper extrudiert. Bei Änderungen werden alle Formeln und Abhängigkeiten geprüft und eingehalten. Während die meisten Maschinenbau-CAD-Programme solche parametrischen Funktionen anbieten, ist dies im Bauwesen nur teilweise der Fall.

Insbesondere bei hochparametrisierten Baukomponenten von Produktherstellern werden solche Funktionalitäten bei der Konfiguration der einzubauenden Produkte bereits verstärkt eingesetzt. Dabei können auch komplexe Sachverhalte, wie Anzahl von Teilen in Abhängigkeit des zur Verfügung stehenden Platzes oder Optionen, wie »mit/ohne

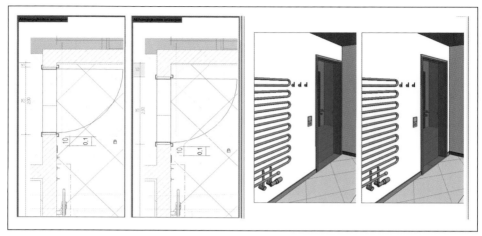

Abb. 32: *Abhängigkeiten zwischen Tür und Steckdose und Nachführung (Beispiel Revit)*

Ventil«, parametrisch abgebildet werden. Somit werden Produktvarianten kompakt beschrieben und die Konfiguration kann über die Parametrik gesteuert werden[18].

Bei der Auswahl der Breite eines Rippenheizkörpers wird die Anzahl der Rippen nach der gewählten Breite jeweils neu berechnet und angezeigt. Bei der Auswahl von Rollos wird eine zusätzliche Mittelaufhängung hinzugefügt, wenn eine bestimmte Breite überschritten wird. In allen Fällen können minimale und maximale Werte und zulässige Zwischenschritte hinterlegt werden.

b) Definition von Abhängigkeiten zwischen Modellelementen

Die unter Punkt b) genannte Fähigkeit, logische Abhängigkeiten zwischen den Modellelementen zu definieren, beschreibt eine weiterführende Parametrik, bei der die Lage, die geometrischen Abmaße und weitere Modellelementeigenschaften in Relation zu anderen Elementen modifiziert werden. Dies wird meist bei der Konstruktion von Anschlüssen verwendet.

---

18 Proprietäre Formate, wie *geometry description language (GDL)* von Graphisoft (Endung .gsm) oder Revit Familien (Endung .rfa) werden für die Bereitstellung von digitalen Produktdaten für den BIM-Prozess verwendet. Im Bereich der Haustechnik wird mit der ISO 16757, die auf einer bestehenden deutschen Richtlinie VDI3805 basiert, eine herstellerneutrale Sprache für parametrisierte Produktdaten entwickelt.

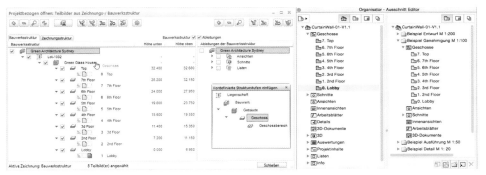

Abb. 33: *Räumliche Gebäudestruktur aus der Dateistruktur und direkt in der Projektdatenbank (am Beispiel ALLPLAN und ArchiCAD) zusammengestellt*

Der Abschluss einer Giebelwand wird durch die darüber liegenden Dachflächen definiert. Bei der Erstellung wird die Giebelwand mit dem Dach verschnitten, eine Funktionalität, die bereits in früheren, rein geometriebasierten CAD-Systemen realisiert wurde. Hier beschrieben ist jedoch die persistente Speicherung der Relation, so dass alle späteren Änderungen an der Giebelwand oder an den Dachflächen zu einer Aktualisierung der Wandverschneidung führen, oder zu einer Warnung, wenn diese nicht eindeutig ausgeführt werden können.

Ein anderes Beispiel ist die Doppelfunktion einer Wand, einmal als tragendes Element, zum anderen als raumbegrenzendes Element. Wenn die Wand verschoben wird, müssen sich nicht nur die Wandanschlüsse ändern, sondern auch der angrenzende Raum muss sich ebenfalls automatisch in seiner Größe ändern.

c) Logische Strukturelemente in einem BIM-Modell

Die unter Punkt c) genannte Fähigkeit, logische Strukturelemente zu modellieren und Modellelemente diesen zuzuweisen, ist eine weitere wichtige Funktionalität von BIM-Software. Im Gegensatz zu rein geometrieorientierten Programmen ist die Organisation von Informationen ein entscheidender Ansatz von BIM. Daher müssen neben den physisch existenten Modellelementen, den Bauteilen, auch die virtuellen Gliederungsstrukturen angelegt werden können.

Hierzu gehören unter anderem vertikale Gliederungen im Gebäude, wie Gebäudeabschnitte, und horizontale Gliederungen, wie Geschosse oder *split-level*. Es werden dabei zwei Methoden unterschieden, entweder ist die Bauwerksgliederung bereits Teil der BIM-Datenbank der BIM-Modellierungssoftware, oder diese muss durch Zuweisung der Dateistrukturen (auch XREF oder Teilbilder genannt) explizit erzeugt werden. Auch Räume werden als Modellelemente behandelt und sind Träger von Informationen.

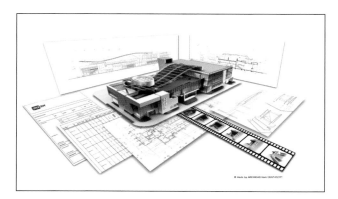

Abb. 34: *Aus einem Modell abgeleitete Pläne und Dokumente (Quelle: Graphisoft)*

Eine der wichtigsten Komponenten des Architekturfachmodells sind die Räume. Im Gegensatz zum zeichnungsorientierten CAD, wo Räume im Wesentlichen als Raumstempel gezeichnet wurden, müssen in dem BIM-Modell die Räume als Modellelemente erstellt werden. Diese stehen dann mit den raumumgrenzenden Bauteilen in Beziehung, haben eigene Attribute, wovon eine Unterauswahl in dem Raumstempel visualisiert werden kann.

Im Bereich der Haustechnik sind die Anlagen, ihre hierarchische Gliederung in Teilanlagen und die Zuweisung von Haustechnik-Modellelementen zu der Anlagenstruktur eine wesentliche Funktionalität der BIM-Software, die insbesondere für haustechnische Berechnungen und Auslegungen der Komponenten benötigt wird.

d) Dynamische Planableitung aus dem BIM-Modell

Zeichnungen und Pläne bleiben weiter ein wichtiges Kommunikationsmittel bei der Planung und im Bau und werden in absehbarer Zeit auch die rechtlich entscheidenden Dokumente bei Bauanträgen, Genehmigungen und bei Übergabe von Planungsleistungen bleiben. Die unter Punkt d) genannte Fähigkeit, jederzeit Pläne aus dem BIM-Modell dynamisch ableiten zu können, ist daher eine wichtige Funktionalität für den produktiven Einsatz von BIM-Software für die Planung.

Die entscheidende Anforderung ist hierbei die gleichzeitige Nachführung von allen Planungsänderungen, die am BIM-Modell ausgeführt werden, in den verschiedenen Ansichten der Dreitafelprojektion, den Grundrissen, den Schnitten und den Ansichten (oder auch Perspektiven).

Frühere 3D- und Zeichnungs-CAD-Programme konnten 3D- und 2D-Informationen zusammen verwalten und waren dabei oft grundrissorientiert. Das heißt, eine Änderung an einer Wand wurde im Grundriss und in der 3D-Ansicht gleichzeitig durchgeführt, wurde aber nicht in den anderen Schnitten und Ansichten aktualisiert. Insbesondere Schnitte konnten nur zu einem bestimmten Zeitpunkt erzeugt werden, wurden aber nicht dynamisch aktualisiert. Von einer BIM-fähigen Planungssoftware wird dagegen erwartet,

Abb. 35: *Beispiel eines Hypermodeling, Überlappung von Modell und Schnittzeichnung (Quelle: Bentley Systems, Stanley Beaman & Sears Architecture and Nemours Children's Hospital)*

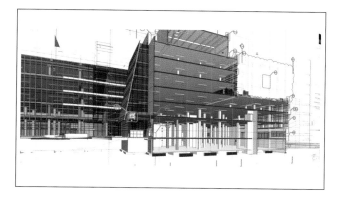

Abb. 35: *Beispiel eines Hypermodeling, Überlappung von Modell und Schnittzeichnung (Quelle: Bentley Systems, Stanley Beaman & Sears Architecture and Nemours Children's Hospital)*

dass alle Zeichnungen aktualisiert werden, auch Deckenspiegel und andere spezielle Projektionen.

Des Weiteren bieten die BIM-fähigen Planungsprogramme unterschiedliche Methoden und Funktionalitäten zur normgerechten Erstellung von Plänen, wie diese bei Bauplänen zum Beispiel nach der DIN 1356 oder den verschiedenen Planzeichenverordnungen gefordert werden, oder in der Tragwerksplanung die Vorschriften bei Schal- und Bewehrungsplänen.

e) Erstellung von Listen, Mengen und anderen Auswertungen aus dem BIM-Modell

Wie insbesondere im Kapitel 2.2 als das »I« in BIM erläutert, ist die Verknüpfung von geometrischen und allgemeinen Attributen zu den einzelnen Modellelementen ein entscheidendes Kriterium für eine BIM-Modellierungssoftware. Die unter Punkt e) genannte Fähigkeit, dieses »I« aus dem BIM-Modell nach den verschiedensten Gesichtspunkten

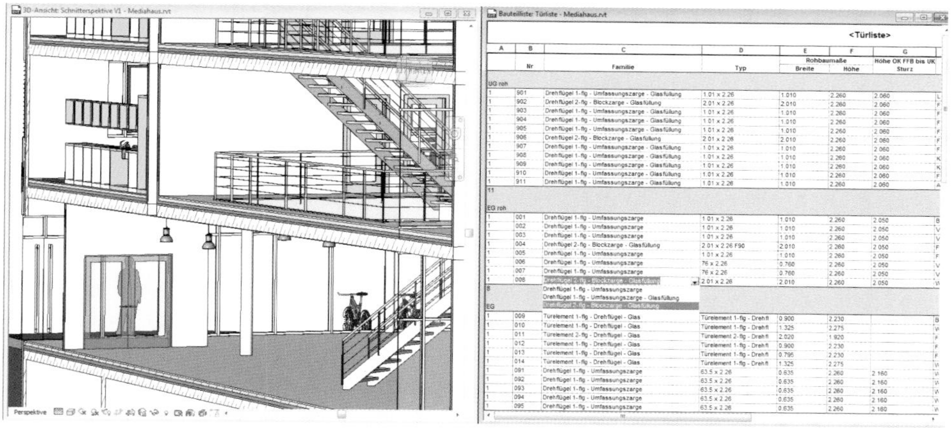

Abb. 36: *Abgeleitete Türliste aus einem BIM-Modell (Quelle: Autodesk Revit)*

ableiten zu können, ist daher ebenfalls von zentraler Wichtigkeit für den produktiven Einsatz von BIM-Software in der Planung.

Als Mindestanforderung müssen alle in dem BIM-Modell enthaltenen Modellelementinformationen in geeigneter tabellarischer oder textlicher Form als Dokumente ausgegeben werden können. Diese müssen zumindest nach den logischen Strukturelementen und Modellelementtypen gegliedert werden und den aktuellen Inhalt der Elementattribute wiedergeben, wobei hier immer eine anwendungsrelevante Auswahl herausgefiltert werden wird.

Ein einfaches Beispiel ist eine Türliste. Alle in dem BIM-Modell enthaltenen Türen sind als Modellelemente vom Typ *Tür* identifizierbar und müssen in der ungefilterten Türliste enthalten sein. Türen werden geschossweise zumeist in Wände, aber auch in Vorhangfassaden und andere Bauteile, eingesetzt. Daher sollte die Türliste geschossweise gliederbar sein. Die individuellen Türen entsprechen oft einer Vorlage, zum Beispiel einer DIN linksaufschlagenden einflügeligen Tür in den Öffnungsmaßen 88,5/201 cm. Gleichartige Türen, die alle dieser Vorlage entsprechen, können auch zusammengefasst werden. Wichtige geometrische Parameter und produktspezifische Angaben, wie Rahmenbreite, k-Wert, Schallschutzklasse oder Einbruch-Widerstandsklasse, werden in der Türliste aufgeführt. Zusätzliche Funktionalität könnte die graphische Abbildung der Tür mit ihren Grundabmaßen und ihrer Aufteilung sein.

Eine weiterführende Anforderung, die insbesondere datenbankgestützte moderne BIM-Softwareprogramme bedienen sollten, ist die Editierbarkeit der Modellelementeigenschaften sowohl in der geometrischen Ansicht des Modells, als auch direkt in der Listenansicht. Gerade das Hinzufügen und Ändern von Attributen, die gleichzeitig mehrere Modellelemente betreffen, ist so viel effizienter möglich.

f) Integration mit anderen BIM-fähigen Softwareprodukten über offene Schnittstellen

Die Wiederverwendbarkeit und die durchgängige Nutzung von BIM-Modellen, sowohl im eigenen Büro als auch innerhalb des gesamten Projekts, ist eine wichtige Voraussetzung, um die mit BIM verbundenen Mehrwerte zu erzielen. Die unter Punkt f) geforderte Funktionalität, nicht nur innerhalb der eigenen Produktfamilie, sondern auch herstellerneutral BIM-Daten übernehmen und weitergeben zu können, ist somit ein wichtiges Kriterium für die BIM-Fähigkeit der Planungssoftware.

In Kapitel 5.2 wird auf die verschiedenen Zusammenarbeitsstrategien mit der BIM-Methode eingegangen. Die technologische Grundlage dafür ist ein funktionierender Datenaustausch zwischen den BIM-fähigen Softwareprodukten, die in diesen Arbeitsabläufen eingesetzt werden. Insbesondere offene Schnittstellen, die von Softwareprodukten der verschiedenen Hersteller von BIM-fähiger Software bedient werden können, werden hierbei gegenüber geschlossenen Lösungen innerhalb der Produkte eines Herstellers favorisiert.

Gründe hierfür sind:

- Kein einzelner Softwarehersteller bedient die gesamte Kette aller möglichen Einsatzbereiche von BIM-Software.
- Bei Bauprojekten werden immer wieder andere Planungsbüros und ausführende Firmen zusammenarbeiten, die verschiedene Softwarelandschaften einsetzen und bereits Investitionen in diese Software, und noch mehr in die Schulung und Erstellung von Objektbibliotheken, getätigt haben.
- Bei öffentlichen Bauprojekten muss der Auftraggeber oft Vergaberichtlinien entsprechen, die eine offene Ausschreibung und die freie Verwendung von marktüblichen Softwareprodukten fordern.
- Offene Schnittstellen, insbesondere wenn diese durch Standardisierungsorganisationen, wie ISO, CEN oder DIN, normiert sind, bieten eine große Stabilität und frei verfügbare Dokumentationen, die von allen Beteiligten genutzt werden können.

Die derzeit am weitesten verbreitete offene Schnittstelle im BIM-Bereich ist IFC, die als ISO Standard international normiert ist [ISO 16739, 2013]. Diese wird derzeit von sehr vielen BIM-fähigen Softwareprodukten unterstützt und von einer neutralen Institution, buildingSMART International, entwickelt[19] und zertifiziert[20]. Eine ausführliche Darstellung des BIM-Datenaustauschs und der IFC-Schnittstelle wird in Kapitel 3.4 beschrieben.

3.3 BIM-Software für die verschiedenen Einsatzbereiche

Wie in den einleitenden Sätzen zum Kapitel 3 bereits erwähnt, gibt es nicht die eine BIM-Software, sondern verschiedene BIM-fähige Softwareprogramme für die unterschiedlichen Einsatzbereiche während der Planung, Ausführung und Bewirtschaftung von Gebäuden und baulichen Anlagen.

Prinzipiell können die folgenden Anwendungsfelder für den Einsatz von BIM-Software, hier mit dem Fokus auf den Hochbau, unterschieden werden:

---

19 Die offizielle Webseite zur Veröffentlichung der IFC-Spezifikation wird von buildingSMART International gehostet und ist unter www.buildingsmart-tech.org/specifications/ifc-releases verfügbar. [Stand: 09/2015]

20 Die offizielle Seite für IFC-zertifizierte Software ist www.buildingsmart.org/compliance/certified-software/ [Stand: 09/2015]

Tab. 7: *Verschiedene BIM-Softwarekategorien*

Hauptanwendungsfeld	spezielle Anwendungen
Anforderungsmanagement	Management des Raum- und Funktions- programms
Formfindung und konzeptionelle Planung	freie 3D-Modellierungssoftware generische Formfindungssoftware konzeptionelle Raumplanungssoftware
BIM-Planungssoftware für die Architektur	BIM-Modellierungssoftware Architektur BIM-Modellierungssoftware Innenarchitektur
BIM-Planungssoftware für die Haustechnik	BIM-Modellierungssoftware HKLS BIM-Modellierungssoftware Elektroplanung Gebäudeautomatisierung und Leittechnik Software
BIM-Planungssoftware für die Tragwerks- planung	BIM-Modellierungssoftware Tragwerks- planung BIM-Modellierungssoftware Stahlbau BIM-Modellierungssoftware Holzbau
BIM-Software für Konstruktion und Detail- lierung	Bauteilkonstruktionssoftware HKLS-/E-Konstruktionssoftware CAD/CAM-Software adaptiert für das Bauwesen
Simulationssoftware im Haustechnikbereich	BIM-basierte Energieberechnung und Simu- lation Heizlast- und Kühllastberechnung und Simu- lation Licht- und Tageslichtberechnung
statische Berechnungssoftware	3D-Gebäudestatik-Berechnungsprogramme FEM-basierte Berechnungsprogramme
Kosten- und Terminplanung (4D/5D)	BIM-basierte Mengenermittlung BIM-basierte Kostenschätzung bis -fest- stellung BIM-basierte Bauablaufplanung
Koordination und Kommunikation	BIM-Viewer Kollisionsprüfungsprogramme Programme zum Prüfen der Entwurfsqualität
Computer-aided Facility Management (CAFM)	BIM-basierte Übernahme in das FM
Model- und Dokumentenmanagement	BIM-fähige Dokumentenmanagementsysteme BIM-Server und Workflowplattformen BIM für mobile Endgeräte

Dabei kann eine BIM-Software eine oder mehrere dieser Anwendungsfelder abdecken, allerdings nie alle Felder. Deswegen spielt die Interoperabilität, die Fähigkeit der Datenübernahme und Übergabe an andere Programme, immer eine wichtige Rolle.

Die im Weiteren aufgeführten BIM-Softwareprodukte für die jeweiligen Hauptanwendungsfelder werden kurz beschrieben. Die Aufzählung erhebt allerdings weder den Anspruch auf Vollständigkeit in Bezug auf alle Produkte am Markt noch auf umfassende Darstellung der Funktionalität. Als weiterführende Literatur kann dazu unter anderem [Eastman; Teicholz; Sacks & Liston, 2011] empfohlen werden. Eine Auflistung der im Buch genannten Softwareprodukte findet sich im Softwareverzeichnis.

3.3.1 Software für das Anforderungsmanagement

Die BIM-Methode kann und soll von Beginn eines Bauprojektes an im Sinne des Bauinformationsmanagements genutzt werden. Das schließt die Bedarfsplanung und Ermittlung sowie die Erstellung eines Raum- und Funktionsprogramms mit ein. Dies kann als besondere Leistung vom Objektplaner erbracht werden, oder der Auftraggeber übernimmt diese Bedarfsanalyse zur Definition der eigenen Ansprüche.

Die [DIN 18205, 1996] gibt hierzu eine Struktur vor, die unter anderem die Art und Anzahl der benötigten Flächen mit geforderten Nettoflächen, Raumhöhen, sowie die benötigte Qualität und Ausstattung dieser Räume, die funktionalen Beziehungen zwischen den Räumen (Transportwege, Kommunikationsbeziehungen) und die technischen und gesetzlichen Rahmenbedingungen (Strahlenschutz, Sicherheitsklassen) bestimmt[21]. Diese Bedarfsanalyse sollte nicht nur zu Beginn des Projekts einmal aufgestellt werden, sondern als Basis kontinuierlicher Soll-Ist-Vergleiche auch über das Projekt nachgeführt werden.

Das BIM-Management kann diesen Prozess kontinuierlicher Soll-Ist-Vergleiche, und damit das Feststellen des derzeitigen Stands des Projekts, bezogen auf die Aufgabenstellung des Auftraggebers, unterstützen, wenn diese Anforderungen aus der Bedarfsplanung genauso digital erfasst, elementbezogen beschrieben und mit den Modellelementen der BIM-Planung in Beziehung gesetzt werden. In der Baupraxis anderer Länder, als ein Beispiel sei hier die Niederlande angeführt, hat sich diese Erkenntnis bereits bei vielen Auftraggebern durchgesetzt. Als *system engineering* wird diese Methode angewandt und für die Überprüfung der *key performance indicator KIP* genutzt.

Zu den BIM-Softwareprogrammen, die hier verwendet werden, gehört unter anderem **dRofus** der norwegischen Firma Nosyko AS. Ursprünglich als hausinternes Tool für die Krankenhausplanung entwickelt, wird es jetzt von vielen größeren Auftraggebern und Planungsfirmen verwendet, um komplexe Raum- und Funktionsprogramme mit vielen Ausstattungsdetails, unterstützt durch Bibliotheken, anzulegen und diese während der Planung mit den aktuellen BIM-Modellen im Soll-Ist-Vergleich zu prüfen. Dazu kann BIM-Planungssoftware wie **ArchiCAD** und **Revit** direkt mit dRofus verknüpft werden. Andere Programme werden über die neutrale IFC-Schnittstelle verbunden. Abbildung 37

---

21 Siehe hierzu auch die Zusammenfassung bei Wikipedia, http://de.wikipedia.org/wiki/DIN_18205 [Stand 09/2015]

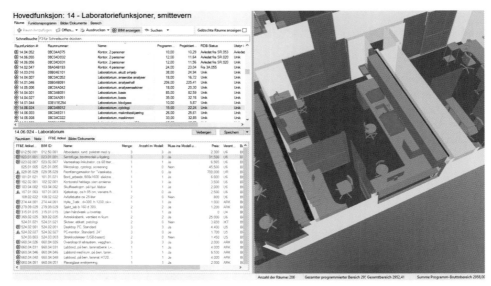

Abb. 37:   *Soll-Ist-Vergleich eines Raumprogramms in dRofus (Quelle: dRofus)*

zeigt die Überprüfung, ob wirklich die drei medizinischen Geräte, wie im Raumprogramm gefordert, in dem BIM-Modell der Planung enthalten sind.

Weitere BIM-Software dieser Kategorie sind unter anderem **Affinity** der amerikanischen Firma Trelligence oder **Brief Builder** der niederländischen Firma ICOP Advice Tools. Auf dem deutschen Markt ist diese neue BIM-Softwarekategorie noch kaum vertreten.

3.3.2 Software für konzeptionelle Planung und generische Formfindung

Eine häufig gestellte Frage ist, ab wann sich die Bearbeitung mit BIM-Software lohnt, ob bereits in den frühen Phasen der Vorplanung und der Variantenbildung mit 3D-Objekten und BIM-Strukturen gearbeitet werden soll oder noch konventionell.

Gerade parametrische Modellierer bieten die Funktionalität, schnell Varianten einer Entwurfsidee zu generieren, die dann vergleichbar sind und optimiert werden können. Im Bereich der freien Formfindung, zum Beispiel bei Verwendung von Freiformflächen und amorphen Körpern, ist eine frühe Erstellung von 3D-Computermodellen geradezu notwendig, da diese komplexen Formen in traditionellen 2D-Darstellungen nicht ausreichend abgebildet werden können.

Zwei BIM-fähige Programme werden häufig zu diesen Zwecken angewandt. Das Programm **SketchUp**, zuerst das Produkt eines Start-ups @Last Software, dann von Google übernommen und jetzt Teil von Trimble Buildings, ist ein sehr intuitives Programm zum Erstellen von digitalen 3D-Architekturmodellen, beruhend auf einer speziellen Extrusionsfunktion, mit der Flächen und Teilflächen von Körpern heraus- oder hineingeschoben werden können.

Abb. 38: *Parametrisches Modell in Rhino/Grasshopper (Quelle: Jon Myschkin, GeometryGym)*

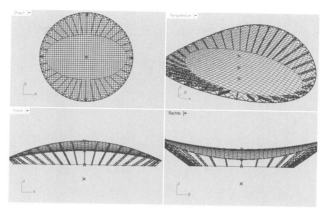

Während sich die kostenfreie Version an Privatanwender wendet, beinhaltet die Pro Version auch einen Layouter, mit dem Pläne von den 3D-Modellen abgeleitet werden können. Eine Script-Sprache und eine API (Programmierschnittstelle) ermöglichen die Entwicklung vieler Plug-Ins und **SketchUp Pro** unterstützt viele Dateiformate zur Weiterbearbeitung, seit der neuesten Version 2014 auch die IFC-Schnittstelle.

Das zweite häufig verwendete Programm, insbesondere für Freiformflächen in der Architektur, ist **Rhinoceros**, kurz Rhino, der Firma McNeel. Rhino ist ein leistungsfähiger NURBS Modellierer, mit dem beliebige freie Formen erstellt werden können. Rhino an sich ist ein allgemeiner 3D-Modellierer, der keine bauwesenspezifischen Funktionalitäten anbietet, aber es ist ein sehr offenes Programmsystem, das es vielen Entwicklerfirmen ermöglicht, eigene Plug-Ins zu erstellen. Eine weitere Besonderheit von Rhino ist die graphische Geometrieprogrammiersprache **Grasshopper**, die generative Algorithmen zur »Programmierung« von vielfältigen Entwurfsformen erlaubt. Gerade in der experimentellen Architekturfindung wird Grasshopper verstärkt eingesetzt, aber auch bei Tragwerksentwürfen, wofür eine Reihe von Datenübergabeformaten an statische Bemessungsprogramme bereitgestellt wird.

Zwei Aufsatzprogramme, einmal für Rhino und einmal für Grasshopper, die das generische Programm mit architekturspezifischen Funktionalitäten ausstatten und damit den Verbund mit anderen BIM-Softwareprogrammen direkt unterstützen, sollen noch erwähnt werden.

VisualARQ ergänzt Rhino mit BIM-spezifischen Modellelementen, wie Wänden, Decken, Dächern und Räumen, sowie einer Planausgabe. Zur Weiterbearbeitung der Entwürfe in Entwurfs- und Konstruktionssoftware wird die IFC-Schnittstelle bedient. **Geometry Gym** ist ein Aufsatz für Grasshopper und bietet architektur- und ingenieurbauspezifische Bibliotheken für die visuelle Programmierung und Funktionalitäten zur Interoperabilität mit anderen BIM-Softwareprodukten, unter anderem eine visuelle IFC-Programmbausteinbibliothek.

Andere Programme zur generischen Formfindung sind **Generative Components** von Bentley und **form•Z** von AutoDesSys.

Ein weiteres Programm für die frühe konzeptionelle Planung ist **DProfiler** von Becks Technology, das sich, im Gegensatz zu den bisher genannten, eher formorientierten

Softwareprodukten mit der Hauptzielgruppe Architekten, an Projektentwickler und Investoren wendet. DProfiler wird zur schnellen Erstellung von konzeptionellen Gebäudemodellen verwendet, die dann hinsichtlich Mengen, Kosten, Energie und anderen KPI's ausgewertet werden können. Sehr frühe und verlässliche Kostenschätzungen können damit erzielt werden. Derzeit ist dieses Programm auf den amerikanischen Markt beschränkt. In etwa vergleichbare Entwicklungen für den deutschen Markt, wie **BIM4You**, und das Kostenkalkül werden noch beschrieben.

Auch viele BIM CAD-Planungssoftwareprodukte für den Architekturbereich unterstützen durch eigene Funktionalität oder mittels Zusatzprodukten die frühe konzeptionelle Planung, und zwar **Autodesk Revit** mit den Körpermodellen oder **ArchiCAD** mit den Morph und Shell Werkzeugen, **Allplan** und **Vectorworks** mittels **Cinema4D**.

3.3.3 BIM-Modellierungssoftware für die Architektur

Wenn heute über BIM-Software gesprochen wird, dann ist zumeist die BIM-Modellierungssoftware gemeint, mit der die Fachmodelle, zuerst das der Architektur und dann die der Tragwerksplanung und der verschiedenen Haustechnikgewerke, erzeugt werden.

ArchiCAD ist die erste wirkliche BIM-Software für Architekten und kommt von der ungarischen Firma Graphisoft, mittlerweile Teil der Nemetschek AG. Mitte der 80er Jahre entstanden, ist ArchiCAD ein speziell für den Architekturbereich entwickeltes Programm, in dem schon früh datenbankorientiert dreidimensionale Geometrie-, Material-, und andere Eigenschaften elementbasiert verknüpft wurden. So konnten alle Pläne (Grundrisse, Schnitte, Ansichten, etc.) aus dem Datenbankmodell abgeleitet und dynamisch nachgeführt werden. Eine Funktionalität die frühere 3D-CAD-Programme häufig nicht anbieten konnten, dort wurden zum Beispiel Schnitte einmal generiert und dann vom Modell abgekoppelt.

ArchiCAD bietet eine speziell für vordefinierte Architekturobjekte programmierte weitreichende Parametrik und eine freie parametrische Modellierung auf Basis der GDL-Technologie, wie die Morph und Shell Werkzeuge für die freie Formfindung und spätere Wandlung in Modellelemente. Eine Vielzahl von Bauteilbibliotheken wird mit GDL erstellt, in der Drittanbieter, wie zum Beispiel Bauprodukthersteller, ihre Produkte parametrisch aufbereiten können. Diese können dann intelligent in ArchiCAD übernommen und angepasst werden.

Eine weitere wegweisende Entwicklung ist die Teamwork BIM Server-Technologie, bei der die Zusammenarbeit mehrerer verteilt arbeitender Anwender über eine Update-Technologie, dem DELTA Server, effektiv unterstützt wird. Da Graphisoft sich weiterhin auf die Entwicklung von Architektursoftware konzentriert, wird die Interoperabilität mit den anderen Fachdisziplinen im Wesentlichen durch das Bekenntnis und die Entwicklung von open BIM unterstützt. Hierbei spielt die vorbildliche Unterstützung der IFC-Schnittstelle eine wesentliche Rolle.

Revit Architecture ist die weltweit am meisten verbreitete BIM-Software für den Architekturbereich. Die Firma Autodesk hat dieses Produkt von dem Start-up Revit Technology Corporation 2002 übernommen und danach mit großen Investitionen weiterentwickelt. Auf Basis der gleichen Plattform wird auch **Revit MEP** für die Haustechnik und **Revit Structure** für die Tragwerksplanung entwickelt, die seit 2013 auch als ein *all-in-one*-Produkt **Revit Building** vertrieben werden.

Wesentliche Kennzeichen von Revit sind das datenbankorientierte Arbeiten mit vielfältig parametrisierbaren Komponenten, auch *Familien* genannt, das bi-direktionale Arbeiten im Modell und in den Plänen sowie die Bearbeitung von Modellelementattributen bi-direktional im Modell und in den Listen. Es können außerdem parametrische Bedingungen zwischen Modellelementen gesetzt werden, die beispielsweise einen Lichtschalter mit der Aufschlagsrichtung einer Tür verknüpfen. Verteiltes Arbeiten wird durch eine Zentraldatei und auscheckbare Bearbeitungsbereiche im Netz unterstützt.

Eine Vielzahl von Bauprodukten werden Revit-konform als parametrische Familienobjekte von Drittanbietern erstellt und können übernommen werden. Durch die enge Verknüpfung der Architektur-, Haustechnik- und Tragwerkslösungen in der Revit Plattform wird Revit als »closed BIM« Plattform angesehen, jedoch werden auch viele offene Schnittstellen unterstützt. Die Funktionalität der angebotenen IFC-Schnittstelle ist mit den letzten Versionen stetig verbessert worden und steht auch anderen Entwicklern als open-source Bibliothek zur Verfügung.

Allplan Architektur ist ein ursprüngliches 2D-/3D-CAD-Programm, das bereits seit den 80er Jahren entwickelt wird. Es wurde in den letzten Jahren hinsichtlich seiner BIM-Fähigkeit stetig erweitert und kann jetzt als eine BIM-Modellierungssoftware genutzt werden. Seit der Version 2016 wird der Parasolid Geometriekern verwendet. Vom prinzipiellen Aufbau ist es ein Multi-Dateien-System, wobei die einzelnen Dateien, hier *Teilbilder* genannt, über eine flexible Bauwerksstruktur zu dem BIM-Modell zusammengesetzt werden.

Allplan arbeitet bauteilorientiert und bietet eine Vielzahl modellelementspezifischer Werkzeuge. Daneben kann der Benutzer auch traditionell 2D und zeichnungsorientiert arbeiteten. Eine enge Verknüpfung existiert mit der eigenen Baukostenplanung. Mit der *Design2Cost* Methode wird eine VOB-gerechte modellbasierte Mengenermittlung angeboten. Neben der direkten Integration mit der hausinternen Kostenplanungs- und Ingenieurbaulösung ist Allplan auch Teil der open BIM Initiative und unterstützt offene Schnittstellen inklusive der IFC-Schnittstelle.

Vectorworks ist ebenfalls ein ursprüngliches 2D-/3D-CAD-Programm mit Modulen für Architektur, Innenarchitektur, Landschaftsplanung und weitere Bereiche, welches insbesondere bei kleineren Architekturbüros verbreitet ist. Entwickelt wird es von Nemetschek Vectorworks, seitdem die Firma Diehl Graphsoft, die das Produkt zuerst unter dem Namen MiniCad vertrieb, von der Nemetschek AG übernommen wurde.

Spätestens seit der Nutzung des sehr mächtigen Parasolid Geometriekerns kann Vectorworks als BIM-Modellierungssoftware mit komfortablen parametrischen und geometrischen Fähigkeiten angesehen werden, parallel dazu kann aber weiterhin 2D-zeichnungsorientiert gearbeitet werden. Für die Interoperabilität mit anderen Fachapplikationen setzt Vectorworks auf open BIM und offene Schnittstellen und bietet die IFC-Schnittstellenfunktionalität an.

Auf der Basis der beiden langjährig führenden generellen CAD-Plattformen, AutoCAD und Microstation, wurden von den Herstellern vertikale Produkterweiterungen entwickelt, die 3D und bauteilorientiert BIM-fähige Architektursoftware darstellen.

AutoCAD Architecture ist die architekturspezifische Erweiterung von AutoCAD aus dem Hause Autodesk. Es enthält eigene architekturspezifische Modellelemente und arbeitet Multi-Dateien-basiert (sogenannte XREF). Mittels eines Projektmanagers werden diese zu einer Bauwerksstruktur zusammengefügt. Neben den architekturspezifischen Modulen stehen dem Anwender alle von AutoCAD gewohnten 2D- und 3D-Funktionalitäten zur Verfügung. Basierend auf DWG, dem international am meisten verwendeten CAD-Format, werden andere Produkte, wie zum Beispiel **AutoCAD MEP**, integriert. Es wird aber auch die offene IFC-Schnittstelle unterstützt.

AECOsim Building Designer ist die BIM-Software von Bentley, welche die früheren Produkte Bentley Architecture, Bentley Mechanical, Bentley Electrical, und Structural Modeler integriert. Es basiert auf Microstation und ist ebenfalls ein Multi-Dateien-System.

Besonderheiten dieser Suite sind die *Generative Components* für hochgradig parametrische Variantenerstellung und das Hypermodelling, eine sehr innovative Überlagerung des 3D-Modells mit 2D-Zeichnungsinhalten in allen Ebenen, zum Beispiel auch im Schnitt. Basierend auf DGN, einem weitverbreiteten CAD-Format, und der direkten Einbindung von DWG Inhalten wird die Integration mit anderen Programmen zumeist als closed BIM realisiert. Es wird aber auch die offene IFC-Schnittstelle unterstützt.

Weitere Programme für Architekten sollen hier noch erwähnt werden, wie **Bentley Speedikon Architektur**, **EliteCAD AR**, **Spirit** und **CasCADos**. **Digital Project** von Gehry Technology wird später beschrieben.

3.3.4   BIM-Planungssoftware für die Haustechnik

Für die Heizungs-, Klima-, Lüftungs-, Sanitär-, Elektro- und Gebäudeautomatisationsplanung werden eine Reihe genereller, viele dieser Disziplinen unterstützende BIM-Programme angeboten und spezielle Software, die nur eine oder einige dieser Disziplinen unterstützt. Neben der komponenten-orientierten 3D-Planungsunterstützung unterscheiden sich die Programme auch hinsichtlich der direkt integrierten oder über spezielle Schnittstellen bedienten haustechnischen Berechnungsprogramme sowie über den Umfang der meist in proprietären Formaten bereitgestellten Komponentenbibliotheken der Produkthersteller. Die beiden letzteren Kriterien seien an dieser Stelle erwähnt, werden aber im Weiteren nicht behandelt.

AutoCAD MEP ist die haustechnikspezifische Erweiterung von AutoCAD aus dem Hause Autodesk, die auf derselben ObjectARX Technologie beruht wie AutoCAD Architecture. Für die gerade im Haustechnikbereich notwendige und umfangreiche Lokalisierung, der Anpassung auf die nationalen Zeichnungs- und Berechnungsvorschriften und dem Zugriff auf den lokalen Content aus Komponentenbibliotheken, wurde das Produkt **RoCAD** übernommen. Die im vorherigen Kapitel genannten BIM-spezifischen Eigenschaften von AutoCAD Architecture gelten auch für AutoCAD MEP.

Revit MEP, seit Kurzem auch als Teil der *all-in-one*-Lösung Revit von Autodesk vertrieben, ist eine Neuentwicklung auf Basis der Revit Technologie für den Haustechnikbereich. Im deutschen Markt erst seit 2012 vertreten, ist Revit MEP eine noch recht neue Lösung. Die im vorherigen Kapitel genannten BIM-spezifischen Eigenschaften von Revit Architecture gelten auch für Revit MEP.

In **AECOsim Building Designer** hat die Firma Bentley das früher separate Produkt Bentley Mechanical integriert, auch hier wird auf die im vorherigen Kapitel genannten BIM-spezifischen Eigenschaften verwiesen.

Neben diesen auf Plattformtechnologien basierten Programmen werden auch unabhängig für die Haustechnik entwickelte eigenständige CAD/BIM-Softwareprodukte angeboten.

DDS-CAD der norwegischen Firma DDS, seit 2014 Teil der Nemetschek AG, ist eine eigenständige BIM-Modellierungssoftware mit spezifischen Programmpaketen für die TGA, daneben auch mit einer Speziallösung für Photovoltaikanlagen. Viele Berechnungsmodule sind integriert. Um die Koordinierung mit anderen Planungsgewerken zu unterstützen, ist DDS einer der aktiven Unterstützer der open BIM Initiative und setzt auf IFC zur Gewerkeintegration.

Nova, die Haustechnik BIM-Modellierungssoftware der Firma Plancal, seit 2013 Teil von Trimble, ist ein eigenständiges Programm mit Modulen für Gebäude-, Raumluft-, Sanitär- und Heizungstechnik sowie der Elektroinstallation. Der CAD-Kern wurde auf ACIS, einem sehr leistungsfähigen parametrischen Geometriemodellierer, umgestellt. Zur Koordinierung mit anderen Planungsgewerken wird unter anderem die IFC-Schnittstelle integriert.

Als weiteres eigenständiges und mit vielen Berechnungen integriertes Programm soll **Rukon** der Firma Tacos erwähnt werden. Eine Besonderheit der Rukon Module ist das Modul VDI3805, womit Hersteller ihre Haustechnikkomponenten parametrisch beschreiben und in einem neutralen Format den TGA-Ingenieuren zur Planung und Berechnung bereitstellen können.

Eine Besonderheit ist das Aufsatzmodul **HKLSE-Modeller** der Firma Graphisoft für ArchiCAD, welches keine HKLSE-Planungssoftware ist, sondern ein Zusatzprodukt für Architekten, das den 3D/IFC-Datenaustausch mit den verschiedenen Haustechnikprogrammen optimiert und Funktionalitäten bereitstellt, um aus einem 2D-Haustechnikplan schnell 3D-Körper für die Kollisions- und Durchbruchsplanung zu erstellen.

Viele Planungsprogramme für Haustechniker wurden als Aufsatzprodukte der allgemeinen AutoCAD Plattform entwickelt. Teilweise wurden diese später auf die neuere ObjectARX Technologie, die auch in Autodesk MEP zum Einsatz kommt, portiert, beziehungsweise werden parallel als Erweiterung zur Revit Plattform weiterentwickelt. Ob die BIM-Fähigkeiten, wie unter Kapitel 3.2 diskutiert, unterstützt oder nur von der darunterliegenden Plattform bereitgestellt werden, muss im Einzelnen geklärt werden. Als Beispiele seien **liNear** und **pit-cup** genannt. Parallel dazu bietet die Firma Venturis mit **Tricad** eine eigene Lösung auf Basis der Microstation Plattform an.

In diesem Zusammenhang ist die Entscheidung der finnischen Firma Progman Oy interessant, ihr Produkt **MagiCAD** nun für den deutschen Markt zu lokalisieren und zu vertreiben. Es ist bislang vor allem in Skandinavien, der bei der BIM-Einführung am weitesten fortgeschrittenen Region, führend vertreten. MagiCAD wird parallel für die AutoCAD und Revit Plattform angeboten und ist auch aktiv bei der IFC-Unterstützung für die gewerkeübergreifende Interoperabilität. Seit 2014 ist Magi-CAD Teil von Glodon, dem größten chinesischen Anbieter für Konstruktionssoftware.

3.3.5 BIM-Planungssoftware für die Tragwerksplanung

Im Bereich der Tragwerksplanung, und insbesondere im Stahlbau, hat die Arbeit mit 3D seit Längerem eine gute Tradition. Auch im Ingenieurhochbau bietet BIM-Modellierungssoftware teilweise generelle Unterstützung für mehrere Konstruktionsarten oder spezielle Lösungen für den Massiv-, Stahl- und Holzbau. Neben dem Tragwerksentwurf werden die statischen Berechnungen teilweise direkt integriert oder über spezielle Schnittstellen zu Statikprogrammen bedient. Auch die konstruktive Detaillierung, wie die 3D-Bewehrungsplanung oder die Anschlussdetails, werden entweder direkt unterstützt oder an spezielle Detaillierungsprogramme übergeben. Die beiden letzteren Kriterien seien an dieser Stelle erwähnt, werden aber im Weiteren nicht behandelt, da das den Rahmen dieses Buches sprengen würde.

Tekla Structure ist eine Tragwerksplanungs- und Detaillierungssoftware der finnischen Firma Tekla, mittlerweile Teil von Trimble. Ursprünglich für den Stahlbau entwickelt, wird heute auch der Massivbau, inklusive 3D-Bewehrungsplanung, unterstützt. Es zeichnet sich auch für eine kompakte Datenhaltung gerade bei sehr großen Projekten aus. Offene BIM-Workflows werden unterstützt, als Teil der open BIM Strategie wird die IFC-Schnittstelle effektiv unterstützt.

Allplan Ingenieurbau ist die Tragwerksplanungssoftware von Nemetschek, die bereits seit 30 Jahren am Markt ist und kontinuierlich weiterentwickelt wird. Sie basiert auf der gleichen Technologie wie Allplan Architektur. Damit soll auf die im dortigen Kapitel genannten BIM-spezifischen Eigenschaften verwiesen werden.

Revit Structure, seit Kurzem auch als Teil der *all-in-one*-Lösung Revit von Autodesk vertrieben, ist eine Neuentwicklung auf Basis der Revit Technologie für den Tragwerksplanungsbereich. Die unter Revit Architecture genannten BIM-spezifischen Eigenschaften gelten auch für Revit Structure.

In **AECOsim Building Designer** hat die Firma Bentley das früher separate Produkt Bentley Structural Modeler integriert, auch hier wird auf die unter AECOsim Architecture genannten BIM-spezifischen Eigenschaften verwiesen.

Daneben werden spezielle Branchenlösungen angeboten, die sich in den BIM-Workflow integrieren können. Hierbei seien **Bocad Stahl** der Firma Bocad, jetzt Teil von Aveva für den Stahlbau, **Advance Steel** der französischen Firma Graitec, das als Produkt von Autodesk als **AutoCAD Advance Steel** vertrieben wird, und **cadwork**, das Produkt der gleichnamigen Firma für den Holzbau, erwähnt. Für den Massivbau und Fertigteilbau bietet **Strakon** der Firma DiCAD ebenfalls eine 3D/BIM-Lösung.

Eine Reihe weiterer Produkte, die einen konzeptionellen Tragwerksentwurf mit Fokus auf der statischen Berechnung und Bemessung anbieten, wird später aufgeführt.

3.3.6 BIM-Software für Konstruktion und Detaillierung

Der Übergang zwischen einer Planungs- und einer Konstruktionssoftware ist fließend, und sicherlich können einige der in den drei vorherigen Kapiteln genannten Produkte auch hier mit aufgeführt werden. Es gibt aber auch spezifische Konstruktionssoftware, die neben der Detailplanung auch die direkte Ansteuerung der Maschinen für die

Vorfertigung im Fertigteilbau ermöglicht. Das entspricht dem CAD/CAM-Gedanken[22] des Maschinenbaus.

Diese Konstruktionssoftwareprodukte werden teilweise direkt von den Herstellern von Bauprodukten und kompletten Baulösungen erstellt, teilweise von Softwarefirmen für ein spezielles Marktsegment. Die Hersteller dieser Softwareprodukte für die Vorbereitung der Fertigung suchen jetzt auch den Anschluss an einen BIM-Workflow, zum Beispiel zur Übernahme von relevanten Planungsdaten und zur Rückgabe der detaillierten Lösung für die Kollisionsprüfung und die Objektdokumentation. Aufgrund der Vielzahl an Softwarelösungen in dieser Kategorie können hier nur exemplarisch einige Beispiele genannt werden.

Allein für den Bereich des Treppenbaus werden sehr spezialisierte CAD/CAM-Programme angeboten, wie zum Beispiel **Trepcad**, mittlerweile Teil von Graitec, mit Fokus auf Stahltreppen, oder **ND CAD** von Compass Software mit dem Fokus auf Holztreppen.

Als ein Beispiel für CAD Software eines Produktherstellers mit Anschluss an den BIM-Workflow sei **SchüCad** der Firma Schüco genannt, welches als eigenständiges Programm oder als Aufsatz zu Inventor oder Revit angeboten wird und speziell für die Fassadenplanung und Konstruktion entwickelt wurde.

Als eine weitere, spezielle Kategorie sollen in diesem Zusammenhang CAD/CAM und PLM[23]-Produkte aus dem Maschinenbaubereich genannt werden, die teilweise in der Bauindustrie, aber auch in speziellen Planungen bereits eingesetzt werden.

Die Hersteller der großen Maschinenbauprogrammsysteme, wie Dassault mit den Produkten **CATIA** und **SolidWorks** oder Siemens PLM mit **Teamcenter** und **Solid Edge**, blicken auch, mögliche Erweiterungen ihres Geschäftsfeldes bedenkend, auf den Markt der Bauplanung und Bauwirtschaft. In speziellen Bereichen, wie der industriemäßigen Produktion von Windkraftanlagen, im Anlagenbau oder dem Brückenbau, werden solche Lösungen von der Bauindustrie auch bereits eingesetzt. Dennoch ist es noch eine Nische, nicht zuletzt weil die Systeme sehr mächtig und im Vergleich zu anderen Bausoftwarelösungen auch preisintensiv und mit großem Schulungsaufwand verbunden sind. Auch setzt gerade die PLM-Methode einen hohen Grad der Prozessdefinition und Organisation voraus, die so im Bauwesen in der Praxis noch kaum gelebt wird. Es bleibt daher abzuwarten, inwieweit spezielle Bauapplikationen in der Zukunft von Seiten der Maschinenbau CAD/CAM-Hersteller vermarktet werden. Als Hintergrundliteratur zu diesem Thema soll auf die Ergebnisse des ForBAU Projekts[24] verwiesen werden [Günther & Borrmann, 2011].

Ein besonderes Produkt ist **Digital Project** von Gehry Technologies, einer Ausgründung aus dem international bekannten Architekturbüro Frank Gehry. Basierend auf CATIA V5 ist Digital Project eine einzigartige CAD/CAM-Software speziell für den Architektur- und Baubereich, zu dessen besonderen Funktionalitäten der Bereich des *Design to Fabrication*, der direkten Übernahme der Planungsdaten für die Fertigung ohne den Umweg

---

22 CAD/CAM steht für *Computer-aided design / Computer-aided manufacturing*, dem rechnergestützten Entwurf und der Fertigung, wobei das digitale Computermodell direkt für die Maschinenansteuerung verwendet werden kann.

23 PLM steht für *Product Lifecycle Management*, der digitalen Erfassung und des Managements aller Informationen, die über den gesamten Lebenszyklus eines Produkts anfallen.

24 Das ForBAU Forschungsprojekt wurde 2011 abgeschlossen, Informationen stehen aber noch auf dieser Seite zur Verfügung: www.fml.mw.tum.de/forbau/index.php?Set_ID=497 [Stand: 09/2015]

über Pläne, gehört. Diese Software wird gerade für hoch komplexe, oft auf mehrfach gekrümmten Freiformflächen beruhende Architekturaufgaben verwendet.

3.3.7 BIM-basierte Energieberechnung und Simulation

In diesem und den nächsten zwei Kapiteln werden BIM-fähige Softwareprodukte beschrieben, die im Wesentlichen die BIM-Modelle, die in Planungs- und Konstruktionssoftware erstellt werden, analysieren, auswerten und Entscheidungsgrundlagen liefern. Daraus können auch Änderungsvorschläge resultieren, die zu Änderungen in den Ausgangsmodellen führen. Diese werden jedoch eher im Sinne eines Änderungsmanagements den für die Fachmodelle verantwortlichen Planern mitgeteilt, als direkt durch die Berechnungssoftware geändert. Im Rahmen des BIM-Workflows wird diese Integration von Berechnungs- und Simulationssoftware auch als *downstream* bezeichnet.

Eine weitere Besonderheit dieser Softwarekategorien ist die starke Bindung an lokale Märkte, entweder durch Einschränkung auf einige Vertriebsländer oder durch umfangreiche Lokalisierung. Grund hierfür ist die Abhängigkeit von Baunormen und Regeln, wie zum Beispiel in Deutschland bei einer Energiebedarfsberechnung die Anwendung der DIN 18599 oder bei einer VOB-gerechten Mengenermittlung die landesspezifische Rechenregel vorgeschrieben ist.

Es gibt daher eine ganze Reihe von Produkten, die nur in einigen Ländern eingeführt, teilweise direkt in die BIM-Planungssoftware integriert oder nur mit bestimmten Softwareplattformen kompatibel sind. Hier sollen exemplarisch Softwareprodukte genannt werden, die plattformübergreifend im Sinne offener Workflows genutzt werden können. Gerade im Bereich der Energiebedarfsberechnung ist neben dem offenen IFC-Format ein zweites neutrales Format, gbXML[25] in der Anwendung.

IDA ICE der Schwedischen Firma EQUA Simulation ist ein auch für Deutschland lokalisiertes umfangreiches Tool zur dynamischen Gebäudesimulation, das BIM-Modelle von den verschiedenen BIM-Planungssoftwareprodukten über die IFC-Schnittstelle übernehmen kann.

HottCAD der Firma ETU Software ist eine integrierte CAD-Erfassung, die speziell für die Anforderungen von technischen Gebäudeberechnungen entwickelt wurde, um schnell 3D-Modelle für die Berechung und Simulation zu erstellen und dann in den jeweiligen Programmen zu rechnen. Ähnlich arbeitet das Produkt **Raumtool 3D** der Firma Solarcomputer.

3.3.8 BIM-basierte statische Berechnungssoftware

Basierend auf den im vorherigen Kapitel dargelegten Ausführungen können hier nur exemplarisch einige Softwareprodukte genannt werden, die plattformübergreifend im Sinne offener Workflows BIM-Modelle aus Architektur- und Tragwerksplanung übernehmen und dann berechnen und bemessen. Neben der offenen IFC-Schnittstelle ist

---

25 gbXML steht für *green building XML*, einer XML-basierte Schnittstelle zwischen Gebäudemodellierung und thermischer Berechnung, siehe auch www.gbxml.org [Stand: 09/2015]

im Bereich des Stahlbaus, vor allem in den angelsächsischen Ländern, noch das neutrale Format CIS/2[26] im Einsatz.

Der Fokus wird auf Produkte gelegt, die baustatische Nachweise der gesamten Tragkonstruktionen berechnen und nicht nur für einzelne Elementpositionen.

Die Baustatik Produkte **RFEM** für FEM-basierte Berechnungen und **RSTAB** speziell für Stabwerke der Firma Dlubal Software sind BIM-fähig konzipiert und lassen sich zum einen direkt an einige BIM-Planungssoftwareprodukte anschließen, zum anderen bedienen sie auch die neutralen Schnittstellen IFC und CIS/2.

Scia Engineer von der Firma Nemetschek Scia ist eine 3D-Statiksoftware zur Bemessung und Berechnung aller Arten von Strukturen aus Stabwerken oder Finiten Elementen. Scia ist im Rahmen von open BIM aktiv an der Integration mit anderer BIM-Modellierungssoftware über die offene IFC-Schnittstelle beteiligt.

Weitere in den BIM-Workflow integrierbare Produkte sind zum Beispiel **InfoCAD** der Firma Info-GRAPH oder der **SOFiSTiK Structural Desktop** als 3D-Modelloberfläche für die verschiedenen Berechnungsprogramme.

Basierend auf herstellerspezifischen Plattformen werden von den Plattformherstellern ebenfalls Programme angeboten, die mit der jeweiligen BIM-Modellierungssoftware speziell gekoppelt sind, dazu gehört zum Beispiel **Autodesk Robot Structural Analysis** mit direktem Link zu Revit.

Ein interessantes Herangehen bietet die Integrationslösung von Bentley, **Integrated Structural Modeling ISM**, mit der verschiedene statische Berechnungsprogramme (hausinterne **STAAD** und **REM**, externe **RSTAB** und **RFEM** von Dlubal) mit BIM-Planungssoftwareprodukten wie **AECOsim Building Designer**, **Revit** und **Tekla** synchronisiert werden und mittels IFC mit anderen Produkten ausgetauscht werden können.

3.3.9 BIM-basierte Kosten- und Terminplanung (4D/5D)

In dieser Kategorie sollen BIM-fähige Programme genannt werden, die eine modell-basierte Mengenermittlung und Kostenplanung ermöglichen, auch als *5D* bezeichnet, und eine Verknüpfung zwischen dem BIM-Modell und der Terminplanung für die Bau-ablaufsimulation ermöglichen, das *4D*.

Das Produkt **iTWO** der Firma RIB ist eine neuartige Software zur Unterstützung der Mengenermittlung, Kalkulation, Bauablaufsteuerung und Bauleistungskontrolle mittels 5D-Technologien. Zur Plausibilisierung der Mengenermittlung beinhaltet die Software eine Kollisionsprüfung. Die Integration zu den BIM-Planungssoftwareprogrammen erfolgt entweder mittels Konvertern zur hausinternen Schnittstelle cpixml oder auch mit der offenen IFC-Schnittstelle.

Das Produkt **BIM4You**, die Weiterführung von Allbudget, ist ein Produkt der Firma BIB und bietet ebenfalls 4D- und 5D-Lösungen für die Termin- und Kostenplanung. Als Schnittstelle zu den BIM-Planungssoftwareprogrammen wird auf IFC gesetzt.

---

26 CIS/2 steht für *CIMsteel Integration Standards* Version 2, einer ursprünglich in Großbritannien ent-wickelten neutralen Schnittstelle für den Stahlbau, siehe auch www.aisc.org/content.aspx?id=26044 [Stand: 09/2015]

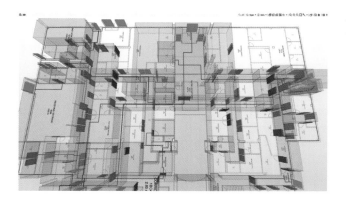

Abb. 39:   *Beispiel einer Fluchtwegeberechnung (Quelle: Solibri)*

Das **DBD-Kostenkalkül** bietet eine BIM-basierte grafische Mengen- und Kosten-ermittlung im Hochbau, wobei die Bauteile des Modells mit den inhaltlichen Beschrei-bungen der DBD-Kostenelemente verknüpft werden. Auch hier wird die Schnittstelle zur BIM-Planungssoftware mit IFC bedient.

Auf dem internationalen Markt sind noch weitere interessante Lösungen zu finden, so zum Beispiel das bereits beschriebene **DProfiler** und **Vico Office** der Firma Vico Soft-ware, jetzt Teil von Trimble. Die ursprünglich von Graphisoft als Constructor entwickelte Software bietet eine breite Unterstützung des 3D, 4D und 5D BIM-Workflows. Vico Soft-ware war ebenfalls an der ersten Definition der *Level of Details* für BIM-Modelle beteiligt, die im Kapitel 4.3 eingehend erläutert werden. Das Produkt **Syncro** der gleichnamigen englischen Firma ist eine Bauprojektmanagementsoftware, die auf dem BIM-Workflow basiert und 3D/4D Unterstützung insbesondere für das Terminmanagement bietet.

3.3.10 BIM-Software zur Koordination und Kommunikation

Unter dieser Kategorie sollen die verschiedenen Softwareprodukte zusammengefasst werden, die speziell für die Koordinationsplanung eingesetzt werden können. Dazu gehö-ren auf der einen Seite allgemeine BIM-Viewer und auf der anderen Seite umfangreiche BIM-basierte Planungsqualitätsprüftools. Insbesondere die Kollisionsprüfung wird als eine grundlegende Funktionalität von vielen dieser Softwareprodukte unterstützt.

Viele der bereits vorgestellten BIM-Modellierungssoftware, aber auch 4D-/5D-Softwareprodukte unterstützen das Zusammenführen von BIM-Fachmodellen und damit die Kollisionsprüfung. Diese werden hier nicht noch einmal aufgeführt.

Als in seiner Kategorie einzigartiges Produkt unterstützt der **Solibri Model Checker** der finnischen Firma Solibri die umfangreiche Qualitätsprüfung und Auswertung von BIM-Modellen auf der Basis des IFC-Standards. Dies schließt eine Prüfung der Einhaltung von Bauverordnungen, wie der Fluchtwege im Brandschutz oder dem behinderten-gerechten Zugang, ebenso ein, wie die Änderungskontrolle zwischen zwei Versionen desselben BIM-Fachmodells und die Kollisionsprüfung, aber auch die Auswertung von BIM-Modellen in den verschiedensten tabellarischen Formen für Raumbuch, Mengen oder Stücklisten.

Navisworks, mittlerweile zu Autodesk gehörend, ist eine sehr leistungsfähige 3D-Visualisierungs-, Kollisionsprüfungs- und Bauablaufplanungssoftware, die auch sehr große BIM-Modelle bearbeiten kann. Eine große Zahl proprietärer und offener Formate, darunter auch IFC, wird unterstützt.

Tekla BIMsight ist eine freie Koordinationssoftware, mit der verschiedene BIM-Modelle integriert, geprüft und auch auf Kollision geprüft werden können.

Unter der Kategorie BIM-Viewer gibt es eine Reihe, meist frei zur Verfügung stehender Produkte, die entweder speziell auf die Formate eines Herstellers ausgerichtet sind oder aber auch offene Dateiformate lesen und integrieren können. Diese können hier nicht im Einzelnen vorgestellt werden.

3.3.11 Übergabe an das Facility Management (CAFM)

Obwohl eine der größten Vorteile, welche die BIM-Methode insbesondere dem Auftraggeber und den Betreibern der Immobilie bietet, die Nutzung der entsprechend aufbereiteten BIM-Modelle für das Facility Management ist, gibt es derzeit nur wenige durchgängige Lösungen zur weitgehend automatischen Übernahme entsprechend gefilterter Bestandsmodelle in das CAFM.

Eine vielversprechende Initiative ist das CAFM-Connect[27], eine auf dem IFC-Standard beruhende, angepasste Schnittstelle, die vom Branchenverband CAFM Ring entwickelt wird. Dieser unterstützt die Übernahme von räumlichen und Ausstattungsdaten von BIM zu CAFM, aber auch unter CAFM-Systemen.

In etwa vergleichbar wird derzeit in Großbritannien der Standard COBie[28] landesweit eingeführt, der ebenfalls auf dem IFC-Standard beruht und die bewirtschaftungsrelevanten Daten im BIM-Workflow erfasst. Jedes öffentliche Bauprojekt muss ab 2016 COBie Daten dem Auftraggeber übergeben.

3.3.12 Model- und Dokumentenmanagement-Software

Gerade für den koordinierenden Aspekt der BIM-Methode innerhalb des gesamten Planungsteams bietet sich die Unterstützung durch internetbasierte Projektmanagementsysteme geradezu an. Damit können BIM-Daten zentral archiviert werden. Alle Planungsbeteiligten haben Zugang zu den jeweiligen Fachmodellen, aber auch das Zusammenspielen in ein temporäres Koordinationsmodell mit den entsprechenden Funktionalitäten wird ermöglicht. Die Modelle können somit auf dem Server überlagert werden, wie das Architektur- mit dem Gebäudetechnikmodell. Dann können diese gemeinsam visualisiert und bis zu einem gewissen Grad auch auf Kollision getestet werden. Ein bedeutender Punkt ist die Fehler- und Änderungsverfolgung, die mit einer Kommunikationskomponente unterstützt wird. Damit kann im Team koordiniert werden, welche Koordinierungsfehler bereits behoben sind oder noch ausstehen. Häufig lassen sich auch Pläne

---

27 CAFM-Connect www.cafmring.de/cafm-connect, des CAFM Rings www.cafmring.de [Stand: 09/2015]

28 COBie steht für *Construction Operation Building information exchange*, siehe www.bimtaskgroup.org/cobie-uk-2012 [Stand: 09/2015]

gemeinsam mit den Modellen über den Server nutzen, wobei das Modell zum Navigator der Pläne wird.

Ein weiterer wichtiger Punkt ist der Anschluss mobiler Endgeräte an diese Lösungen. Die BIM-Modelle können dabei auf Tablets und Smartphones übertragen werden, diese haben mittlerweile die Computerleistung, um 3D-Modelle anzeigen zu können. Genutzt wird das unter anderem für Fortschrittsmeldungen oder für Abnahmen und Mängel-protokolle. Dabei können direkt im Modell die Beanstandungen dokumentiert und mit Fotos hinterlegt werden. Eine weiterreichende Anwendung ist die *Augmented Reality*, die Überlagerung von virtueller und realer Welt, entweder auf dem Tablet oder über Datenbrillen, womit zum Beispiel Abweichungen der gebauten Wirklichkeit von der Planung erkannt werden können. Auch wenn diese Nutzung derzeit noch futuristisch anmutet, es gibt dazu bereits Lösungen. Unabhängig davon werden mobile Endgeräte, die mit BIM-Modellen verbunden sind, die Wirklichkeit auf dem Bau in absehbarer Zeit entscheidend prägen.

Derzeit zeichnen sich zwei Strategien ab. Einerseits werden bestehende, am Markt bereits eingeführte Dokumentenmanagementsysteme BIM-kompatibel, andererseits ent-stehen neue Produkte, die oft auch als BIM-Server oder BIM-Cloud bezeichnet werden.

In der ersten Kategorie seien hier stellvertretend die Entwicklungen bei think project! und Aconex genannt. Die neue **think project! BIM Collaboration** wird die Funktio-nalität der klassischen Projekt- und Dokumentenmanagementplattform um BIM-Funk-tionalitäten, wie Anzeigen und Überlagern von BIM-Modellen, erweitern. Bei Aconex, einem der weltweit größten Hersteller von Projektplattformen, wurde mit **Connected BIM** ebenfalls ein neues Modul für die Project-Wide Plattform bereitgestellt. Andere Anbieter von Projekt- und Dokumentenmanagementplattformen offerieren ebenfalls BIM Lösungen, wie **4Projects**, **Asite** oder **ProjectWise** von Bentley. Die meisten dieser Lösungen sind IFC-kompatibel und unterstützen zusätzliche weitere native Formate.

Unter der zweiten Kategorie sollen eine Reihe neuer Softwarelösungen zusammen-gefasst werden, die speziell für die BIM Zusammenarbeit und Auswertung im Internet entwickelt wurden, ohne aus einer bestehenden Dokumentenmanagementlösung hervor-gegangen zu sein, auch wenn eine funktionale Abgrenzung häufig schwierig ist. Viele dieser Lösungen sind ursprünglich Entwicklungen erfolgreicher Start-ups, die später von großen Firmen übernommen wurden und weiterentwickelt werden.

Als Beispiele in dieser Kategorie sollen hier die Lösungen **BIM 360** und **BIM 360 Field** von Autodesk, **BIM+** von Nemetschek und **Trimble Connect** (ehemals GTeam von Gehry Technologies) genannt werden. Alle akzeptieren, neben den nativen Formaten des jeweiligen Herstellers, das IFC-Format zur Zusammenarbeit über Softwaregrenzen hinaus. Häufig werden auch programmierbare Zugriffe auf die Serverdaten, sogenannte API's, angeboten, mit deren Hilfe beliebige Reports aus den BIM-Daten generiert werden können. Das erlaubt eine optimale Anpassung an die Projekterfordernisse.

Auch im Bereich der *open source* Entwicklung wird an BIM-Servern gearbeitet. Die bekannteste Lösung hier ist BIMserver.org.

3.4   BIM-Datenaustausch

Die Bedeutung des Datenaustauschs, oder als Fachbegriff der *Interoperabilität*, wächst mit der Umsetzung von BIM als eine kooperative Methode der Zusammenarbeit über fachspezifische BIM-Modelle. Die vielen an einem realen Bauprojekt tätigen Büros und Firmen müssen, in unterschiedlicher Intensität und mit verschiedenen Rollen, immer Zugriff zu den relevanten Planungsunterlagen bekommen.

Wenn jetzt aber die BIM-Modelle, und nicht mehr die Pläne, die eigentlichen Quellen der Planungsinformationen sind, dann müssen die Modelle für alle lesbar, für viele kommentierbar und für wenige änderbar zugänglich sein. Die in Tabelle 8 prinzipiell vorgestellten Szenarien werden im Kapitel 5.2 noch im Detail als BIM-Workflows erläutert.

Tab. 8: *Die wesentlichen Szenarien für den Datenaustausch*

Szenario	Modell	Analogie zur Zeichnung
lesbar	Visualisierung im BIM-Viewer, Einlesen als Referenz in BIM-Software	Anzeigen einer 2D-PDF-Zeichnung (nur lesbare) X-Ref im CAD-System
kommentierbar	BIM-Viewer mit Kommentar-funktion Kommentieren der Referenz in BIM-Software	Redlining einer 2D-PDF-Zeichnung Kommentarlayer über X-Ref im CAD-System
änderbar	Einlesen und Ändern in BIM-Software	Einlesen und Ändern einer DWG im CAD-System

Häufig wird der Datenaustausch nur über das Datenformat beschrieben, mit welchem die Daten zwischen den unterschiedlichen Softwaresystemen der Beteiligten übertragen werden. Genauso wichtig ist aber auch die Festlegung der zu übertragenden Inhalte, dieser Teil der Abstimmung ist bei BIM sogar noch viel entscheidender als bislang, Weiteres dazu in Kapitel 4.3.

3.4.1   Hintergrund des CAD-Datenaustauschs

Die Geschichte des CAD-Datenaustauschs ist fast genauso alt wie die Geschichte von CAD. Das erste Austauschformat *DXF*, *Drawing Interchange File*, wurde bereits 1982 von Autodesk gemeinsam mit AutoCAD 1.0 veröffentlicht. Interessanterweise wurde das erste Austauschformat nicht primär dazu entwickelt, den Datenaustausch zwischen verschiedenen Softwaresystemen zu ermöglichen, sondern dafür, Daten zwischen AutoCAD Installationen auf unterschiedlichen Betriebssystemen, MS-DOS, UNIX, MAC-OS, austauschen zu können. Der Umfang von DXF entspricht dabei immer dem Umfang der AutoCAD Definitionen, aber hauptsächlich der 2D-Geometrie, teilweise der 3D-Geometrie, den Layern, Texten, Bemaßungen und Blöcken mit Attributen.

Ein weiterer sehr früh entwickelter, zum Teil auch heute noch verwendeter Standard für 3D-Geometrien ist *IGES*, *Initial Graphics Exchange Specification*, dessen Version 1.0

schon 1980 abgeschlossen wurde. Er wurde unter Führung von *NIST, American Institute for Standards and Technology*, als ein offener Standard entwickelt. Im Bauwesen ist IGES jedoch wenig gebräuchlich.

Am häufigsten wird heute DWG, das proprietäre Datenformat von Autodesk, für den Austausch von Plänen verwendet, meistens basierend auf den Werkzeugen der *Open Design Alliance*. Diese Organisation interpretiert das DWG-Format neu, da Autodesk als Eigentümer des Formats keine Spezifikation veröffentlicht, und entwickelt eine Softwareentwicklungsumgebung Teigha, mit deren Hilfe andere Softwarehersteller die jeweiligen DWG-Schnittstellen programmieren können. Eine ähnliche Unterstützung wird auch für DGN, dem proprietären Format von Bentley, angeboten.

In der letzten Zeit hat die Bedeutung von PDF der Firma Adobe stark zugenommen. Es wird vor allem als offenes Dokumentationsformat für Pläne genutzt, aber neue Versionen von PDF unterstützen auch die Anzeige und Navigation von 3D-Modellen, inklusive der Modellhierarchie.

Die bislang genannten Datenaustauschformate sind im Wesentlichen Formate zur Übertragung von Zeichnungsinhalten für die Plandokumentation und darüber hinaus auch von 3D-Geometrien für die Darstellung von 3D-Modellen und teilweise auch für Kollisionsprüfungen. Es sind aber keine Formate, welche BIM-Daten explizit übertragen.

Vereinfacht ausgedrückt bleibt bei dem Zeichnungsdatenaustausch, wie zum Beispiel über DXF oder DWG, eine Wand keine Wand – das empfangende System sieht zwar die Graphik, die visuell eine Wand darstellt, aber die Objektinformation ist verloren gegangen. Wände können als solche nicht mehr gefiltert oder anderweitig ausgewertet werden. Beim BIM-Datenaustausch muss die sichere Übertragung der Objektinformationen, wie Objekttyp, seine Eigenschaften, die Zuordnung zur Bauwerksgliederung, im Vordergrund stehen.

Der Zeichnungsdatenaustausch ist daher nicht, oder nur sehr eingeschränkt, für die Zusammenarbeit mit BIM-Modellen geeignet. Hierfür mussten eigene Datenaustauschformate definiert werden, deren Fokus auf der Definition der Objekte, im BIM-Sprachgebrauch auch Modellelemente genannt, liegt.

Objektdatenaustausch

Kernpunkt des Objektdatenaustauschs sind die Modellelemente mit ihren geometrischen Repräsentationen, den Attributen und den Relationen zu anderen Modellelementen, hierbei wird dann auch von semantischen Modellen gesprochen. Während zum Beispiel bei DXF noch das Zeichenelement, Linie, Kreisbogen, Schraffur, Text, im Vordergrund steht, sind es beim Objektdatenaustausch die Wand, das Fenster, der Raum oder die Sprinkleranlage.

Tab. 9: *Inhalte von Datenaustauschformaten, nach [Eastman; Teicholz; Sacks & Liston, 2011, S. 109]*

Formattyp	Inhalte	Beispiele
Rasterformat	Pixelbilder, wie Fotos, Texturen, etc., unterschiedliche Farbtiefe, Transparenz, Kompressionsalgorithmen	JPG, TIF, PNG
2D-Vektorformat	2D-Zeichnungsinhalte, wie Linien, Kurven, Texte, teilweise Layer, Füllfarben, Schraffuren, teilweise Bemaßung	DXF, DWG, DGN, PDF, SVG, WMF
3D-Geometrie-format	3D-Flächen und Volumenmodelle mit unterschied-lichem Umfang der unterstützten Geometrien, Flächenmodelle, B-rep, Festkörper, ebene oder auch gekrümmte Flächen, etc., dazu Farb- und Rendering-Eigenschaften, teilweise Kamerapositionen	DXF, DWG, DGN, PDF (3D), IGS, STL, WRL
3D-Objektformat	spezifische Objektdatenformate für die verschiedenen Anwendungsdisziplinen, wie Maschinenbau, Bauwesen oder Geodateninformationen; Objektinformationen, Geometrie, Eigenschaftsdatensätze und anderes	IFC, STP, GML

Gleichzeitig werden die Objektdatenaustauschformate speziell für einen Industriezweig definiert. Während es bei reinen Geometrieformaten keinen Unterschied macht, ob ein Zylinder eine Welle im Maschinenbau, eine Lenkradsäule im Fahrzeugbau oder eine kreisrunde Stütze im Bauwesen darstellt, so wären es beim Objektdatenaustausch drei verschiedene Objekte.

Die Entwicklung des Objektdatenaustauschs begann im Maschinen- und Fahrzeug-bau mit der Etablierung von *STEP, Standard for the Exchange of Product Data*, das von dem Standardisierungskomitees ISO/TC 184/SC 4, 1984 gegründet, entwickelt wird. Unter der Serie der ISO 10303 Standards, erstmals 1994 publiziert, wurden nicht nur die Austauschformate, auch *AP – Application Protocol –* genannt, definiert, sondern zuerst einmal die Grundlagen zur Definition des Objektdatenaustauschs – die formale Beschreibungssprache EXPRESS [ISO 10303-11, 2004], das Dateiformat *STEP physical file format* [ISO 10303-21, 2002] und die Definition von 2D und 3D Geometrieobjekten [ISO 10303-42, 2014]. Anfängliche Bemühungen, auch den Datenaustausch für das Bau-wesen direkt mit STEP zu beschreiben, sind nicht erfolgreich gewesen, wobei das offene Standarddatenformat für das Bauwesen, IFC, dennoch viele Vorarbeiten von STEP und insbesondere die drei vorab zitierten Standards nutzt.

Die Entwicklung eines speziellen Objektdatenaustauschs für das Bauwesen begann 1996 mit der Veröffentlichung der Version 1.0 der *Industry Foundation Classes, IFC.* Heute ist IFC das bedeutendste und am weitesten verbreitete BIM-Datenaustauschformat. Es wird erfolgreich für die Referenzierung, die Koordination und die Kollisionsprüfung von BIM-Fachmodellen angewandt. Der aktuelle Stand der Entwicklung, die Zertifizierung von IFC-Schnittstellen und die geeigneten Anwendungsfälle werden im nächsten Abschnitt im Detail vorgestellt.

In speziellen Bereichen sind auch andere offene Formate gebräuchlich, wie CIS/2 und PSS für den Stahlbau, gbXML für die Übergabe an Energieberechnungssoftware oder CityGML für virtuelle Stadtmodelle. Diese werden ebenfalls kurz vorgestellt.

3.4.2 Industry Foundation Classes

Die Geschichte von IFC begann 1995 mit der Gründung der Organisation *IAI, Industrieallianz für Interoperabilität* zuerst in den USA und ab 1996 dann mit Verbänden in verschiedenen Regionen, so auch in den deutschsprachigen Ländern. Die allererste Idee, eine gemeinsame Entwicklungsbasis für objektorientierte CAD-Systeme als Klassenbibliothek zu entwickeln, daher auch der Name *Foundation Classes*, wurde schnell fallengelassen.

Schon ab der 1997 veröffentlichten Version IFC1.0 lag der Fokus auf einem Austauschformat für objektorientierte CAD-Architekturprogramme, der schnell um weitere Planungsdisziplinen erweitert wurde. Frühe Versionen, IFC1.5.1 (1998) und IFC2.0 (1999) waren Prototypen, die zwar von einigen Softwareherstellern bereits umgesetzt, aber kaum in realen Projekten angewandt wurden. Erst ab der Version IFC2x (2000), wobei »x« als Plattform definiert wurde, war die erste Konsolidierung und Qualitätssicherung abgeschlossen. Seitdem besteht auch die Verpflichtung, wesentliche Teile der IFC-Spezifikation abwärtskompatibel weiterzuentwickeln. Der wirkliche Durchbruch in der praktischen Anwendung von IFC wurde dann mit der Version IFC2x3 und dem dafür entwickelten Zertifizierungsprogramm erreicht.

Tab. 10: *Charakterisierung der IFC-Versionen*

Charakterisierung	IFC Version	veröffentlicht	Nutzungsperiode ca.
frühe Prototypen	IFC 1.0 IFC 1.5(.1) IFC 2.0	1997 1998 1999	1999 – 2002 2000 – 2002
frühe Anwender	IFC 2x IFC 2x2	2000 2003	2002 – 2008 2005 – 2010
praktische Anwendung	IFC 2x3	2007	2008 – 2018
nächste Generation	IFC 4	2013	ab 2016/17

Parallel zur Entwicklung der IFC-Schnittstelle als ein Industriestandard trieb buildingSMART, der neue Name, in den sich die IAI 2005 umbenannte, auch die Registrierung als ein formeller internationaler Standard durch die Internationale Standardisierungsorganisation ISO voran. Zuerst wurde die IFC2x als eine *Publicly Available Specification* ISO/PAS 16739 veröffentlicht. Mit dem Entwicklungsprogramm der IFC4 wurde dann die parallele Standardisierung als ISO Standard Teil des Arbeitsprogramms und IFC4 ist 2013 als ISO 16739 verabschiedet worden.

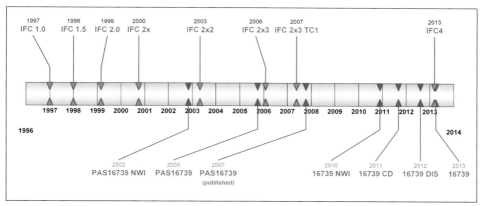

Abb. 40: *Entwicklungsschritte der Spezifikation der IFC-Schnittstelle und der ISO-Akzeptanz*

Wie verhält sich jetzt die IFC-Spezifikation, die von buildingSMART frei im Internet veröffentlicht wird[29], zu den IFC-Schnittstellen der BIM-Software, mit denen Planer Daten austauschen können?

Über die IFC-Spezifikation

Zunächst ist die IFC-Spezifikation eine Dokumentation von Klassenstrukturen, die Informationseinheiten für den Datenaustausch beschreibt und als solche im Wesentlichen für die Softwareentwickler gedacht ist. Eine Klasse, wie zum Beispiel *IfcWall* für Wände oder *IfcExtrudedAreaSolid* für Extrusionskörper, wird einführend fachlich beschrieben, dann aber über die Relationen zu anderen Klassen, inklusive der Vererbungsrelationen, im Sinne der objektorientierten Modellierung formal abgebildet. Hieraus entsteht ein sehr komplexes Objektmodell mit über 700 Klassen (in der Version IFC4). Eine detaillierte Darstellung würde den Umfang und die Zielrichtung dieses Buchs sprengen.

Dieses Objektmodell bleibt zwischen zwei IFC-Versionen unverändert und bildet somit den statischen Teil der IFC-Spezifikation, denn Neuerungen können nur aller 3–5 Jahre berücksichtigt werden. Aus diesem Grund wurde eine zweite, dynamische Ebene in die IFC-Spezifikation eingeführt.

Eigenschaftsgruppen, sogenannte *Property Sets* oder kurz *Psets*, definieren die Sach- und andere Eigenschaften der Klassen, beispielsweise für die Wand Eigenschaften, wie »innen/außen«, »tragend/nicht tragend«, Schallschutzkennzahlen, k-Wert und andere. Solche Eigenschaften sollen regelmäßig ergänzt werden und können auch in verschiedenen Ländern anders ausgeprägt sein. Daher werden diese nicht als Klassen im Objektmodell, sondern als generische Strukturen mit einer externen XML Katalogdefinition abgebildet.

---

29 Offizielle Publikationen sind unter www.buildingsmart-tech.org/specifications/ifc-releases
    [Stand: 09/2015] veröffentlicht.

Tab. 11: *Modellelemente IFC*

Modellelemente Architektur

Shell and Core	Rohbau	Finishing	Ausbau	Furnishing	Möblierung
IfcBeam	Balken/ Unterzug	IfcCovering	Bekleidung/ Belag	IfcFurniture	Mobiliar
IfcColumn	Stütze/Pfeiler	IfcRailing	Geländer	IfcSystem FurnitureElement	Möbelsystem-Element
IfcChimney	Schornstein	IfcShadingDevice	Sonnenschutz festeingebaut		
IfcRamp	Rampe	IfcCurtainWall	Vorhangfassade		
IfcStair	Treppe	IfcDoor	Tür		
IfcRoof	Dach	IfcWindow	Fenster		
IfcSlab	Decke/ Dachfläche/ Bodenplatte				
IfcWall	Wand				

Modellelemente Tragwerksplanung

Foundation & Frame	Gründung & Tragwerk	Reinforcement	Bewehrung	Fastener, etc.	Befestigungen
IfcFooting	Fundament/ Flachgründung	IfcReinforcing Bar	Bewehrungsstab	IfcFastener	Befestigungs-mittel
IfcPile	Fundament/ Tiefgründung	IfcReinforcing Mesh	Bewehrungs-matte	IfcMechanical Fastener	mechanisches Befestigungs-mittel
IfcMember	Stab/Stabträger	IfcTendon Anchor	Spanngliedanker	IfcBuilding ElementPart	Teil eines Bau-elements
IfcPlate	Platte/Paneel	IfcTendon	Spannglied	IfcDiscrete Accessory	Zusatzgerät/ Einbauteil

Modellelemente TGA

General MEP Elements	Allgemeine TGA Elemente	General MEP Elements	Allgemeine TGA Elemente	Ports for Connectivity	Anschlüsse
IfcEngine	Motor	IfcFlowMeter	Zähler (allgemein)	IfcDistribution Port	Anschluss/Port
IfcMedicalDevice	Medizinisches Gerät	IfcFilter	Filter		
IfcUnitary Equipment	Einbaufertige Anlage				

Heating, Cooling	Heizung, Kühlung	Plumbing	Sanitär	Common	Allgemein
IfcBoiler	Heizkessel	IfcFire Suppression Terminal	Feuerlösch-einrichtung	IfcPipeSegment	Rohr
IfcBurner	Brenner	IfcInterceptor	Abscheider	IfcPipeFitting	Rohrverbinder
IfcCoil	Heiz-Kühl-elemente	IfcSanitary Terminal	Sanitär-einrichtung	IfcPump	Pumpe

– Fortsetzung auf nächster Seite –

– Fortsetzung Tab. 11 –

IfcSpaceHeater	Heizkörper	IfcStackTerminal	Rohrabdeckung	IfcValve	Ventil
IfcTubeBundle	Rohrbündel	IfcTank	Tank		
		IfcWasteTerminal	Ablauf / Abscheider		
Ventilation	Lüftung	**Air Conditioning**	Klima	**Common**	Allgemein
IfcAir TerminalBox	Volumenstromregler	IfcAirToAir HeatRecovery	Wärmerückgewinner	IfcDuctSegment	Kanal
IfcDamper	Regelklappe	IfcChiller	Kältemaschine	IfcDuctFitting	Kanalverbinder
IfcDuctSilencer	Kanalschalldämpfer	IfcCondenser	Kondensator	IfcAirTerminal	Luftauslass
		IfcCooledBeam	Kühlbalken	IfcFan	Ventilator
		IfcCoolingTower	Kühlturm		
		IfcEvaporative Cooler	Verdunstungskühler		
		IfcEvaporator	Verdampfer		
		IfcHeat Exchanger	Wärmetauscher		
		IfcHumidifier	Befeuchter		
		IfcCompressor	Kompressor		
Electrical	Elektrotechnik	**Electrical**	Elektrotechnik	**Common**	Allgemein
IfcElectric Appliance	elektrisches Gerät	IfcAudio VisualAppliance	audiovisuelles Gerät	IfcCableSegment	Kabelsegment
IfcElectric Distribution-Board	elektrischer Verteilungsregler	IfcCommunica-tionsAppliance	Kommunikationsgerät	IfcCableFitting	Kabelverbinder
IfcElectric Generator	Elektrogenerator	IfcJunctionBox	Verbindungsdose	IfcCable CarrierSegment	Kabelträgersegment
IfcElectricMotor	Elektromotor	IfcLamp	Lampe / Leuchtmittel	IfcCable CarrierFitting	Kabelträger Passstück
IfcElectric FlowStorage Device	elektrisches Speichergerät	IfcLightFixture	Leuchte		
IfcElectric TimeControl	elektrische Zeitsteuerung	IfcSolarDevice	Solargerät		
IfcMotor Connection	Motoranschluss	IfcSwitching Device	Schalter		
IfcProtective Device	Sicherung	IfcTransformer	Transformator		
Building Automation	Gebäudeleittechnik				
IfcActuator	Aktor	IfcFlow Instrument	Messinstrument (allgemein)	IfcSensor	Sensor

– Fortsetzung auf nächster Seite –

– Fortsetzung Tab. 11 –

IfcAlarm	Alarm/ Gefahrenmelder	IfcProtective Device TrippingUnit	Sicherungs- schalter		
IfcController	Regler	IfcUnitary ControlElement	Einheitsregler		

Weitere Modellelemente

Other elements	Weitere Elemente	
IfcBuildingElementProxy	Bauteil/Bauelement – beliebig	
IfcCivilElement	Tiefbau Element	
IfcGeographicElement	geographisches Objekt	
IfcDistributionChamberElement	Schacht/Graben/Revisionsschacht	
IfcElementAssembly	zusammengesetztes Element	
IfcTransportElement	Beförderungsgerät	

Modellelemente für die räumliche Bauwerksgliederung

Spatial Structure	Räumliche Strukturen	Other Grouping Structure	Weitere Strukturen und Anlagen	Others	Weiteres
IfcSpace	Raum	IfcZone	Zone	IfcGrid	Raster
IfcBuildingStorey	Geschoss	IfcSystem	System (allgemein)		
IfcBuilding	Gebäude	IfcBuilding System	bauliches System		
IfcSite	Grundstück	IfcDistribution System	haustechnische Anlage		
IfcSpatialZone	räumliche Zone	IfcDistribution Circuit	Verteiler/ Schaltkreis		
		IfcGroup	Gruppe (allgemein)		

Das Objektmodell ist in einzelne Bereiche gegliedert, prinzipiell in die unabhängigen fachspezifischen Klassen für die einzelnen Bereiche der Planungs-, Ausführungs- und Bewirtschaftungsdisziplinen und die abhängigen Klassen für einzelne Ausprägungen, wie Geometrie, farbliche Darstellung, Material, Klassifikation, Maßeinheiten und andere.

Die fachspezifischen Klassen sind in einer Vererbungshierarchie gegliedert, welche eine Ontologie der Begriffe darstellt. Klassen wie *IfcBeam* für Balken, *IfcColumn* für Säulen und *IfcSlab* für Decken sind der Klasse *IfcBuildingElement* für Bauelemente als Unterklassen zugeordnet. Diese wiederum *IfcElement* für allgemeine Modellelemente, und dann *IfcProduct* für physikalische Produkte.

Diese Baumstruktur kann auch als die IFC inhärente Klassifikation angesehen werden, wobei auf der untersten Ebene noch eine Untergliederung in sogenannte vordefinierte Typen hinzukommt.

Allgemeine, nicht klassifizierte Modellelemente werden in IFC als *Proxy* angesehen. Diese werden zwar ebenfalls mit Geometrie, Materialangaben und Eigenschaftssätzen übertragen, können aber nicht aufgrund ihres Typs gefiltert und ausgewertet werden.

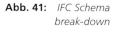

Abb. 41: *IFC Schema break-down*

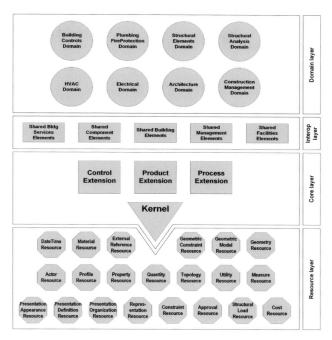

Die gesamte IFC-Spezifikation ist als eine umfangreiche Klassenbibliothek konzipiert, die prinzipiell alle Bauwerksinformationen für alle Disziplinen über den gesamten Planungszyklus unterstützen soll. Als solches hat die IFC-Spezifikation einen Umfang, der weit über die aktuellen Schnittstellen von BIM-Softwaresystemen hinausgeht. Wirklich umgesetzt werden müssen die jeweils spezifischen Untermengen der IFC-Spezifikation, die den realen Datenaustauschanforderungen für die Zusammenarbeit mit BIM entsprechen. Diese werden *Model View Definition* (*MVD*) genannt.

Model View Definition

Eigentlich ist es fachlich falsch, von einer IFC-Schnittstelle in der Software zu sprechen. Die Umsetzung als Schnittstelle erfolgt immer anhand einer Model View Definition. Aber wie entsteht eine solche MVD?

Das Ziel der MVD ist die Unterstützung von einem oder mehreren Datenaustauschszenarien, wie diese im Planungsprozess zwischen den Planungsbeteiligten benötigt werden. Der idealtypische Definitionsprozess beginnt daher auch mit der Erstellung eines Referenzprozesses, in dem die Beteiligten, deren Prozesse und die Schnittstellen zwischen den Prozessen dargestellt werden.

Die Output-Input Beziehung zwischen zwei Prozessen beschreibt dabei immer auch eine Übergabe von Informationen. Wenn diese Informationen durch eine BIM-Datenübergabe weitergegeben werden, dann können die aktuell geforderten BIM-Daten im Sinne einer Datenanforderung, englisch *exchange requirement*, definiert werden. Dieses methodische Vorgehen ist in der ISO 29481-1 *Information Delivery Manual* beschrieben.

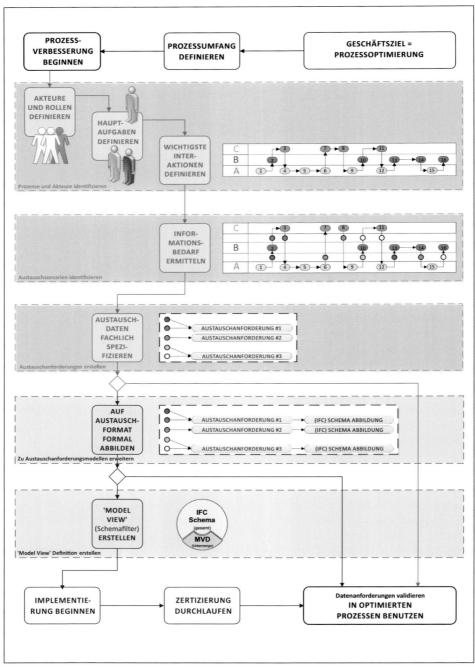

Abb. 42: *Prozess der Entwicklung von Model View Definitionen (Quelle: Thomas Liebich, Romy Gurus)*

Im Kapitel 4.4 wird eine weiterführende Lösung als Datenbank für das BIM-Anforderungs- und Qualitätsmanagement BIM-Q vorgestellt.

Die MVD, welche eine oder mehrere dieser Datenanforderungen unterstützen soll, muss so definiert sein, dass alle dafür notwendigen IFC-Klassen enthalten sind, nicht notwendige Klassen werden zur Reduzierung der Komplexität für die Implementierung nicht übernommen. Daraus entsteht die IFC Untermenge für die Schnittstellenimplementierung.

Die derzeit geläufigste MVD ist der *IFC2x3 Coordination View 2.0*[30], der die Datenanforderungen für die Koordinationsplanung zwischen Architektur, Gebäudetechnik und Tragwerksplanung unterstützt. Fast alle der heutigen IFC-Schnittstellen basieren auf dieser MVD, die gegebenenfalls um erweiterte Inhalte ergänzt werden kann.

Welche Informationen können mit dieser typischen IFC-Schnittstelle übertragen werden?

- Projektinformationen, Projekteinheiten, geographische Lage
- Gebäudestruktur (Liegenschaft → Gebäude → Geschoss → Raum)
- Anlagenstruktur (Anlage → Teilanlage → Komponente → Anschlüsse)
- Gruppierung (Zone → Räume, und freie Gruppen)
- Modellelemente (Bauteile, Komponenten, Einrichtungen) mit
  - 3D-Geometrie, Darstellung (Farbe) und Layerzuordnung
  - Abmessungsparameter (für Standardbauteile)
  - Material und Materialaufbau (Schichten)
  - Eigenschaftssätze (freie Attribute)
  - Klassifikation (Elementtyp, Verweis auf externe Klassifikation)
  - ggf. Elementstruktur (Untergliederung in Teilelemente)
  - ggf. Feature (Öffnungen und Aussparungen)
  - Zuordnung zur Gebäude- und Anlagenstruktur.

Mit diesen Informationen werden die wesentlichen Bestandteile, Ordnungsstrukturen und Inhalte von BIM-Fachmodellen übertragen. Ziel dabei ist nicht der direkte Import und die weitere Bearbeitung anderer BIM-Fachmodelle, sondern deren Referenz, Koordination und Auswertung. Weitere Hinweise dazu werden in Kapitel 5.2 aufgeführt.

Schnittstellenumsetzung für IFC Export und Import

In den allermeisten Fällen entspricht das softwareinterne Datenmodell nicht dem Modell des Datenaustauschformats. Ausnahmen hierzu bilden einige IFC-Viewer, die das IFC-Format intern verwenden. Daher muss die IFC-Schnittstelle so entwickelt werden, dass die Informationen zwischen dem internen und dem IFC-Modell bei Export und Import konvertiert werden. Dies muss fehlerfrei geschehen und die Unterschiede zwischen den Datenmodellen müssen überbrückt werden.

---

30 Offizielle Webseite: www.buildingsmart-tech.org/specifications/ifc-view-definition/coordination-view-v2.0 [Stand: 09/2015]

Insbesondere in der Anfangsphase der IFC-Umsetzung gab es auch größere Qualitäts-mängel, die inzwischen, auch durch die Zertifizierung, stark minimiert wurden. Dennoch ist es wichtig zu wissen, für welche Austauschszenarien IFC bestens genutzt werden kann und wo es Abstriche gibt.

Beim IFC-Export ist zu beachten, dass es für spätere Auswertungen wichtig ist, die richtigen Elementtypen zu übertragen. Die IFC-Klassifikation bietet dafür umfangreiche Typisierungen.

BIM-Softwaresysteme haben intern häufig nicht alle Bauelementtypen als Standardbauteile definiert, wie diese in IFC als Klassen vorgesehen sind. Wenn es zum Beispiel kein Rampentool gibt, dann wird der Anwender die Rampe als eine schräge Decke oder sogar Dachfläche konstruieren oder als freien Massenkörper. Im Ergebnis würde dann in der IFC Datei statt einer Rampe (IfcRamp) eine Decke (IfcSlab), ein Dach (IfcRoof) oder ein Proxy (IfcBuildingElementProxy) übertragen. Dies ist weder ein Fehler der IFC, noch der Software, sondern die logische Konsequenz aus dem Konvertierungsprozess. Mittlerweile bieten einige BIM-Softwaresysteme die Funktionalität an, Bauelemente mit ihrem richtigen IFC-Typ zu klassifizieren, so dass beim IFC Export dann eine IfcRamp herausgeschrieben wird.

Daneben gibt es weitere Varianten, die beim IFC Export eingestellt werden können:

- Wenn das Ziel die Koordination und Kollisionsprüfung ist, bietet sich häufig eine explizite 3D-Geometrie an (als B-rep, wie in Kapitel 3.1 beschrieben), wogegen bei der Übernahme als Import in eine andere BIM-Software die weitgehende Verwendung parametrisierter Geometrien vorteilhaft ist. In manchen Systemen kann das eingestellt werden.
- Oft kann auch eine Untermenge des eigenen BIM-Fachmodells für den IFC-Export festgelegt werden, entweder über die normalen Sichtbarkeitseinstellungen oder durch das Deselektieren bestimmter Elementtypen. Manche BIM-Softwaresysteme bieten auch komfortable Filter, wie *Export der tragenden Struktur* an, die alle nicht tragenden Elemente und Schichten herausfiltern.
- Viele BIM-Softwaresysteme benutzen eine Vielzahl von internen Attributen für ihre Elemente, oft zum Steuern interner Funktionalitäten. Diese haben außerhalb des Ursprungssystems keine Bedeutung. Es gibt daher Einstellungen, diese vom Export auszuschließen.
- Bei BIM-Softwaresystemen, die keine eingebaute Bauwerksstruktur besitzen, muss diese Struktur erst durch Zuweisung der XREF, Teilbilder oder anderer CAD-Strukturen für die Zusammenarbeit mit IFC aufgebaut werden.

Der Umfang der IFC-Exporteinstellungen hängt von der jeweiligen BIM-Software ab. Zusätzlich können zur Übertragung an energetische Berechnungssoftware oder an Mengenermittlungsprogramme weitere Optionen, und zwar die thermischen Berech-nungsoberflächen oder die Basismengen, hinzukommen.

Abb. 43: *Auswahl einiger Testbeispiele für die IFC Exportzertifizierung*

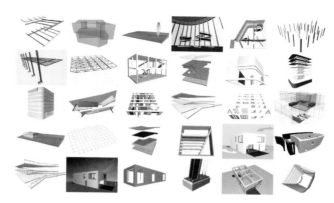

Beim Import gibt es weit weniger Einstellungen. Eine wichtige Unterscheidung soll hier getroffen werden, die mittlerweile auch von einigen Herstellern unterstützt wird:

- Import in das native Format: Hier wird die IFC-Datei in die jeweilige BIM-Software eingelesen und vollständig in das Format dieser Software übertragen. Das bietet die Möglichkeit, in dieser Datei weiterzuarbeiten, ist aber auch mit dem größten Konvertierungsaufwand, und leider auch potenziellen Fehlermöglichkeiten, verbunden. Die meisten BIM-Workflows benötigen diese Änderung in Fremdsoftware nicht.
- Import als Referenz oder Link: Hier wird die IFC-Datei in eine verlinkbare Datei übersetzt und als wählbarer Link dem eigenen BIM-Fachmodell hinzugefügt. Dabei entfällt die vollständige Konvertierung in das eigene Format, der Import wird schneller und fehlerfreier. Für BIM-Workflows, wie der Koordinationsplanung, ist das der geeignetere Ansatz.

Es gibt auch BIM-Softwareprogramme, die beide IFC Importvarianten verbinden. Zuerst wird die gesamte Datei schnell als Link geladen und dann können ausgewählte Teile nativ in das eigene BIM-Fachmodell übernommen werden.

Zertifizierung

Jeder Hersteller kann die IFC-Schnittstelle für seine Programme umsetzen. Die Spezifikation steht dafür kostenlos im Internet zur Verfügung. Mittlerweile bieten sehr viele Softwareprodukte für das Bauwesen die IFC-Schnittstelle an, mit Stand 2015 waren es über 160 verschiedene Produkte[31].

Damit wird jedoch keine Aussage zum genauen Umfang und der Qualität der IFC-Schnittstellen getroffen. Um hier den Anwendern eine höhere Sicherheit und den Softwareherstellern eine Differenzierungsmöglichkeit zu bieten, bietet buildingSMART

---

31 Liste aller bei buildingSMART bekannter Produkte www.buildingsmart-tech.org/implementation/implementations [Stand: 09/2015]

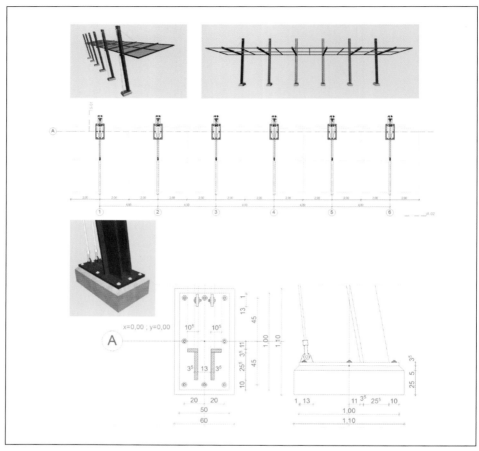

Abb. 44: *Konkretes Beispiel einer Modellierungsinstruktion*

International ein IFC-Softwarezertifizierungsprogramm an. Seit 2010 wird nach der über-arbeiteten Zertifizierung 2.0 gearbeitet[32].

Die IFC2x3 Schnittstellen werden gemäß der MVD *Coordination View 2.0* separat für den Export und Import zertifiziert, wobei beim Export noch zwischen den Fachdisziplinen Architektur, Gebäudetechnik und Tragwerksplanung unterschieden wird. Die grund-legende Abfolge für die Exportzertifizierung beinhaltet:

- Bereitstellung der Zertifizierungsplattform und Testbeispiele als Modellierungs-instruktion
- Erstellen der Exportdateien gemäß der Testbeispiele durch den Softwarehersteller
- Hochladen des IFC Exports, automatische Kontrolle der IFC-Datei durch die Plattform

---

32 Informationen zu dem IFC Zertifizierungsprogramm 2.0: www.buildingsmart-tech.org/certification/ ifc-certification-2.0 [Stand: 09/2015]

Abb. 45:   *buildingSMART Zertifizierungslogos für IFC-Schnittstellen*

* manuelle Nachkontrolle durch das Zertifizierungsteam
* Dokumentation und Zertifizierung.

Die Importzertifizierung basiert auf der Grundlage bereits geprüfter IFC-Exportdateien. Da hierfür keine automatischen Testverfahren zur Verfügung stehen, wird die Import-prüfung in Workshops zwischen dem Softwarehersteller und dem Zertifizierungsteam durchgeführt. Für weiterführende Informationen zur Zertifizierung sei auf [Hausknecht et al., 2014] verwiesen.

Am Ende des Zertifizierungsprozesses steht die Übergabe des Zertifikats und des Logos. Eine Zertifizierung ist prinzipiell für zwei Jahre für das zertifizierte Produkt gültig.

Die Liste sämtlicher für die IFC2x3 zertifizierter Softwaresysteme wird inklusive der Zertifizierungsergebnisse von buildingSMART veröffentlicht. Die offizielle Zertifizierungs-seite ist: www.buildingsmart.org/compliance/certified-software [Stand 09/2015].

Nächste Entwicklungsschritte

Derzeit wird die IFC2x3 Schnittstelle mit der MVD *Coordination View 2.0* zertifiziert und in der Praxis eingesetzt. Dieser Einsatz wird auch noch in den nächsten Jahren unterstützt.

Inzwischen wurde 2013 mit der Version IFC4 eine neue IFC Generation vorgestellt, die eine Reihe von Verbesserungen gegenüber den Vorgängerversionen enthält. Auch wird mit IFC4 der parallel bereitgestellten ifcXML Schnittstelle eine größere Bedeutung beigemessen[33].

Erste prototypische Umsetzungen der IFC4 Schnittstelle stehen bereits zur Verfügung, für die Zeit 2015/16 wird dann mit einer umfangreichen Entwicklung gerechnet. Grund-lage hierfür ist die Freigabe der ersten MVD für IFC4, wobei statt des einheitlichen Coordi-nation Views jetzt zwei besser an die BIM-Workflows angepasste MVD´s erstellt wurden:

---

33 Für eine detaillierte Auflistung der neuen Funktionalitäten und Verbesserungen für Anwender und Ent-wickler in der Version IFC4, siehe: www.buildingsmart-tech.org/specifications/ifc-releases/ifc4-release [Stand: 09/2015]

- der IFC4 Reference View – Ziel ist die Unterstützung aller Workflows, die auf der Referenz oder Verlinkung von IFC-Dateien in der Zielsoftware beruhen (wie Koordination, Kollisionsprüfung, Mengenermittlung und andere)
- der IFC4 Design Transfer View – Ziel ist hier die Unterstützung der Workflows, die eine teilweise oder vollständige Übernahme der IFC-Datei in der Zielsoftware benötigen.

Als ein nächster Schritt wird die buildingSMART Softwarezertifizierung für die IFC4 MVD's aufgebaut. Mit dem umfangreichen praktischen Einsatz von IFC4 in der Praxis kann ab 2016/17 gerechnet werden.

Doch die Entwicklung bleibt auch hier nicht stehen, die Pläne für eine Version IFC5 liegen bereits in der Schublade. Der große Fokus wird auf der Unterstützung der Anforderungen aus dem Infrastrukturbau liegen, also die Erweiterung des IFC-Datenmodells für Straßen, Schienen, Brücken und Tunnel. Erste vorbereitende Projekte, wie die IFC Erweiterung für Trassierungsdaten, sind bereits abgeschlossen.

3.4.3 Weitere Datenaustauschformate

Neben IFC sind auch weitere, meist in ihrer Anwendung spezifische Formate im Einsatz. Eine kurze Übersicht mit dem Fokus auf die offenen Standards wird hier vorgestellt.

Da im Stahlbau bereits viel früher als in den anderen Bereichen der Bauwirtschaft mit 3D geplant und auch mit NC gesteuerten Maschinen gefertigt wurde, waren die Standardisierungsbemühungen im Stahlbau auch früher entstanden. Etwa zeitgleich wurde in Deutschland die *Produktschnittstelle Stahlbau* (*PSS*) und in Großbritannien *CIMsteel* definiert. Beide hatten die verschiedenen Datenaustauschszenarien im Stahlbau im Mittelpunkt, vom Entwurf bis zur Übergabe an die NC Maschinen zur Fertigung. Später wurde die CIMsteel Spezifikation vom Amerikanischen Stahlbauverband AISC übernommen und als *CIMsteel Integration Standard 2* (*CIS/2*) weitergeführt[34]. Die CIS/2 Schnittstelle ist in Großbritannien und den USA im Stahlbau weiterhin gebräuchlich.

Inzwischen haben sowohl der Deutsche Stahlbauverband als auch AISC verkündet, in Zukunft die IFC-Schnittstelle auch für den Stahlbau zu nutzen und weitere Anpassungen zu fördern.

Im Bereich der energetischen Berechnungssoftware ist die Schnittstelle *green building XML* (*gbXML*) verbreitet[35]. Diese definiert ein für die energetische Berechnung optimiertes Gebäudemodell, welches auf einer auf Flächen reduzierten Geometriebeschreibung beruht. Wände und Decken zwischen thermischen Zonen werden nicht als Volumenkörper betrachtet, sondern als eine Fläche, der sogenannten *thermischen Übergangsfläche*. Diese Repräsentation entspricht der Modellbildung energetischer Berechnungssoftware.

Virtuelle Stadtmodelle, in denen Gebäude und geographische Informationen, wie das Terrain, Straßen, Plätze und Vegetation, in 3D visualisiert werden können, werden zunehmend für die Stadtplanung, das Stadtmarketing und andere Anwendungsfälle genutzt. In diesem Umfeld wird *CityGML* als offenes Austauschformat genutzt.

---

34 Hierzu im Internet: www.aisc.org/content.aspx?id=26044 [Stand: 09/2015]

35 Weitere Informationen unter: www.gbxml.org [Stand: 09/2015]

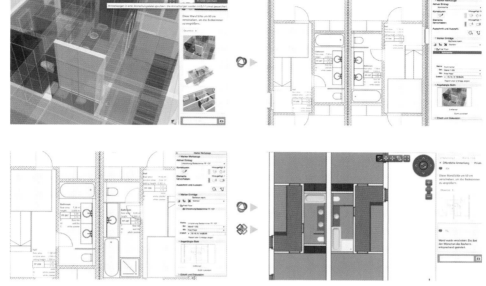

Abb. 46: *Beispiel einer BCF-Nachricht (am Beispiel Tekla BIMsight und ArchiCAD)*

Eine besondere Rolle hat das *BIM Collaboration Format*, *BCF*. Es ist kein eigentliches Datenaustauschformat, sondern überträgt Nachrichten zwischen BIM-Software, wie Fehlerprotokolle, Änderungsanforderungen oder Ergebnisse von Kollisionsprüfungen, in BCF als *issues* bezeichnet.

Ursprünglich von Solibri und Tekla entwickelt, wird die Weiterentwicklung von BCF mittlerweile von buildingSMART International fortgeführt. Eine Reihe von BIM-Softwareprogrammen bieten BCF bereits entweder direkt oder über kleine *Plug-Ins* an. Es ist davon auszugehen, dass die Akzeptanz in Zukunft steigen wird. Auch wird gerade an der Version 2.0 von BCF gearbeitet.

Die Informationen, die BCF in der Version 1.0 überträgt, sind der Name und eine eindeutige ID des *issues*, wie zum Beispiel »Kollision der Steigwasserleitung mit dem Querbalken«, die eindeutigen ID's der Modellelemente, hier die des Rohrs und des Balkens, die Nachricht wie »Korrigieren Sie die Kollision durch neues Verziehen der Steigwasserleitung«, die Kameraparameter, damit die empfangende BIM-Software dieselbe 3D-Darstellung aufbauen kann, und Schnappschüsse (Pixeldateien, die gegebenenfalls mit übertragen werden können).

BCF und IFC arbeiten dabei Hand in Hand. Mit der IFC-Schnittstelle werden die Fachmodelle zur Koordination übertragen, die dabei gefundenen Mängel werden in der Koordinationssoftware als *issue* identifiziert, Schnappschüsse vom Bildschirm angefertigt und eine Nachricht gegebenenfalls mit dem Lösungsvorschlag verfasst. Die eindeutigen ID's der IFC-Objekte, die mit übertragen werden, sind auch in der BIM-Software, in der das Fachmodell erzeugt wurde, gespeichert. Damit kann diese die Objekte farblich markieren, eine vergleichbare Kameraperspektive einstellen und die Nachricht zur Überarbeitung anzeigen. BCF ist somit die Änderungswolke für BIM-Modelle.

4 BIM-Grundwissen – Modell

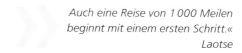

*Auch eine Reise von 1 000 Meilen
beginnt mit einem ersten Schritt.«
Laotse*

Die Bauwerksmodelle für die BIM-Methode müssen nicht immer dreidimensional sein, dennoch ist die geometrische Basis von BIM in den Planungs- und Ausführungsphasen ein 3D-Modell. Wichtig ist, dass sich BIM nicht auf 3D beschränkt, sondern der Fokus auf den verknüpften Informationen, den Objektattributen, liegt.

Umfassend informiert über die BIM-Werkzeuge, die für eine professionelle Erstellung unerlässlich sind, folgen nun die Erläuterungen zum korrekten Aufbau eines Bauwerksmodells anhand der wichtigsten Modellierungsregeln. Dargestellt werden die unterschiedlichen Arten von BIM-Modellen, die BIM-Fachmodelle der einzelnen Fachdisziplinen, und die vieldiskutierten, noch immer nicht klar definierten Detaillerungs- und Fertigstellungsgrade, kurz LOD's, die Informationstiefe LOI und die geometrische Detailliertheit LOG der Modelle respektive Modellelemente.

Um diese vielfältigen Anforderungen an die Modelle, die für die entsprechenden Anwendungsfälle interessant sind, zu verwalten und zu strukturieren, wird am Ende dieses Kapitels eine Datenbank für das BIM-Anforderungs- und Qualitätsmanagement BIM-Q vorgestellt.

4.1 Das Modell

» Modelle sind stets Modelle von etwas, für jemanden; sie erfüllen ihre Funktion eine Zeit lang und dienen einem Zweck. «

Bei dieser Definition von Stachowiak wird der kybernetische Modellbegriff zugrunde gelegt, dessen Merkmale wie folgt bestimmt sind [Stachowiak, 1973]:

- Das Abbildungsmerkmal – Modelle sind stets Modelle von etwas, nämlich Abbildungen und damit Repräsentationen gewisser natürlicher oder künstlicher Originale.
- Das Verkürzungsmerkmal – Modelle erfassen nur die für relevant erachteten Eigenschaften des repräsentierten Originalsystems.

- Das pragmatische Merkmal – Modelle erfüllen ihre Repräsentations- und Ersetzungs- funktion nur für bestimmte Subjekte unter Einschränkung auf gewisse Operationen und Zeitspannen.

Die Modellbildung abstrahiert mit dem Erstellen eines Modells die Realität, weil diese zu komplex ist, um sie genau abzubilden. Unterschiedliche Modellsystematiken werden in verschiedenen Disziplinen verwendet, dazu unterscheidet Stachowiak noch einmal [Stachowiak, 1973]:

- graphische Modelle – im Wesentlichen zweidimensionale, anschauliche Abbildungen, wie fotografische Modelle, Zeichnungen, Atlanten oder Diagramme und Schemata, wie Flussdiagramme oder Schaltbilder
- technische Modelle – überwiegend dreidimensionale, raumzeitliche Repräsentationen, wie mechanische und dynamisch-mechanische Modelle oder materiell-energetische Modelle
- semantische Modelle – Wahrnehmungen, Vorstellungen, Gedanken, Begriffe und deren sprachliche Artikulation, wie Perzeptionen, kognitive Modelle oder auch meta- physische und poetische Modelle sowie formale, wie formal-linguistische Modelle.

In der Wissenschaftstheorie wird zwischen Modellen unterschieden, die zur Erklärung von bekannten Sachverhalten oder Objekten dienen und solchen, die auf einer Hypo- these beruhen und bei denen der Entdeckungszusammenhang beim Test von Theorien im Vordergrund steht. So gibt es auch innerhalb des Bauwesens unterschiedliche Sichtweisen auf Modelle. Es gibt also auch hier nicht nur das eine Modell.

Architekturmodelle sind erklärende Modelle, beziehungsweise Skalenmodelle, die einen maßstäblichen Bezug zur Wirklichkeit haben.

4.1.1 Das Modell in der Baukunst

» Modelle sind eines der wichtigsten und sinnlichsten Elemente im architektoni- schen Gestaltungs-, Entscheidungs- und Bauprozess. Doch sie sind weit mehr als das. Oft sind sie kleine Kunstwerke mit einer eigenen Identität, sind Werkzeug, Fetisch, kleine Utopie. Vielfach dürfen sie unmittelbarer den Visionen der Archi- tekten folgen, während der fertige Bau der Machbarkeit Tribut zollen muss. «
[Elser & Schmal Cachola, 2012]

Nach dem *Deutschen Wörterbuch von Jacob und Wilhelm Grimm* ist der Begriff Modell dem italienischen *modello* »Muster, Musterform« entlehnt. In dieser Bedeutung kursierte das Wort unter deutschen Goldschmieden, die aus Italien ihre Musterformen aus Blei und Gips für ihre Arbeiten bekamen. Die lateinische Entsprechung *modulus* bedeutete »Maß, Maßstab, Grundmaß«. In dieser Bedeutung fand der Begriff Eingang in die bildende Kunst und in die Architektur.

Wie wichtig das Modell in der Baukunst ist, zeigt die Existenz von Architekturmodellen bereits in der Antike. Hier wurden größtenteils Teilmodelle von Kapitellen und Gesimsen im Originalmaßstab gefertigt, allerdings erst nach Baubeginn, so dass man davon ausgehen kann, dass diese Modelle der Konstruktion und noch nicht der Konzeption dienten. Erst in der Renaissance änderte sich das, hier entstanden erste konzeptionelle Modelle. Die Modelle und somit die Planung verschob sich auf die Phase vor Baubeginn. Von nun an gewann die Planung mit Hilfe von Modellen und Zeichnungen an Bedeutung. Ein frühes Beispiel ist das Modell des Florentiner Doms. Es wird davon ausgegangen, dass das hölzerne Modell des Lueginslandturms in Augsburg von 1514 das älteste Renaissancemodell Deutschlands ist.

So ist das Architekturmodell also schon seit Langem ein wichtiges Kommunikationsmittel zwischen dem Bauherrn und dem Architekten. Räumliche Zusammenhänge und konstruktive Qualitäten können besser vermittelt werden. Gerade für den Bauherrn, meist ungeübt im Lesen von Architekturzeichnungen, ist das Modell wesentlich anschaulicher als zweidimensionale Darstellungen.

4.2   Die BIM-Modelle

Genauso wie man bisher mithilfe von physischen Architekturmodellen verschiedene Simulationen, wie Verschattungs- und Belichtungsanalysen, energetische Berechnungen und aerodynamische Tests, durchführen konnte, nutzt man nun bevorzugt digitale Modelle.

Auch finden die unterschiedlichen physischen Modelltypen, unterschieden nach ihrem Zweck, in digitalen Bauwerksmodellen eine Entsprechung. Der Vorteil bei digitalen Modellen besteht allerdings darin, dass nur ein Modell aufgebaut werden muss und für die unterschiedlichen Zwecke der notwendige Modelltypus daraus abgeleitet wird. So wird auf der Basis der ersten Idee, die noch in einem Baukörpermodell für eine städtebauliche Überprüfung dargestellt wird, das Entwurfsmodell erstellt und darauf aufbauend das Bauwerksmodell des zu planenden Bauwerks in der vereinbarten Informationstiefe. Im Laufe der Planung wird dieses immer genauer ausgearbeitet. So sind die bisher bekannten unterschiedlichen Typen, wie Entwurfsmodell, Wettbewerbsmodell, Präsentationsmodell, städtebauliches Modell, Massenmodell, aus dem digitalen Bauwerksmodell generierbar und immer auf dem aktuellsten Planungsstand.

Das zeigt, dass das digitale oder virtuelle Bauwerksmodell überhaupt nichts Neues oder Unbekanntes ist, sondern nur die logische Weiterführung des Entwerfens und Planens mittels dreidimensionaler Modelle unter Anwendung neuer technologischer Möglichkeiten.

Das physische Architekturmodell dient natürlich nicht dem detaillierten Planungsprozess, dafür werden seit Jahrhunderten Zeichnungen genutzt. An wichtigen Entscheidungspunkten müssen extra Modelle gebaut werden, um die Kommunikation mit Außenstehenden und Bauherren zu vereinfachen. Modelle und weitere Unterlagen wurden unabhängig und somit nicht immer konsistent zu der eigentlichen Planung zu reinen Präsentationszwecken erstellt.

Diese Art zu entwerfen und planen setzte sich auch in der vormals neuen Arbeitsweise mit dem Computer fort. Es wurden sämtliche Unterlagen einzeln und völlig unabhängig voneinander erarbeitet und bearbeitet. So fand an dieser Stelle seltsamerweise noch kein wirklicher Wechsel der Art und Weise der Architekturplanung statt. Allerdings wurde nach anfänglichem Zögern begeistert die Möglichkeit der 3D-Visualisierung des Entwurfes

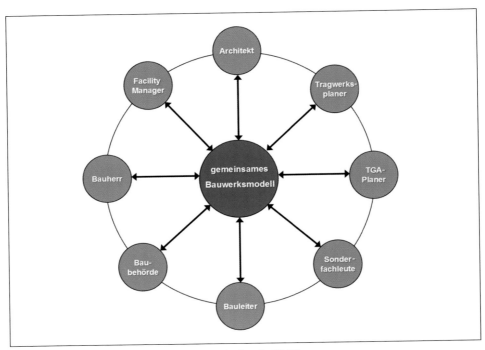

Abb. 47: *BIM als gemeinsames Modell im Mittelpunkt (1998)*

genutzt. Damit sind also einfache, noch »unintelligente«, virtuelle 3D-Modelle längst in der Praxis angekommen.

Die Arbeit mit BIM bedeutet aber nicht nur die Arbeit mit einfachen 3D-Modellen, sondern diese Art der Modellierung beinhaltet eine gewisse Abkehr von der Art und Weise wie Architekten jahrhundertelang zeichnungsorientiert gearbeitet haben. Das lässt die meisten Planer noch immer zögern, bietet aber auch die Möglichkeit wieder »natürlicher« zu entwerfen und planen. Denn eine ursprünglich dreidimensionale Entwurfsidee in 2D-Zeichnungen zu transportieren ist eigentlich komplizierter als die Idee von Anfang an zu modellieren und zu kommunizieren. Um dieses Dilemma zu lösen, nutzte man teilweise recht bizarre Frosch- oder Vogelperspektiven oder noch kuriosere Schnitt- oder Explosionsaxonometrien, »gesehen« vom Mittelpunkt der Erde.

Ein weiteres oft gehörtes Argument gegen das modellbasierte Planen ist der Vergleich mit anderen Industrien. Während im Maschinen-, Flugzeug-, oder Automobilbau auf standardisierte Bauteile zurückgegriffen werden kann, ist jedes Bauwerk ein Unikat. Das lässt die modellbasierte Arbeitsweise im Bauwesen auf den ersten Blick etwas komplizierter erscheinen, aber es gibt auch im Bauwesen immer wiederkehrende Aspekte und Prozesse, die sich modellbasiert besser bearbeiten lassen.

4.2.1   Modellierungsregeln für den Aufbau eines BIM-Modells

Lange ging man davon aus, dass alle Projektbeteiligten auf ein einziges Bauwerksmodell zugreifen würden, das alle fachspezifischen Planungen beinhaltet. Dieses Modell befände sich auf einem zentralen Server, jeder Fachplaner würde seinen Bereich bearbeiten und das Gesamtmodell erweitern und aktualisieren. Sämtliche Projektbeteiligte sind auf diese Weise immer auf dem aktuellsten Stand. Diese Herangehensweise hat sich in der Praxis nicht etabliert. Das eine gemeinsame Bauwerksmodell, an dem alle Projektbeteiligten gleichzeitig arbeiten, gibt es nicht. Da es aber immer noch entsprechende Abbildungen gibt, die dieses Gesamtmodell veranschaulichen, hält sich bis heute das Missverständnis über ein gemeinsames Bauwerksmodell. Was eigentlich in Abbildung 47 gemeint ist, sind die gemeinsam genutzten Daten, die im Mittelpunkt stehen.

Im Laufe der weiteren Entwicklung und Forschung zum Thema BIM stellte sich jedoch heraus, dass es sinnvoller ist, dass jeder Fachplaner in seiner fachspezifischen BIM-Software seine Sicht auf das Bauwerk modelliert. So werden die unterschiedlichen fachspezifischen Bauwerksmodelle durch die jeweiligen Fachplaner unter ihrer Verantwortung erstellt.

Der grundsätzliche Aufbau eines Bauwerksmodells sollte zunächst folgende Modellierungsregeln beachten. Diese Regeln sind zwar erst bei der Zusammenarbeit mit mehreren fachspezifischen Bauwerksmodellen von entscheidender Bedeutung, aber ein Kennenlernen und Umsetzen von Anfang an ist durchaus sinnvoll. Selbst wenn noch nicht alle Fachplaner modellbasiert arbeiten, sollte eine Einigung über bestimmte Modellierungsregeln erzielt werden. Einige dieser Regeln werden auch heute schon bei normaler 2D-Planung genutzt, um besser zusammenarbeiten zu können.

Diese Modellierungsvorschriften werden zu Beginn eines Projektes gemeinsam erarbeitet und festgehalten. Eine allgemein verbindliche Festlegung im Sinne einer BIM-Richtlinie gibt es in Deutschland noch nicht.

Die wichtigsten Modellierungsregeln sind die folgenden:

1) Einheitlicher Koordinatenursprung und einheitliche Maßeinheiten

Das Festlegen eines einheitlichen Projektkoordinatenursprungs, die einheitliche Georeferenzierung des Projektkoordinatenursprungs und einheitliche Maßeinheiten sind von enormer Bedeutung für das spätere Zusammenfassen der einzelnen fachspezifischen Bauwerksmodelle zwecks Kollisionsprüfung und weiterer Auswertungen, Abstimmungen und Analysen.

Der exakte Referenzpunkt wird als gemeinsamer Koordinatenursprung – x-, y-, z-Werte und Winkel zur Nordrichtung – festgelegt. Mit diesem Referenzpunkt müssen alle Fachdisziplinen arbeiten. Der einmal festgelegte Referenzpunkt des Projektes sollte später nicht mehr geändert werden. Der Referenzpunkt sollte möglichst nahe an dem zu planenden Bauwerk liegen. Es sollten auf keinen Fall die direkten geographischen Koordinatenwerte, wie zum Beispiel die Gauß-Krüger oder EUREF Koordinaten, verwendet werden. Diese hohen Ordinatenwerte können die geometrische Integrität des Bauwerksmodells beeinträchtigen.

Zusätzlich sollten zu dem Referenzpunkt als Nullpunkt des Projekts dessen GIS-Koordinaten – geographische Länge, Breite und Höhe nach WGS84 – angegeben werden, damit eine Einfügung in ein GIS-Programm oder Stadtmodell möglich wird.

2) Strukturierung der Bauwerksmodelle

Die räumliche Strukturierung des Bauwerksmodells in Stockwerke, Bauteile und Bauabschnitte wird vorgegeben und muss sich in der Modellierung widerspiegeln. Alle Fachmodelle sind demzufolge nach dieser Vorgabe geschoss- und bauabschnittsweise aufzubauen, so können sie auch geschoss- und bauabschnittsweise ausgetauscht und getestet werden. Eine Ausnahme könnten, wenn entsprechend vereinbart, Vorhangfassaden bilden, da oftmals ein eigenes Fassadenmodell erstellt wird.

3) Erstellung der Modellelemente mit den Objekttools der BIM-Modellierungssoftware

Die Modellelemente müssen mit den Objekttools, oder Bauteilwerkzeugen, einer BIM-Modellierungssoftware erstellte werden, Wände beispielsweise mit dem Wandwerkzeug. So ist sichergestellt, dass das Modellelement auch als Wand erkannt wird. Ist kein entsprechendes Objekttool vorhanden, muss das Modellelement als 3D-Geometrie erstellt und dann korrekt benannt werden. Die Modellelemente dürfen keine Duplikate besitzen und es sollten keine Überschneidungen modelliert werden. Diese Regel ist wichtig für korrekte Mengenermittlungen, Kostenermittlungen, energetische Berechnungen und für eine korrekte Kollisionsprüfung.

4) Konstruktionstypen/Objekttypen

Modellelemente mit gleichem Aufbau, gleichen Abmessungen, gleichen Funktionen und Eigenschaften, wie beispielsweise einheitliche Stützen in einem Stützensystem, müssen als ein Objekttyp/Konstruktionstyp modelliert werden und eine Typbezeichnung bekommen.

5) Einheitliche Namenskonventionen

Festlegung eines Projektstandards und Verwenden von vereinbarten Klassifikationen und Katalogen. Alle Bauwerksmodelle, Stockwerke, Bauabschnitte, Räume und weitere gemeinsamen Inhalte und Dateien müssen einheitlichen Namenskonventionen folgen.

6) Detaillierungsgrade

Detaillierungsgrade der Modellelemente entsprechend den Leistungs- beziehungsweise Planungsphasen (siehe Kapitel 4.3) müssen zur Bestimmung der wirklich notwendigen geometrischen Detaillierung und der zugewiesenen Eigenschaften festgelegt werden. Modellelementen können mittlerweile sehr viele Eigenschaften zugewiesen werden, doch nicht alle sind wirklich in jedem Projekt notwendig. Um das unnötige Anwachsen der Datenmenge zu vermeiden, sollte man möglichst rechtzeitig festlegen, welche Eigenschaften tatsächlich gebraucht werden.

Alle Bauwerksmodelle werden nach diesen Vereinbarungen erstellt. Je akkurater das umgesetzt wird, desto reibungsloser verläuft das gemeinsame modellbasierte Arbeiten. Unnötige Probleme beim Zusammenfassen der Modelle und Fehler bei den Auswertungen können so vermieden werden.

Die modellbasierte Arbeitsweise kann bereits mit dem Modellieren der Entwurfsidee des geplanten Bauwerks im Rahmen eines Architekturwettbewerbs beginnen. Hier sind oben aufgeführte Vereinbarungen noch nicht notwendigerweise zu beachten. In dieser Phase dient das Modell in erster Linie der Präsentation der Idee oder der Ideen, wenn mehrere Varianten erstellt worden sind. Die modellierten Modellelemente müssen noch keine Eigenschaften beinhalten, es sei denn, es sind an dieser Stelle bereits Aussagen über das energetische Verhalten des geplanten Bauwerks gefordert. Noch einfachere Modelle, vergleichbar mit dem heute üblichen Massenmodell, werden erstellt, um die Entwurfsidee im städtebaulichen Kontext zu testen. Einige Städte verfügen bereits über virtuelle Stadtmodelle, in welche die Entwurfsidee platziert werden könnte.

Ein Projekt für BIM in frühen Planungsphasen war die Ausschreibung eines internationalen Architekturwettbewerbs in Norwegen. Die staatliche Bauverwaltung Norwegens Statsbygg schrieb 2009 den weltweit ersten Architekturwettbewerb aus, der anstelle physischer Modelle virtuelle Modelle forderte. Der eigentliche Grund für diese Idee war simpel. Man wollte so viele internationale Architekturbüros wie möglich zur Teilnahme bewegen, aber wie handhabt man dann die riesige Menge materialverschwenderischer Architekturmodelle. Die Lösung waren BIM-Modelle.

Anhand ganz einfach gehaltener Anleitungen, die den Ausschreibungstexten beigefügt wurden, sollten die Planer in die Lage versetzt werden, am Ende ihres Entwurfes ein BIM-Modell im offenen Austauschformat IFC abzugeben. Es wurden 235 virtuelle Modelle eingereicht.

Feedback der Architekten: anfangs eine gewisse Panik, nach Abgabe aber fasziniert von der Arbeit mit einem BIM-Modell, da eine sehr schnelle Variantenerstellung und Überprüfung möglich war, sogar Änderungen konnten kurz vor der Abgabe noch integriert werden, was bei einzelnen Plänen leider nicht möglich ist. Die meisten wollen BIM auf jeden Fall auch bei Folgeprojekten wiederverwenden.

4.2.2 Die fachspezifischen Bauwerksmodelle der Projektbeteiligten

Jeder Fachplaner erstellt sein fachspezifisches Bauwerksmodell in seinem Anwendungsprogramm. Diese unterschiedlichen Fachmodelle werden dann zu Koordinationszwecken bei bestimmten Planungsständen zusammengefasst (siehe Kapitel 5).

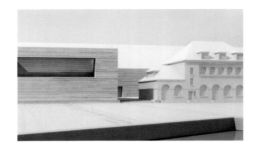

Abb. 48:   *Wettbewerb National Museum of Art, Architecture and Design Oslo (Quelle: Statsbygg)*

Eine erweiterbare Auflistung der wichtigsten Fachmodelle:

- Modelle des Architekten: Baukörper- oder Massenmodell, Architekturmodell, Raummodell, Rohbaumodell, Ausbaumodell, Fassadenmodell
- Modelle des Tragwerksplaners: Tragwerksmodell, Berechnungsmodell, Bewehrungsmodell
- Modelle des Gebäudetechnikers: HLK-Modell, Sanitärmodell, Elektromodell
- Modelle der bauausführenden Firma: Modell für Angebotserstellung, Bau- und Montagemodell, Baustelleneinrichtungsmodell, Bauablaufmodell (4D-Modell), Kalkulationsmodell (5D-Modell)
- Modelle der Bauprodukthersteller: einzelne BIM-Objekte eines Produktes oder parametrisiert für eine Produktreihe, wie Fenster, Türen, Sanitärobjekte
- Modelle der Stadt oder Umgebung: städtebauliches Umgebungsmodell, Grundstücksmodell, Geländemodell
- Modelle der Infrastruktur: Trassierungs-, Erdbau-, Straßen-, Brücken-, Tunnel-, Schienenbaumodell
- Modelle des BIM-Managements: gemeinsam genutzte und erstellte Modelle, wie Koordinationsmodelle in vereinbarten Versionen, Bauübergabemodell, Dokumentationsmodell
- Modelle der Bewirtschaftung: CAFM-Modell

Auch wenn es den Anschein hat, dass es sich bei BIM-Modellen ausschließlich, oder zumindest hauptsächlich, um 3D-Modelle handelt, ist das nicht der Fall. So könnte man das Raumprogramm als 2D-Modell bezeichnen, es muss natürlich in elektronischer Form vorliegen und durch entsprechende digitale Programme auswertbar sein.

Typische 3D-Modelle sind die Modelle der Fachplaner, die BIM-Objekte der Bauprodukt-hersteller und die zusammengeführten Koordinationsmodelle. Als 4D-Modelle werden Analyse- und Simulationsmodelle bezeichnet, die sich aus den erforderlichen 3D-Model-len und zeitabhängigen Informationen ergeben. Bedeutsam sind auch die Ableitungen aus sämtlichen Modellen, wie Tür- und Fensterlisten.

Tab. 12: *Dimensionalität von Modellen*

2D-Modelle	3D-Modelle	4D-Modelle	5D-Modelle	Ableitungen
Raum- und Funktions-programm	Architektur-modell	Sonnenstands-analyse	Kosten- bezie-hungsweise Kal-kulationsmodell	Tür- und Fens-terlisten
	Tragwerksmodell	Verformungs-simulation		Bewehrungs-listen
	TGA-Modelle	Strömungs-simulation		Leistungs-verzeichnis
	Koordinations-modell	Bauablaufmodell		Pläne
	BIM-Objekte			

Eine weitere Einteilung der Modelle ist die Unterscheidung in Anforderungsmodelle, Bearbeitungsmodelle und Auswertungsmodelle.

- Anforderungsmodelle sind Modelle des Auftraggebers, wie das Umgebungsmodell, das Grundstücksmodell, das Raumanforderungsmodell, das Bestandsmodell eines Bauwerkes bei An- und Umbauten und Rekonstruktionen. Diese Modelle bilden die Grundlage der Planung.
- Als Bearbeitungsmodelle bezeichnet man sämtliche Modelle, die in einer BIM-Model-lierungssoftware geplant und erstellt werden, beispielsweise die fachspezifischen Bauwerksmodelle der Projektbeteiligten.
- Auswertungsmodelle werden auf der Grundlage der Bearbeitungsmodelle generiert. Sie dienen Simulationen, Berechnungen und weiteren Auswertungen und Ableitun-gen.

Aus jedem einzelnen Bauwerksmodell, welches unter die Kategorie Bearbeitungsmodell fällt, können Auswertungsmodelle generiert werden. Jeder Fachplaner kann seine eige-nen Auswertungen ableiten. Besondere Formen der Auswertungsmodelle sind beispiels-weise die später (in Kapitel 5) beschriebenen Koordinationsmodelle. Hier geht es nicht mehr um eine einzelne Auswertung, sondern sämtliche Fachmodelle werden zusam-mengefasst ausgewertet. Alle Versionen, die zur Entscheidungsfindung herangezogen worden sind, sollten archiviert werden, so dass, wenn erforderlich, darauf zurückgegriffen werden kann.

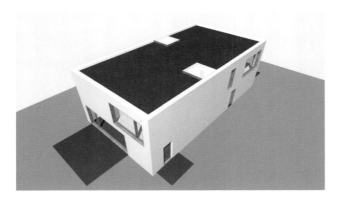

Abb. 49: *Architekturmodell*

Das Architekturmodell

Das Architekturmodell ist die digitale Abbildung des geplanten Bauwerks aus architektonischer Sicht. Es ist das wichtigste Referenzmodell für den gesamten BIM-Planungsprozess, da es als Basis für alle nachfolgenden Fachmodelle dient und ein entscheidendes Modell für bestimmte Analysen und Simulationen ist. Es ist daher von enormer Bedeutung, dass das Architekturmodell in allen Planungsphasen technisch korrekt aufgebaut ist und die vereinbarten Modellierungsrichtlinien eingehalten werden.

In der architektonischen Planung ist das Modellieren in allen Planungsphasen sinnvoll. Wie eingangs erwähnt, dient das Architekturmodell in frühen Phasen dem Ideenfindungsprozess. Es unterstützt die räumliche Darstellung von komplexen Entwürfen und veranschaulicht die städtebauliche Einordnung. Fragen der Nachhaltigkeit und die optimale Umsetzung des Raumprogramms können durch das einfache Erstellen mehrerer Modellvarianten, die für wichtige Analysen und Simulationen ausgewertet werden, früher als bei der aktuellen Herangehensweise verglichen und geklärt werden. So trägt das Architekturmodell zu einer beschleunigten Entscheidungsfindung bei und fördert ein einheitliches Entwurfsverständnis im Planungsteam und in der Kommunikation mit dem Bauherrn. Ergänzungen und Änderungswünsche und ihre Konsequenzen lassen sich anschaulich erklären.

Des Weiteren ist das Architekturmodell die wichtigste Datenquelle für sämtliche Flächenauswertungen, Energieberechnungen, Mengenermittlungen, Bauteillisten, für die Unterstützung der Ausschreibung, die erste Regelüberprüfung innerhalb des eigenen Modells bis zur späteren Kollisionsprüfung im Koordinationsmodell.

Das Architekturmodell enthält auf jeden Fall das Raummodell. Es ist ein Teilmodell innerhalb des Architekturmodells und wird vom Architekten mit der gleichen BIM-Modellierungssoftware erstellt, wie das Architekturmodell. Weitere Teilmodelle des Architekturmodells können beispielsweise ein Rohbau-, Ausbau- oder Ausstattungsmodell sein. Bei größeren Projekten ist es sinnvoll, Teilmodelle ebenfalls gebäudeteil- oder geschossweise anzulegen. Komplexe Vorhangfassaden können auch ein eigenes Teilmodell bilden.

Abb. 50: *Raummodell*

Das Raummodell

>> Raum ist das primäre Medium der Architektur. Architektur schafft, gestaltet und glie-
dert Raum. Die Definition, Bemessung, Gliederung, Fügung und formale Gestaltung
von Raum ist die wichtigste Aufgabe der Architektur. <<

Wikipedia Raum (Architektur)[36]

Das Raummodell ist kein eigenständiges Modell, sondern ein wichtiger und integraler
Bestandteil des Architekturmodells.

Die Räume in einem Bauwerksmodell wurden bei der Arbeit mit 2D-CAD noch
nicht objektorientiert erzeugt. So wurden im simpelsten Fall nur Polygonlinien oder
2D-Flächen mit entsprechenden Informationen als Raumstempel statisch angelegt. In
weiterentwickelten Programmen wurde auch die Höhe mit angegeben, so dass die Räume
3D-Objekte wurden. Für beide Ausprägungen gilt, dass die Räume manuell verändert
werden müssen, wenn es Planungsänderungen gibt. Wird beispielsweise eine Wand verschoben, muss die Geometrie des Raumes entsprechend angepasst werden. Aufgrund
dieses Mankos wurden intelligente, beziehungsweise sogenannte assoziative Räume
entwickelt. Die Umsetzung dieser assoziativen Raumobjekte ist noch relativ neu. Daher
haben noch nicht alle BIM-Anwendungen diese Möglichkeit vollständig implementiert.

Die Modellierung der assoziativen Raumobjekte erfolgt mit Hilfe der raumbegren-
zenden Modellelemente. Die Raumobjekte sollten einen Verweis auf die Räume im
Raumprogramm erhalten, um diese später gegen die ursprünglichen Anforderungen des
Raum- und Funktionsprogramms prüfen zu können.

Diese Räume sind nun eigenständige Modellelemente, die in unterschiedlichen Detaillierungsgraden, je nach Vereinbarung und Leistungsphase, vorliegen. Sämtliche Informationen, die ein gezeichneter Raumstempel bisher beinhaltete, werden nun aus den
Attributinformationen generiert und dargestellt.

Für den Datenaustausch mit den Fachplanern können ausschließlich die Räume exportiert und zur Verfügung gestellt werden. Dieser Workflow ist vor allem für die Arbeit
der Haustechniker wichtig, denn diese nutzen das Raummodell als Planungsgrundlage.

---

36 https://de.wikipedia.org/wiki/Raum_(Architektur) [Stand 09/2015]

Abb. 51:   *Rohbaumodell*

Die Detaillierungsgrade des Raummodells reichen von der Übernahme des vorgegebenen Raumanforderungsmodells, des Raumprogramms des Bauherrn, über die ersten räumlichen Studien anhand des Funktionsschemas als erste Annäherung an den Entwurf, ohne bereits sämtliche Räume konkret zu betrachten, bis hin zu einem Raumbuch mit allen detaillierten Angaben zu jedem geplanten Raum und den darin enthaltenen Ausstattungen, Einrichtungen und technischen Komponenten.

Es ist wichtig, dass während des gesamten Planungsprozesses sämtliche Raumnamen und Nummern unverändert bleiben, oder, wenn Änderungen notwendig sind, diese explizit mit allen Fachplanern kommuniziert werden, da diese auch in anderen BIM-basierten Prozessen, wie Kostenberechnungen, Energiesimulationen, planungsbegleitendes FM, verwendet werden. Das Raummodell wird an die Fachplaner übergeben, die diese Raummerkmale gegebenenfalls ergänzen.

Räume für die Gebäudetechnik, wie Schächte oder horizontale Volumina für Trassen oder Stränge, werden unterschiedlich gehandhabt. Räume in dem oben beschriebenen Sinn sind sie nicht, sie können dennoch als Räume angelegt werden. Je nach Software gibt es eine spezielle Ausprägung als Schachtobjekte oder große Durchbrüche.

Für einige Auswertungen, wie Sicherheitsanalysen und Brandschutz, werden die Räume in Raumgruppen, beziehungsweise Raumzonen zusammengefasst. So können im Raummodell des Architekten Räume in bestimmte Bereiche – Brandschutzabschnitte, Vermietungseinheiten, öffentliche Bereiche – gruppiert werden. Dabei kann derselbe Raum mehreren Bereichen angehören. Die Anwendungsprogramme sollten die Zusammenfassung von Räumen zu Raumgruppen oder Zonen unterstützen.

Das Rohbaumodell

Das Architekturmodell enthält als weiteren Bestandteil das Rohbaumodell in den jeweiligen Fertigstellungsgraden – zunächst das Vorentwurfsmodell mit den wesentlichen raumbildenden und konstruktiven Bauelementen, dann das Entwurfs- und Genehmigungsmodell und später das detaillierte Ausführungsmodell. Für die Objektdokumentation muss das Rohbaumodell gemäß der tatsächlichen Ausführung aktualisiert werden. Zu den wesentlichen Modellelementen des Rohbaumodells gehören tragende Wände,

Abb. 52:   *Ausbaumodell*

Stützen und Balken, Decken, Dächer, Fundamente, aber auch die tragenden Treppen und Rampen.

Die den Modellelementen zugehörigen Eigenschaften, wie Material- oder Schichtangaben, Brand-, Schallschutz-, und Wärmewiderstandsklassen und weitere, werden als Merkmale am Bauelement erfasst. Identifizierende Attribute wie Bauteilnummern oder Positionsnummern werden ebenfalls als Merkmale am Bauelement erfasst. Daraus wird der Text-Stempel generiert.

Das Rohbaumodell wird als Referenzmodell an die Fachplaner übergeben. Mit der TGA-Planung werden die Durchbrüche anhand des Rohbaumodells koordiniert, mit der Tragwerksplanung werden die Bemessungen der tragenden Bauelemente abgestimmt.

Das Ausbaumodell

Neben dem Rohbaumodell enthält das Architekturmodell als weiteres Teilmodell das Ausbaumodell in den jeweiligen Fertigstellungsgraden, zunächst das Vorentwurfsmodell mit nur wesentlichen Informationen über die Lage von Fenstern und Türen, dann das Entwurfs- und Genehmigungsmodell mit genaueren Abmessungen und später das detaillierte Ausführungsmodell.

Für die Objektdokumentation muss das Ausbaumodell gemäß der tatsächlichen Ausführung aktualisiert werden inklusive aller Einrichtungen und Ausstattungen der Räume. Gemeinsam mit dem Raummodell bildet das Ausbaumodell die Grundlage für das modellbasierte Raumbuch.

Zu den wesentlichen Modellelementen des Ausbaubaumodells gehören sämtliche nicht tragende Elemente wie Innenwände, Systemwände, Vormauerungen und abgehängte Decken, des Weiteren Fenster und Türen, Bekleidungen wie Fußbodenaufbau, Wand- und Deckenbekleidung (diese nur, sofern nicht nur als Attribut am Raum gefordert), Einrichtungsgegenstände, Sanitäranlagen und andere Ausstattungselemente, wie elektrische Geräte und Leuchten, oder spezielle Ausstattungen, wie zum Beispiel medizintechnische Ausstattungselemente. Teilweise können spezielle Anforderungen, wie die eben erwähnte Medizintechnik oder eine hochkomplexe Vorhangfassade, auch ein eigenes Teilmodell bilden. Ausbautreppen und -rampen, Transport-, Förder- und Aufzugs-

Abb. 53:   *Fassadenmodell*

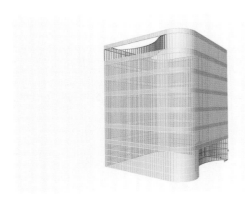

anlagen gehören ebenfalls zum Ausbaumodell. Die Modellelemente des Ausbaumodells sollten einen Raumbezug haben.

Die Ausstattungen, die Anschlüsse aus dem Gebäudetechnikmodell benötigen, müssen mit dem TGA-Fachplaner koordiniert werden. Andere Teile des Ausbaumodells werden mit Spezialplanern und den ausführenden Firmen ausgetauscht.

Das Fassadenmodell

Da eine Fassade bei einigen Gebäuden sehr komplex sein kann, kann die Fassade des Gebäudes als eigenes Modell aufgebaut werden.

Dieses Fassadenmodell ist dann zwar Teil des Architekturmodells, aber nicht Teil der Stockwerksgliederung, wie es sich ansonsten bei vorgehängten Fassaden empfiehlt. Einfache Lochfassaden oder generell Außenwände, auch wenn diese großflächige Verglasungen beinhalten, sollten dagegen stockwerksweise als Teil des Architekturmodells erstellt werden – dies vereinfacht die Zusammenarbeit mit anderen Fachplanern, die zur Auswertung diesen Stockwerksbezug benötigen.

Die Anforderungsmodelle – modellbasierte Vorgaben des Auftraggebers

Im Idealfall beginnt die modellbasierte Planungsmethode bereits in der Grundlagenermittlung. Das Raumprogramm und der Bebauungsplan stehen am Anfang einer Bauplanung und werden vom Auftraggeber zur Verfügung gestellt. Noch werden diese Anforderungen weitgehend konventionell als 2D-Pläne und Tabellen übergeben. In diesem Fall müssen diese Informationen in geeigneter Form übernommen oder referenziert werden, die Verwendung entsprechender Klassifizierungen sollte für die spätere Vergleichbarkeit und Auswertung beibehalten beziehungsweise synchronisiert werden.

Zukünftig werden diese Informationen als Anforderungsmodelle (Umgebungsmodell, Baugelände- beziehungsweise Grundstücksmodell, Raumanforderungsmodell) zur Verfügung stehen.

Bei An- und Umbauten sowie Rekonstruktionen sollte ein Bestandsmodell des bestehenden Bauwerks erstellt werden.

Städtebauliches Umgebungsmodell

Optimal wäre es natürlich, wenn bereits zu Beginn einer neuen Bauaufgabe die Umgebung des zu planenden Neubaus als ein Modell vorliegt. In dieses Umgebungsmodell kann dann der Entwurf, welcher nun selbstverständlich auch als Modell vorliegt, eingefügt werden. So ließe sich der geplante Neubau in seiner Umgebung von Anfang an sehr

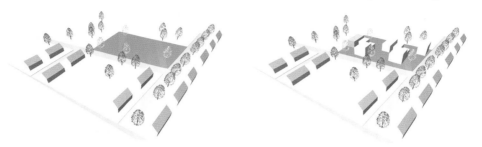

Abb. 54: *Umgebungsmodell (links) und Umgebungsmodell mit integriertem Entwurfsmodell (rechts)*

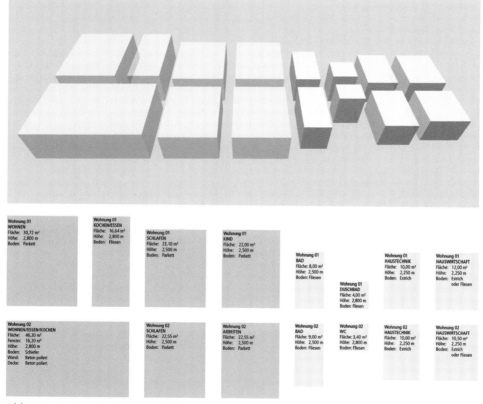

Abb. 55: *Raumanforderungsmodell*

gut beurteilen. Dieses städtebauliche Umgebungsmodell liegt in einem gröberen Detaillierungsgrad vor, vergleichbar mit einem Massenmodell.

Besonders für Architekturwettbewerbe sind diese Umgebungsmodelle sehr hilfreich. Vor allem bieten sie eine gute Vergleichbarkeit der unterschiedlichen Entwurfsideen.

Raumprogramm beziehungsweise Raumanforderungsmodell

Eine weitere wichtige Vorgabe des Auftraggebers zu Beginn einer neuen Bauaufgabe ist das Raumprogramm in Form eines Raumanforderungsmodells. Dieses muss nicht unbedingt dreidimensional sein, muss aber sämtliche Anforderungen an die zu planenden Räume, wie Raumnutzung, Nettofläche, Raumhöhe, spezielle Anforderungen, notwendige Verbindungen und Beziehungen zu anderen Räumen, Anforderungen an Belichtung, Heizung, Lüftung, Sonnenschutz, Akustik, etc., beinhalten.

Das Tragwerksmodell

Für die Tragwerksplanung gibt es ebenfalls unterschiedlichste Modelle und Teilmodelle. Auch kann ein Tragwerksplaner ebenfalls durchaus allein mit BIM beginnen, wenn Partner noch nicht soweit sind.

Ansonsten kann er in einem Zusammenarbeitsprozess auf der Grundlage des Architekturmodells, welches er als Referenzmodell übernimmt, seine Planung in seiner

Abb. 56: *Tragwerksmodell*

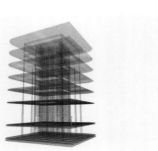

Abb. 57: *Bewehrungsmodell*

fachspezifischen Software beginnen. Anhand der durch den Architekten gekennzeichneten tragenden Wände erstellt er sein geometrisches Modell, er übernimmt die tragenden Elemente in seine Software. Daraus leitet er das statische Berechnungsmodell, welches die statischen Nachweise liefert, ab.

Ein detailliertes Tragwerksmodell für den Stahlbetonbau enthält die 3D-Bewehrungsplanung mit Positions- und Schalungsplanung als Bewehrungsmodell. Das Tragwerksmodell für den Stahlbau dient als Modell für die Vorfertigung der standardisierten Stahlbauteile, der konstruktiven Anschlüsse und Befestigungen.

Die TGA-Modelle

In der Technischen Gebäudeausrüstung (TGA) wird zusätzlich zwischen den Fachdisziplinen Elektro- und Fernmeldetechnik, Heizungs-, Klima- und Lüftungsplanung und Sanitärplanung unterschieden.

Der sinnvollste Workflow zwischen den TGA-Planern und den Architekten ist die Übernahme des Raummodells des Architekten, um dann direkt in den Räumen die haustechnischen Komponenten platzieren zu können. Um auch die konstruktiven Bauteile, zum Beispiel für die Durchbruchs- und Trassenplanung, zu berücksichtigen, kann das Architekturmodell respektive das Rohbaumodell als Referenz übernommen werden.

Neben den Haustechnikkomponenten werden auch die Anlagen in den Fachmodellen als logische Strukturen oder Systeme modelliert. Jede Haustechnikkomponente enthält

Abb. 58: *TGA-Modell*

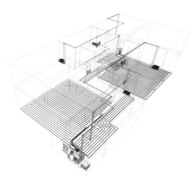

Abb. 59: *TGA-Berechnungs-*
modell am Beispiel Rukon
(Quelle: TACOS)

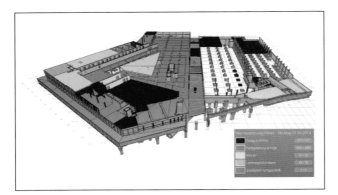

Abb. 60: *Baufortschritts-modell (Quelle: Max Bögl)*

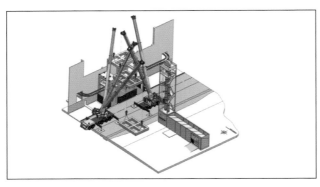

Abb. 61: *Baustellen-einrichtungsmodell (Quelle: Max Bögl)*

eine Zuordnung zur räumlichen und zur Anlagenstruktur. Für das Facility Management ist diese Zuordnung auch über die Planung hinaus relevant.

Die TGA-Modelle werden auch innerhalb derselben TGA-Software oder durch externe TGA-Berechnungsprogramme zur Berechnung und Auslegung der technischen Anlagen genutzt.

Die Ausführungsmodelle

Die Baufirmen nutzen für ihre Arbeitsabläufe ebenfalls eine Reihe von BIM-Modellen in verschiedenen Detaillierungsgraden.

Zunächst ein Angebotsmodell, das auf Basis der mit der Ausschreibung zur Verfügung gestellten Zeichnungen mit verhältnismäßig wenig Aufwand erstellt wird, um verlässliche Mengen für die Angebotskalkulation zu generieren. Gleichzeitig kann damit die Plausibilität der mit der Angebotsaufforderung übergebenen Zeichnungen überprüft und können Chancen für mögliche Nachträge gefunden werden.

Bei komplexen Bauprojekten wird das Konstruktionsmodell von der ausführenden Firma zusätzlich erstellt und mit den Konstruktionsmodellen der Planer abgestimmt. Damit können Details geprüft, Sondervorschläge begründet und auch Nachfolgeprozesse, wie die Kosten- und Terminkontrolle oder Fortschrittskontrollberichte, bedient werden. Oft wird dieses Modell auch *Bau- und Montagemodell* genannt.

Abb. 62: *Koordinations-modell*

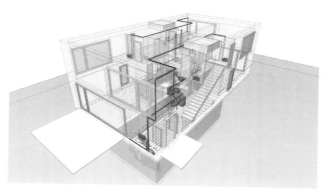

Das Bauablaufmodell, auch 4D-Modell genannt, dient der visuellen Kontrolle und Optimierung der Bauablaufplanung durch Verknüpfung des Konstruktionsmodells mit dem Bauablaufplan. Diese Modelle können auch für die Fortschrittskontrolle der Baustelle genutzt werden.

Das Kalkulationsmodell, auch 5D-Modell genannt, wird zur Kostenkalkulation verwendet. Es dient dabei der genauen Mengenermittlung aus dem Konstruktionsmodell und kann auch dazu verwendet werden, Mehr- und Mindermengen bei Planungsänderungen sehr schnell zu berechnen.

Im Baustelleneinrichtungsmodell wird die Fertigung berücksichtigt und Baumaschinen, wie Kräne, modelliert, um zum Beispiel deren Reichweite und Tragfähigkeit zu prüfen. Auch die Logistik auf der Baustelle kann damit simuliert werden.

Abgeleitete Modelle werden für die Vorfertigung von Betonteilen oder für die NC-Ansteuerung von Maschinen im Stahlbau oder Holzbau (Schneid-, Schweiß- oder Abbund-Roboter) genutzt.

Das Koordinationsmodell

Das Koordinationsmodell entsteht aus dem Zusammenfassen sämtlicher fachspezifischer Modelle für die modellbasierte Koordination und ist somit das entscheidende Modell im gemeinsamen Arbeiten mit BIM. Zu fest vereinbarten Zeitpunkten innerhalb der Planungsphasen werden die Fachmodelle der jeweiligen Projektbeteiligten nach einem Qualitätscheck in einem Koordinationsmodell zusammengefasst. Diese Zusammenfassung dient der Projektkoordination und der Kollisionsüberprüfung sämtlicher Gewerke sowie gemeinsamen Regelprüfungen und Auswertungen über die einzelnen Fachmodelle hinaus. Durch das Koordinationsmodell können bereits frühzeitig interdisziplinäre Fehler entdeckt und korrigiert werden, die in der konventionellen Planungsmethode erst auf der Baustelle auffallen würden.

Für ein funktionierendes Koordinationsmodell ist die Einhaltung der Modellierungsvorschriften (siehe Kapitel 4.2.1) durch die Fachplaner von größter Wichtigkeit. Nur so können die Modelle korrekt zusammengefasst werden.

Die Zusammenfassung der Fachmodelle zum Koordinationsmodell erfolgt temporär und in festgelegten Abständen in einer separaten Softwareumgebung. Der Stand

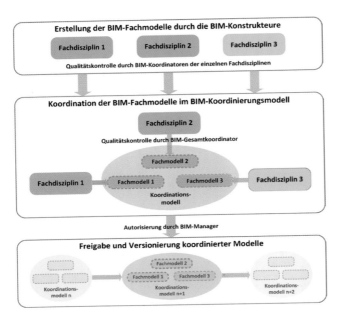

Abb. 63: *Modellbasierte Planungskoordination [nach Building and Construction Authority, 2013]*

wird vom BIM-Koordinator versioniert und für sämtliche Projektbeteiligte freigegeben. Der gesamte Workflow wird vom BIM-Manager, wenn eine solche Rolle im Projekt vorgesehen ist, festgelegt und überprüft.

Da die Fachmodelle referenziert sind, stehen diese im *read-only*-Modus bereit, sie können betrachtet und ausgewertet, aber nicht geändert werden.

Änderungsanforderungen, die sich als Ergebnis der Planungskoordination ergeben, werden nicht direkt im Koordinationsmodell korrigiert, sondern in der BIM-Modellierungssoftware der Beteiligten. Eine komfortable Möglichkeit, diesen Änderungsprozess zu unterstützen, bietet das BCF-Format. Damit kann die Änderungsanforderung so an die BIM-Planungssoftware übertragen werden, dass das betroffene Modellelement hervorgehoben und in derselben Perspektive gezeigt wird, wie zuvor in der Koordinationssoftware. Daneben lassen sich textliche Erläuterungen zur Änderung und Schnappschüsse übertragen, die es dem Bearbeiter leicht machen, die Gründe für die Änderungsanforderung zu erkennen (siehe Kapitel 5.2).

4.3   Die Modellelemente und ihre Detaillierungsgrade

Digitale Bauwerksmodelle bestehen aus Modellelementen, der digitalen Abbildung der physischen und funktionellen Eigenschaften eines wirklichen Bauteils. Die Eigenschaften der Modellelemente sind Informationen, die zusätzlich zur modellierten Geometrie des digitalen Bauteils eingegeben werden. Unterschieden wird hier zwischen geometrischen und alphanumerischen Informationen.

Es gibt geometrische Parameter, wie Länge, Höhe und Breite, und geometrische Auswertungsinformationen, wie Flächen und Volumen. Alphanumerische Eigenschaften sind Name, Material, Kennwerte, Klassifikationen, Herstellerangaben und Referenzen auf zusätzliche Informationen oder Kataloge.

Die Eigenschaftsnamen sind derzeit oft von der BIM-Software vorgegeben, was eine direkte Wiederverwendung erschwert. Ein erster Ansatz zur Standardisierung einiger Attribute für jedes Modellelement erfolgt im IFC Standard, der vorgegebene Eigenschaftslisten festlegt. Weiterführende Ansätze sind die Merkmalserver, die im Internet Festlegungen zu Eigenschaftsnamen, Bedeutung, Einheiten und Beziehungen zwischen den Eigenschaften definieren, die sowohl von Menschen, aber auch von der Software abgerufen werden können. Ein solcher sich in Entwicklung befindlicher Merkmalserver ist das *buildingSMART Data Dictionary*.

Nun hat ein Modellelement nicht immer die gleiche Informationstiefe, diese wächst im Projektverlauf an. Dabei ist zu beachten, dass weder weniger Informationen als gefordert, noch zu früh zu viele Informationen eingegeben werden.

4.3.1 Fertigstellungsgrad, Detaillierungsgrad, Informationsgrad

In der langjährigen, zeichnungsorientierten Planungskultur hat sich ein Grundverständnis über die Informationstiefe der Zeichnung in der jeweiligen Leistungsphase herausgebildet. Diese Zeichnungskonvention wird bekanntermaßen durch den Maßstab abgebildet. So wird ein Vorentwurf als eine »200stel-Zeichnung«, ein Entwurf als »100stel-Zeichnung«, eine Ausführungsplanung als »50stel-Zeichnung« und eine Detailplanung als »20stel-, 10tel-Zeichnung« oder in Ausnahmefällen sogar im Maßstab 1 : 1 angefertigt.

Der Zeichnungsmaßstab legt dabei fest, welche grafischen Details eines Bauelements dargestellt werden und steuert damit die Detaillierung der Entwurfsangaben.

Das ändert sich mit BIM. Ein BIM-Modell ist in Bezug auf seine geometrische Ausprägung ein digitales Geometriemodell (siehe auch Kapitel 3), das immer im Maßstab 1 : 1 vorliegt. Die Abbildung auf einen 2D-Plan wird erst durch die dynamische Planableitung generiert, bei der aufgrund der parametrischen Beschreibung der Modellelemente bestimmte Details unterdrückt werden. Die dazu notwendigen Algorithmen sind komplex und teilweise durch den Benutzer zu steuern.

Bei der Planerstellung eines 100stel-Entwurfsplans aus dem BIM-Modell in einer BIM-Software müssen sowohl die 2D-Darstellungen generiert werden, als auch entschieden werden, in welchem Detaillierungsgrad die Strichdarstellung und Schraffur erzeugt werden sollen. Bei einer mehrschaligen Wand muss beispielsweise festgelegt werden, ob die Schichten im Grundriss dargestellt und gemäß den Materialangaben schraffiert werden. Dies geschieht jedoch erst zum Zeitpunkt der Plangenerierung und ist keine Aussage darüber, welchen Detaillierungsgrad das BIM-Modell selbst hat.

Die Informationstiefe eines BIM-Modells lässt sich also weder über die abgeleiteten Pläne beschreiben, noch ist sie von den generierten Plänen abhängig. Die unabhängige Beschreibung der Informationstiefe ist außerdem von entscheidender Bedeutung für die digitale Auswertbarkeit der Planungsinformationen. So muss die Informationstiefe, die zu einem bestimmten Planungszeitpunkt vorliegt, vollständig und ausreichend belastbar sein, um ohne die menschliche Interpretation über die Zeichnung direkt von anderen Computerprogrammen verstanden zu werden.

Im Gegensatz zur klassischen Interpretation über den Zeichnungsmaßstab, welche das »Wie wird es dargestellt?« beschreibt, wird die Informationstiefe eines BIM-Modells über das »Was wird übergeben?« definiert.

4.3.2 Geschichte der Definition von Detaillierungsgraden

Die Detaillierung der Modelle, beziehungsweise der Modellelemente, aus denen die Modelle aufgebaut sind, werden mit einem Detaillierungsgrad beschrieben. Noch gibt es in Deutschland weder eine verbindliche Festlegung noch einen allgemein anerkannten Standard für die Detaillierungsgrade der BIM-Modelle.

Die ersten Ansätze zur Definition der Detaillierungsgrade erfolgten dagegen bereits 2008 durch die Firma VICO Software in Zusammenarbeit mit der amerikanischen Baufirma Webcor als *Model Progression Specification* [VICO Software, 2014]. VICO Software entwickelt Softwareprodukte für die Kostenplanung und erkannte die Vorteile der Kostenermittlung mit Hilfe eines BIM-Modells und damit die Notwendigkeit zur Definition eigener Detaillierungsgrade. Gerade für die verschiedenen Stufen der Kostenplanung war und ist es wichtig festzulegen, in welcher Detaillierung die Planungsdaten vorliegen müssen. Diese Festlegung bezeichneten sie als *Level of Detail* (Detaillierungsgrad) – kurz *LOD*.

Weiterentwicklung durch den Amerikanischen Architektenverband

Eine Weiterentwicklung erfolgte durch den Amerikanischen Architektenverband, dem *American Institute of Architects*, AIA, und wurde als Empfehlung E-202 *Building Information Modeling Protocol Exhibit* veröffentlicht [AIA, 2008]. Der AIA weitete die Festlegungen neben der Kostenschätzung und -kalkulation auch auf andere BIM-Anwendungen, wie Terminplanung, energetische und weitere Analysen, aus. Zur Abgrenzung zu den *Level of Details* wurde die Weiterentwicklung *Level of Development*, Akronym ebenfalls *LOD*, deutsch *Fertigstellungsgrad*, genannt. Ein Problem jedoch blieb – das gleiche Akronym. So wird der *Level of Development* nach wie vor mit dem *Level of Detail* verwechselt[37].

Die Fertigstellungsgrade definieren sechs Stufen (LOD 100, 200, 300, 350, 400, 500). Diese haben sich mittlerweile weit verbreitet:

- LOD 100: Das Modellelement kann im Modell geometrisch mit einem Symbol oder einer anderen allgemeinen Abbildung dargestellt werden, es erfüllt aber noch nicht die Anforderungen von LOD 200.

---

37 Eine sehr aufschlussreiche Diskussion über die verschiedenen Interpretationen bei den LOD's wurde in einem Blog von A. McPhee veröffentlicht: http://practicalbim.blogspot.co.uk/2013/03/what-is-this-thing-called-lod.html [Stand: 09/2015]

- LOD 200: Das Modellelement wird im Modell geometrisch als ein allgemeines System, Objekt oder eine Baugruppe mit ungefähren Mengen, Größe, Lage und Orientierung dargestellt. Nicht geometrische Informationen können dem Modellelement hinzugefügt werden.
- LOD 300: Das Modellelement wird im Modell geometrisch als ein System, Objekt oder eine Baugruppe mit spezifischen Mengen, spezifischer Größe, Lage und Orientierung dargestellt. Nicht geometrische Informationen können dem Modellelement hinzugefügt werden.
- LOD 350: Das Modellelement wird im Modell geometrisch als ein System, Objekt oder eine Baugruppe mit spezifischen Mengen, spezifischer Größe, Lage und Orientierung und mit Verbindungen und Anschlüssen zu anderen Gebäudesystemen dargestellt. Nicht geometrische Informationen können dem Modellelement hinzugefügt werden.
- LOD 400: Das Modellelement wird im Modell geometrisch als ein System, Objekt oder eine Baugruppe mit spezifischen Mengen, spezifischer Größe, Lage und Orientierung inklusive Montage-, Installations- und Herstellerinformationen dargestellt. Nicht geometrische Informationen können dem Modellelement hinzugefügt werden.
- LOD 500: Das Modellelement entspricht bezüglich Größe, Aussehen, Lage, Menge und Orientierung dem eingebauten Zustand. Nicht geometrische Informationen können dem Modellelement hinzugefügt werden.

Das ursprüngliche Paper des AIA (2008) listet die Fertigstellungsgrade zusammen mit den dafür freigegebenen Anwendungsfällen, den *authorized uses*, auf.

Ein Beispiel: Erforderlicher Modellinhalt für LOD 100:

Das gesamte Gebäude, dargestellt durch Fläche, Höhe, Volumen, Standort und Orientierung, wird dreidimensional modelliert oder durch andere Daten repräsentiert.

Freigegeben für folgende Anwendungsfälle:

- Analysen: Das Modell kann für analytische Berechnungen basierend auf Flächen, Volumen und Orientierung genutzt werden.
- Kostenschätzung: Das Modell kann für eine Kostenschätzung basierend auf der aktuellen Fläche, dem Volumen oder ähnlichen konzeptionellen Schätzungsmethoden (wie Quadratmeter Raumfläche, Kubikmeter umbauter Raum oder Funktionseinheiten, wie Krankenhausbett) genutzt werden.
- Zeitplan: Das Modell kann für die Bestimmung der Projektphasen und für die Schätzung der Gesamtdauer des Projektes genutzt werden.

Abb. 64: *Definition von LOD's von Bauelementen – LOD 100, 200, 300, 400, 500*

Weiterentwicklung durch NATSPEC und BIM Forum

Eine weitere Entwicklung erfolgte durch das NATSPEC BIM Paper [NATSPEC, 2011] und den darauf basierenden Festlegungen des BIM Forums [BIM-forum, 2013]. Im Sinne der allgemeinen Anforderungen und der Festlegungen für das Informationsmanagement legt auch die PAS 1192-2 des Britischen Standardisierungsinstituts (1192-2, 2013) fest, wann und durch wen die Übergabedatenspezifikation, die *data drops*, zu erfolgen haben.

Festlegungen zu den LOD-Definitionen nach [NATSPEC, 2011, S. 24]:

- LOD 100 (konzeptionell): allgemeine Baukörpergeometrie mit Fläche, Höhe, Volumen, Positionierung und Orientierung, modelliert in 3D oder durch andere Daten beschrieben
- LOD 200 (ungefähre Geometrie): Modellelemente werden als vereinfachte Baugruppen oder Anlagen mit ungefähren Mengen, Abmaßen, Formen, Positionierungen und Orientierungen erstellt. Einige alphanumerische Informationen können den Modellelementen zugewiesen werden.
- LOD 300 (genaue Geometrie): Modellelemente werden als Baugruppen oder Anlagen mit den exakten Mengen, Abmaßen, Formen, Positionierungen und Orientierungen erstellt. Weitere alphanumerische Informationen können den Modellelementen zugewiesen werden.
- LOD 400 (Ausführung): Modellelemente werden als Baugruppen oder Anlagen mit den exakten Mengen, Abmaßen, Formen, Positionierungen und Orientierungen erstellt und mit allen Herstellungsinformationen, Bau- und Zubehörteilen und Ausführungsdetails ergänzt. Weitere alphanumerische Informationen können den Modellelementen zugewiesen werden.
- LOD 500 (Bestandsdokumentation): Modellelemente werden als die gebauten Baugruppen und Anlagen mit den in der Ausführung realisierten Mengen, Abmaßen, Formen, Positionierungen und Orientierungen dokumentiert. Weitere alphanumerische Informationen können den Modellelementen zugewiesen werden.

Weitere LOD Definitionen

Auch in benachbarten Bereichen, wie dem Städtebau, wurden Fertigstellungs- und Detaillierungsgrade definiert. Für die Anwendung von 3D-Stadtmodellen wurden die folgenden fünf LOD's festgelegt[38]:

---

38 zitiert nach http://de.wikipedia.org/wiki/Level_of_Detail [Stand: 09/2015]

- LOD 0: Regionalmodell, 2,5-D-Geländemodell mit Luftbildtextur
- LOD 1: Klötzchenmodell, Gebäudeblock (Grundfläche hochgezogen)
- LOD 2: 3D-Modell der Außenhülle, der Dachstrukturen und einfacher Texturen
- LOD 3: Architekturmodell, 3D-Modell der Außenhülle mit Textur
- LOD 4: Innenraummodell, 3D-Modell des Gebäudes mit Etagen und Innenräumen.

4.3.3 LOD, LOG, LOI?

Wie die Überschrift suggerieren soll, ist die Verwirrung nun komplett. *Level of Disaster* wäre eine weitere mögliche Ausformulierung. Beide Definitionen schaffen keine Klarheit, denn sie beziehen sich, ob nun ausgeschrieben als *Level of Detail* oder *Level of Development*, vorrangig auf die geometrische Detailliertheit der Modellelemente, obwohl in den *authorized uses* des AIA die Informationstiefe angedacht wurde. Der Satz: »Weitere alphanumerische Informationen können den Modellelementen zugewiesen werden«, zeigt die Schwierigkeit in der konkreten Definition der Informationstiefe, denn diese Aussage ist viel zu allgemein, um genauere Festlegungen für die beauftragten Planungsleistungen mit der BIM-Methode zu treffen.

Da hier also nur die geometrische Ausprägung klassifiziert wird, wäre *Level of Geometry*, *LOG*, folgerichtiger. Der ebenfalls sehr bedeutsame Teil für die vollständige Detailliertheit eines Modellelements und für BIM überhaupt, ist die Definition der Informationstiefe der Elemente. Denn bei der Planung mit BIM sind nicht nur die 3D-Geometrie der Elemente entscheidend, sondern gerade auch die als Attribute angefügten Informationen. Diese Informationen sind für die Arbeit und den Austausch der Modelle von entscheidender Bedeutung.

Wird ein BIM-Modell für energetische Analysen oder Kostenberechnungen verwendet, muss es nicht nur aus akkurat modellierten Bauelementen bestehen, sondern diese Elemente müssen auch ihre Eigenschaften bekommen. Dabei soll die wirklich notwendige Informationstiefe, die der Entscheidungsfindung in der entsprechenden Planungsphase entspricht, und nicht die maximale Informationstiefe gewählt werden. Genau dies macht es aber so schwer, auch die jeweilige Informationstiefe der Modellelemente zu definieren. Während man die geometrische Detailliertheit sehr gut und nachvollziehbar in festgelegte Stufen einteilen kann, hängt der Grad der Informationen ganz stark vom jeweiligen Verwendungszweck, dem BIM-Anwendungsfall, ab.

Um hier Probleme gar nicht erst entstehen zu lassen, ist es sinnvoll, die Informationstiefe für die vereinbarten BIM-Anwendungsfälle, wie bestimmte Auswertungen und Berechnungen, vor Beginn eines Projektes festzulegen. Eine präzisere Definition ergibt sich, wenn sich der Detaillierungsgrad der Modellelemente LOD aus dem geometrischen Detaillierungsgrad LOG und der Informationstiefe LOI, abgeleitet aus den alphanumerischen Anforderungen bezogen auf die BIM-Anwendungsfälle, zusammensetzt.

LOD = LOG + LOI

Level of Detail = Level of Geometry + Level of Information
(Detaillierungsgrad der Modellelemente = geometrische Modellierung + Informationstiefe)

Abb. 65: *Unterschiedliche Informationstiefe LOI bestimmt durch die vereinbarten Anwendungsfälle bei gleichbleibendem geometrischen Detaillierungsgrad LOG*

Die geometrischen Detaillierungsgrade sind für ein erstes Verständnis auch relativ gut mit den Zeichnungsmaßstäben der 2D-Zeichnungen in den unterschiedlichen Leistungsphasen vergleichbar. Eine Möglichkeit für die Zuordnung der Detaillierungsgrade des architektonischen Fachmodells bezogen auf die Leistungsphasen nach HOAI (2013, S. 75ff), verglichen mit den bekannten Zeichnungsmaßstäben, zeigt Tabelle 13.

Der *Level of Geometry (LOG)* für die folgenden Leistungsphasen dient einer allgemeinen Erläuterung der geometrischen Detaillierung dieser Phase. Die LOG der einzelnen Modellelemente der jeweiligen Fachmodelle können davon abweichen. In der Grundlagenermittlung ist kein BIM-Modell erforderlich. Allerdings können die Planungsunterlagen, wie das Baugelände oder die städtebauliche Umgebung, und das Raumprogramm als Raumanforderungsmodell vorgegeben werden.

Der *Level of Information (LOI)* kann im Gegensatz zum LOG nicht wirklich in eine direkte Beziehung zu den Leistungsphasen gebracht werden. Des Weiteren ist es auch schwer möglich, die LOI's mit Nummerierungen zu belegen, da die *Anzahl* oder *Auswahl* der Eigenschaften stark abhängig von dem jeweiligen BIM-Ziel und damit vom BIM-Anwendungsfall ist (mehr zu BIM-Anwendungsfällen und BIM-Zielen in Kapitel 5).

Tab. 13: *Zuordnung der Level of Geometry zu den Leistungsphasen*

LOG		Beschreibung	Leis-tungs-phasen	Vergleich Zeich-nungs-maßstab
LOG 100	GEOMETRIE	Das Modell wird entweder als einfaches Massen-modell oder auf der Grundlage des Raum- und Funktionsprogramms erstellt und muss noch nicht zwingend einzelne raumbildende Modellelemente enthalten. Es dient der Ideenfindung, der städte-baulichen Einordnung und der Kommunikation mit dem Bauherrn. Die Modellelemente können im Modell aber auch schematisch mit Symbolen oder anderen allgemei-nen Abbildungen dargestellt werden. Eine genaue Typisierung der Modellelemente ist an dieser Stelle noch nicht erforderlich. Die Räume und die Gebäudehülle müssen modelliert sein.	LPH 2 (Vorent-wurfs-planung)	1:500 1:200
LOI	ATTRIBUTE	Alphanumerische Informationen sind nicht erfor-derlich.		
LOG 200	GEOMETRIE	Die Modellelemente werden im Modell typgerecht als allgemeine Objekte, Baugruppen oder Anlagen mit ungefähren Mengen, ungefährer Größe , Lage und Orientierung modelliert. Das Modell enthält auch das Raummodell, welches automatisch über die raumbegrenzenden Modell-elemente definiert ist.	LPH 3 und 4 (Entwurfs-planung und Genehmi-gungs-planung)	1:200 1:100
LOI	ATTRIBUTE	Erste allgemeine alphanumerische Informationen werden hinzugefügt. Beispielsweise: Bauteile: Bauteiltyp, tragend/nicht tragend, Bauteil-name Räume: Raumtyp, Raumnummer, ungefähre Fläche		
LOG 300	GEOMETRIE	Die Modellelemente werden im Modell typgerecht als Systeme, Objekte oder Baugruppen mit spezi-fischen Mengen, spezifischer Größe, Lage und Orientierung, Schichtaufbau und den Durch-brüchen modelliert. Das Modell enthält das weitergeführte Raum-modell.	LPH 5 (Ausfüh-rungs-planung)	1:50 1:20 – 1:1

– Fortsetzung auf nächster Seite –

– Fortsetzung Tab. 13 –

LOG		Beschreibung	Leis-tungs-phasen	Vergleich Zeich-nungs-maßstab
LOI	ATTRIBUTE	Weitere alphanumerische Informationen gemäß BIM-Ziel und Vereinbarung werden hinzugefügt. Beispielsweise: Bauteile: Material, Farbe, Bewehrung, U-Wert, Schalldämmmaß Räume: Raumklassifikation, Nettoflächen, Ausstattung, Fußbodenaufbau		
LOG 400	GEOMETRIE	Die Modellelemente werden im Modell typgerecht als Systeme, Objekte oder Baugruppen mit exakten Mengen, spezifischer Größe, Lage und Orientierung inklusive Montage-, Installations- und Herstellerinformationen dargestellt.	LPH 8 (Objekt-über-wachung)	1 : 100 – 1 : 10
LOI	ATTRIBUTE	Weitere alphanumerische Informationen gemäß BIM-Ziel und Vereinbarung werden hinzugefügt.		
LOG 500	GEOMETRIE	Die Modellelemente sind bezüglich Größe, Mengen, Aussehen, Lage und Orientierung eine überprüfte Abbildung der eingebauten Bauelemente.	Facility Manage-ment	
LOI	ATTRIBUTE	Alphanumerische Informationen wie angelegt, diese sind wichtig für das Facility Management.		

Die LOD's spezifizieren die BIM-Leistungen als Kommunikationsgrundlage für die Planungsteams und Bauherren. Welche Information, welche geometrische Detaillierung ist wann von wem wofür gefragt?

Hierzu sollten die folgenden drei Fragen zu jedem BIM-Modell beantwortet werden, das für die Kostenplanung und später auch die Terminplanung und andere Auswertungen verwendet wird. Dient das BIM-Modell allein der Visualisierung oder der Planerstellung sind diese Fragen nicht nötig.

- Wie akkurat soll das Modell erstellt sein?
- Welche Informationen müssen in dem Modell mindestens enthalten sein?
- Wer ist für das Modell und die Modellelemente inhaltlich verantwortlich?

Die LOD's sollten dringend standardisiert werden, denn sie entwickeln sich zu einem äußerst wichtigen Kommunikationswerkzeug. Sie gewinnen im Planungsprozess zunehmend an Bedeutung, von einer vagen konzeptionellen Idee bis hin zur präzisen Ausformung.

Auch Bauprodukthersteller arbeiten zunehmend mit BIM, indem sie ihre Bauprodukte, wie Fenster, Türen, Sanitärobjekte, modellieren und ihnen die entsprechenden Parameter mitgeben. Gerade für komplexe Bauteile ist das von großem Vorteil. Aber auch die Bauprodukthersteller stehen vor der Frage, für welche Leistungsphase und welche Anwendungsfälle sie ihre BIM-Objekte wie zur Verfügung stellen sollen.

In der folgenden Tabelle 14 wird ein Beispiel für die Detaillierung eines BIM-Objektes gezeigt.

Tab. 14: *Detaillierungsgrade eines BIM-Objektes*

LOD 100	LOD 200	LOD 300	LOD 400	LOD 500
Vorentwurf	Entwurfs-planung	Werkplanung	Bau- und Montage	Facility Management
Objekt: Bauhaussessel	Objekt: Bauhaussessel	Objekt: Bauhaussessel	Objekt: Bauhaussessel	Objekt: Bauhaussessel
Material:	Material:	Material: Stahlrohr/Leder	Material: Stahlrohr/Leder	Material: Stahlrohr/Leder
Breite:	Breite: 800	Breite: 788	Breite: 788	Breite: 788
Tiefe:	Tiefe: 750	Tiefe: 766	Tiefe: 766	Tiefe: 766
Höhe:	Höhe: 700	Höhe: 722	Höhe: 722	Höhe: 722
Hersteller:	Hersteller:	Hersteller:	Hersteller: Cass	Hersteller: Cass
Modell:	Modell:	Modell:	Modell: Wassily_01	Modell: Wassily_01
				Eingebaut: 2015-06-06

Während des Planungsprozesses erhöht sich sowohl der geometrische Detaillierungsgrad als auch die Informationstiefe der modellierten Bauprodukte, von allgemeinen Herstellerangaben bis hin zu konkreten Kennwerten der verbauten Produkte, kontinuierlich. Für das Bewirtschaften der Bauwerke wird das zu einer nicht zu unterschätzenden

Informationsquelle. Aber auch hier sei noch einmal darauf hingewiesen, dass nur die wirklich notwendige Informationstiefe angelegt werden sollte und nicht das Maximum möglicher Informationen.

4.4   Datenbank für das BIM-Anforderungs- und Qualitätsmanagement BIM-Q

Die diffizile Beschreibung der Detaillierungsgrade in ihrer geometrischen und alpha-numerischen Ausprägung im vorherigen Kapitel hat gezeigt, dass eine richtige und handhabbare Definition der Abnahme und Einsatzkriterien von BIM-Modellen für die verschiedenen BIM-Anwendungsfälle eine große Herausforderung ist.

Bislang sind alle Bemühungen zur Erstellung von allgemeingültigen LOD Beschreibungen, wie [BIM-forum, 2013] und [NATSPEC, 2011] von der Erstellung großer Excel-Listen als dem geeigneten Beschreibungsformat ausgegangen. Da aber die zu berücksichtigenden Randbedingungen, das »Wer«, »Was«, »Wann«, »Wofür« und »Wie«, eine mehrdimensionale Abbildung der Anforderungsdefinitionen fordern, ist dieser Weg auf Dauer nicht praktikabel.

Eine umfassende Definition der Modellanforderungen, die dann ein Teil eines digitalen BIM-Projektabwicklungsplans ist, muss datenbankbasiert umgesetzt werden.

4.4.1   Das BIM-Anforderungsmanagement

In der traditionellen, zeichnungsbezogenen Planungstätigkeit werden die Anforderungen an die Informationstiefe allgemein als ein Teil des Leistungsbildes mit Hinweis auf den jeweiligen Darstellungsmaßstab beschrieben.

Beispiel des Leistungsbildes Gebäude und Innenräume für die Leistungsphase 3 – Entwurfsplanung nach HOAI 2013:

》 Zeichnungen nach Art und Größe des Objekts im erforderlichen Umfang und Detaillierungsgrad unter Berücksichtigung aller fachspezifischen Anforderungen, zum Beispiel bei Gebäuden im Maßstab 1 : 100, zum Beispiel bei Innenräumen im Maßstab 1 : 50 bis 1 : 20 《

Die Festlegungen zur Vollständigkeit der Planungsinformation beziehen sich daher im Wesentlichen auf das »Wie«, das bedeutet, wie Pläne durch die Fachleute richtig und einheitlich zu interpretieren sind, und nicht auf das »Was«, also welche fachlichen Informationen enthalten sein müssen.

Dies genügt für die digitalen Auswertungen nicht mehr. Die Abbildung der Informationstiefe der Fachmodelle kann nicht mehr mit einem Maßstab und einer Zeichenkonvention beschrieben werden, sondern anhand der Informationstiefe der einzelnen Modellelemente im BIM-Modell.

Das effiziente Nutzen von BIM in Bauprojekten erfordert gut zu verwaltende und an den jeweiligen Nutzer anpassbare BIM-Vorgaben, genaue Modellierungsvorschriften für Architekten und Ingenieure und klare Aussagen über die Attribute der Modellelemente

Abb. 66: *Frühere Definition der BIM-Anforderungen in Excel-Tabellen*

zur Qualitätssicherung und Überprüfung der vertraglich vereinbarten BIM-Leistungen. So ist es nicht nur sinnvoll, sondern notwendig, sämtliche, für den verlustfreien Datenaustausch notwendigen Inhalte, Anforderungen, Detaillierungs- und Fertigstellungsgrade bereits vor Projektbeginn möglichst genau, konsistent und überprüfbar zu klären und vertraglich festzulegen.

Für eine erste Annäherung, diese BIM-Anforderungen an die einzelnen Modellelemente, ihre Eigenschaften beziehungsweise Attribute, ihre Abbildung auf verschiedene Datenstrukturen, CAD-Anwendungen, Klassifikationen und Sprache zu systematisieren, wurden Werkzeuge wie Word und Excel genutzt.

Die auch später noch näher erläuterte Frage »Wer liefert was wann wofür in welcher Qualität?«, kurz »Wer, Was, Wann, Wofür, Wie«, begann vorerst nur mit dem Thema der Informationstiefe für die entsprechenden Fachmodelle, also dem »Wer«, »Was« und »Wann«.

- Wer?
  die Fachdisziplin, die das Fachmodell zu erstellen hat
- Was?
  die Modellelemente, deren geometrischer Detaillierungsgrad und geforderte Attribute
- Wann?
  die Leistungsphase der Erstellung

Für diese Systematisierung erschien Excel als geeignetes Werkzeug, es ist einfach und intuitiv.

Die Bauteile beziehungsweise Modellelemente wurden einzeln gelistet und ihre möglichen Attribute inklusive einer kurzen Erläuterung hinzugefügt. In einem zweiten Schritt wurden vier wesentliche Planungsphasen – Vorplanung, Entwurfs- und Genehmigungsplanung, Ausführung und Dokumentation – aufgenommen. Für diese Planungsphasen konnte nun individuell für jedes Modellelement und jedes Attribut eingetragen werden, ob es im Projekt gefordert, optional oder nicht notwendig ist. Im Laufe der Arbeit mit diesen Unterlagen wurden weitere Vorgaben hinzugefügt, so zum Beispiel die Abbildung auf das IFC-Schema und die Modell-Verantwortlichen. Auch die Planungsphasen wurden weiter präzisiert. So erhielten sie noch die wichtigsten Austauschszenarien. Jetzt war es wesentlich genauer möglich, die Anforderungen zu adressieren, denn nun waren auch die weiteren Einflussfaktoren enthalten:

- **Wofür?**
  der BIM-Anwendungsfall, in dem das BIM-Modell genutzt werden soll
- **Wie?**
  die Abbildung auf die BIM-Software oder das BIM-Austauschformat, in dem das BIM-Modell erstellt und für den BIM-Anwendungsfall übergeben wird.

Hier zeigten sich dann auch gravierende Nachteile des Arbeitens mit Excel. Die Fülle an Informationen war wirklich wichtig und notwendig, aber auf diese Weise entstanden auch hier hochkomplexe, nunmehr unübersichtliche Strukturen, die immer schwerer zu handhaben waren. Der steigende Aufwand beim Erfassen immer komplexerer Datenanforderungen, die Einschränkung bei der Verwaltung der bereits abgelegten Daten, die limitierte Wiederverwendbarkeit und wichtige Aktualisierungen wurden unbeherrschbar. Auch bestimmte Automatismen bot dieses Werkzeug natürlich nicht, eine Qualitätsprüfung mit Hilfe automatisierter Regelprüfungen war nicht machbar.

4.4.2 Die Datenbank für das BIM-Anforderungs- und Qualitätsmanagement BIM-Q

Auf der Grundlage der Excel-Dateien entwickelt AEC3 nun eine webbasierte Datenbanklösung zur Unterstützung der Erstellung und Pflege der BIM-Anforderungsdefinitionen im Rahmen des BIM-Projektabwicklungsplans für Bauprojekte.

Die Lösung besteht aus fünf Elementen, die zur Definition wiederverwendbarer und konfigurierbarer BIM-Anforderungsdefinitionen im Sinne einer erweiterten LOD Beschreibung benötigt werden. Diese wurden bereits mehrfach als die fünf elementaren Fragen beschrieben.

- **Wer?**
  Definition der Verantwortlichen für die Erstellung der Modellelemente und Attribute
- **Was?**
  Definition der Modellelemente
  - Definition des geometrischen Detaillierungsgrads – LOG
  - Definition des alphanumerischen Detaillierungsgrads, der Attribute – LOI
- **Wann?**
  Definition der Leistungsphasen
- **Wofür?**
  Definition der BIM-Anwendungsfälle innerhalb der Leistungsphasen

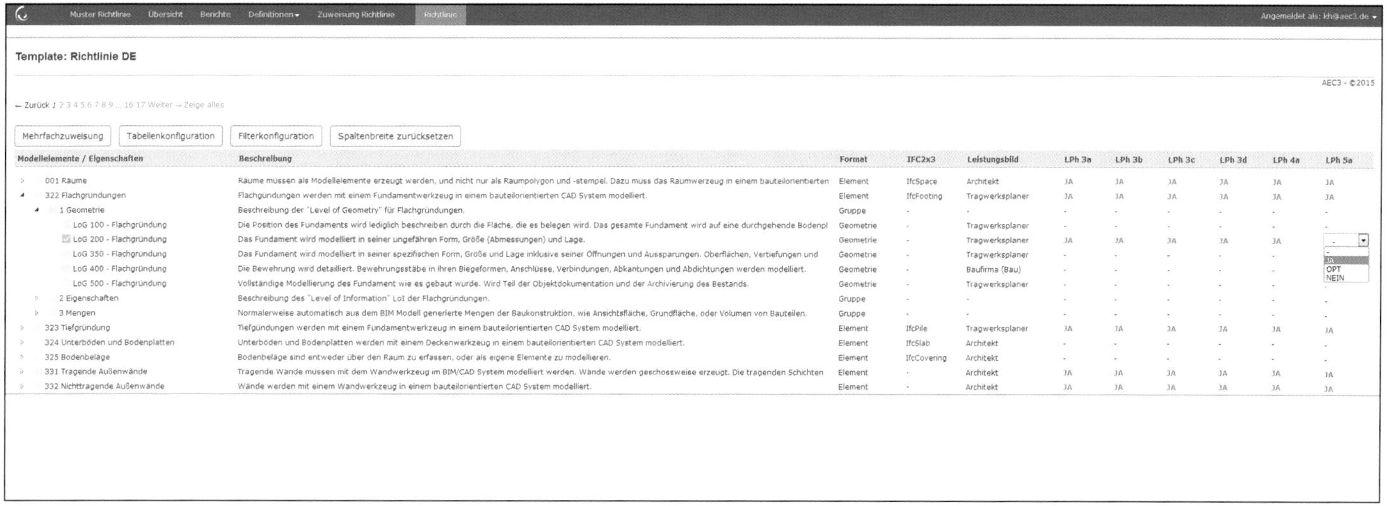

Modellelemente / Eigenschaften	Beschreibung	Format	IFC2x3	Leistungsbild	LPh 3a	LPh 3b	LPh 3c	LPh 3d	LPh 4a	LPh 5a
001 Räume	Räume müssen als Modellelemente erzeugt werden, und nicht nur als Raumpolygon und -stempel. Dazu muss das Raumwerzeug in einem bauteilorientierten	Element	IfcSpace	Architekt	JA	JA	JA	JA	JA	JA
322 Flachgründungen	Flachgündungen werden mit einem Fundamentwerkzeug in einem bauteilorientierten CAD System modelliert.	Element	IfcFooting	Tragwerksplaner	JA	JA	JA	JA	JA	JA
1 Geometrie	Beschreibung der "Level of Geometry" für Flachgründungen.	Gruppe	-	-	-	-	-	-	-	-
LoG 100 - Flachgründung	Die Position des Fundaments wird lediglich beschreiben durch die Fläche, die es belegen wird. Das gesamte Fundament wird auf eine durchgehende Bodenpl	Geometrie	-	Tragwerksplaner	-	-	-	-	-	-
LoG 200 - Flachgründung	Das Fundament wird modelliert in seiner ungefähren Form, Größe (Abmessungen) und Lage.	Geometrie	-	Tragwerksplaner	JA	JA	JA	JA	JA	- (- / JA / OPT / NEIN)
LoG 350 - Flachgründung	Das Fundament wird modelliert in seiner spezifischen Form, Größe und Lage inklusive seiner Öffnungen und Aussparungen. Oberflächen, Vertiefungen und	Geometrie	-	Tragwerksplaner	-	-	-	-	-	
LoG 400 - Flachgründung	Die Bewehrung wird detailliert. Bewehrungsstäbe in ihren Biegeformen, Anschlüsse, Verbindungen, Abkantungen und Abdichtungen werden modelliert.	Geometrie	-	Baufirma (Bau)	-	-	-	-	-	
LoG 500 - Flachgründung	Vollständige Modellierung des Fundament wie es gebaut wurde. Wird Teil der Objektdokumentation und der Archivierung des Bestands.	Geometrie	-	Tragwerksplaner	-	-	-	-	-	-
2 Eigenschaften	Beschreibung des "Level of Information" LoI der Flachgründungen.	Gruppe	-	-	-	-	-	-	-	-
3 Mengen	Normalerweise automatisch aus dem BIM Modell generierte Mengen der Baukonstruktion, wie Ansichtsfläche, Grundfläche, oder Volumen von Bauteilen.	Gruppe	-	-	-	-	-	-	-	-
323 Tiefgründung	Tiefgündungen werden mit einem Fundamentwerkzeug in einem bauteilorientierten CAD System modelliert.	Element	IfcPile	Tragwerksplaner	JA	JA	JA	JA	JA	JA
324 Unterböden und Bodenplatten	Unterböden und Bodenplatten werden mit einem Deckenwerkzeug in einem bauteilorientierten CAD System modelliert.	Element	IfcSlab	Architekt	-	-	-	-	-	-
325 Bodenbeläge	Bodenbeläge sind entweder über den Raum zu erfassen, oder als eigene Elemente zu modellieren.	Element	IfcCovering	Architekt	-	-	-	-	-	-
331 Tragende Außenwände	Tragende Wände müssen mit dem Wandwerkzeug im BIM/CAD System modelliert werden. Wände werden geschossweise erzeugt. Die tragenden Schichten	Element	-	Architekt	JA	JA	JA	JA	JA	JA
332 Nichttragende Außenwände	Wände werden mit einem Wandwerkzeug in einem bauteilorientierten CAD System modelliert.	Element	-	Architekt	JA	JA	JA	JA	JA	JA

Abb. 67: *BIM-Richtlinie in der AEC3 Datenbank für das BIM-Anforderungs- und Qualitätsmanagement BIM-Q*

- **Wie?**
  Definition der Abbildung auf die Erstellungssoftware und das Austauschformat.

Für alle fünf Kriterien dieser Anforderungsmatrix werden separate Listen quasi als Bausteinkästen für die Definition des BIM-Anforderungsmanagements erfasst. Dies vereinfacht das separate Erfassen und Verwalten der Datenanforderungen und erlaubt die Wiederverwendung beziehungsweise Mehrfachverwendung dieser fünf Kriterien. Auch können Modellelemente, geometrische Detaillierungsgrade und Attribute unabhängig voneinander definiert werden, was in den klassischen LOD Definitionen oft nur mit redundanten Informationen möglich war.

Aus diesen Bausteinen wird die generelle Basisrichtlinie, genutzt als Template für weitere spezifische Richtlinien, konfiguriert. Zu jedem Modellelement werden eine oder mehrere Klassifikationen hinterlegt, die Abbildung auf IFC sowie die Zuweisung zu den Leistungsphasen und BIM-Anwendungsfällen. Hierbei kann genau festgelegt werden, welcher BIM-Anwendungsfall welche geometrische und alphanumerische Ausprägung der Elemente in dem BIM-Modell für belastbare Eingangsdaten benötigt oder wie diese Anforderungen aggregiert auf die Leistungsphase vereinbart werden können.

Dieser einmal zu erstellende Content bietet eine umfangreiche Grundlage zur Abstimmung der BIM-Datenanforderungen für eine optimale Organisation in einem Projekt. Die Projektrichtlinie entsteht nun durch die folgenden Filtermöglichkeiten aus der Basisrichtlinie:

- Filterung nach den beauftragten Leistungsphasen
- Filterung nach den vereinbarten BIM-Anwendungsfällen
- Filterung nach den beauftragten Fachdisziplinen
- Filterung nach der Klassifikation der Modellelemente (beispielsweise 300er- und 400er-Kostengruppen).

Damit können die Vorgaben des BIM-Anforderungsmanagements spezifisch auf die Bauaufgabe und die BIM-Ziele abgestimmt werden. So wird zum Beispiel ein Krankenhausbau mit umfassender BIM-Anwendung einen anderen Stand der BIM-Anforderungen fordern als ein Kindergarten mit nur wenigen vereinbarten BIM-Anwendungsfällen.

Für die mit der Erstellung der BIM-Modelle beauftragten Firmen kann ein konkreter Objektkatalog generiert werden, der genaue Anleitungen für die Modellierer enthält. Des Weiteren bietet diese Lösung:

- eine Datenvalidierung mit Hilfe exportierter Regeln im BIM-Viewer oder BIM-Checker, um zu überprüfen, ob die gelieferten BIM-Modelle den vereinbarten Anforderungen entsprechen
- die Generierung von Templates, die als Vorlage in die entsprechenden BIM-Softwaresysteme eingelesen werden können.

Diese Lösung wurde von AEC3 konzipiert und in Zusammenarbeit mit buildingSMART Norwegen und den sich dort zusammengeschlossenen Auftraggebern ausgearbeitet und wird jetzt für weitere Anwendungen und Zielgruppen stetig weiterentwickelt.

5 BIM-Grundwissen – Prozesse und Anwendungsfälle

*Man braucht nichts im Leben zu fürchten, man muss nur alles verstehen.
Was man verstehen gelernt hat, fürchtet man nicht mehr.«*
Marie Curie

Das Interessanteste an der Anwendung der neuen Planungsmethode ist die neue Gestaltung der Zusammenarbeitsprozesse. Denn das gemeinsame Arbeiten mit den unterschiedlichen BIM-Modellen möglichst aller am Bau Beteiligten bringt die höchste Synergie. Nach der Vorstellung der wesentlichen BIM-Modelle, deren Aufbau und Detailliertheit werden im folgenden Kapitel die Methoden und Anwendungsfälle beschrieben, in denen die BIM-Modelle zwischen den Projektbeteiligten ausgetauscht und ausgewertet werden. Angefangen mit der Erläuterung der BIM-Prozesse wird danach zu beispielhaften BIM-Workflows übergegangen, von der Kollisionsprüfung anhand des Koordinationsmodells bis hin zur Übergabe der Bauwerksinformationen an das Facility Management.

5.1 BIM-Prozesse

Verglichen mit anderen Branchen werden im Bauwesen die formale Darstellung und Nachvollziehbarkeit der Arbeitsprozesse als sehr viel komplizierter und damit oftmals als undurchführbar wahrgenommen. Das liegt vor allem daran, dass Bauwerke, im Gegensatz zu Maschinenbau- oder Automobilbauprodukten, Unikate sind, und dass Bauprojekte jedes Mal in einer neuen Zusammenstellung der Projektbeteiligten durchgeführt werden.

Jedes Bauwerk ist trotz wiederkehrender und mehrfach verwendeter Bauteile ein einmaliges Produkt. Selbst die Baustelle als »Herstellerfabrik« ist mehr oder weniger einmalig, denn auch diese passt sich genau an das entsprechende Bauwerk und die Standortbedingungen an.

Zusammengefasst könnte man sagen, dass die Komponenten – das Bauwerk, die Baustelle und das Projektteam – im Bauwesen Unikate sind. Und genau das macht es schwer vorstellbar, dass auch hier eine in ihrer Abfolge strukturierte Planung sinnvoll und effizient wäre. Andererseits lassen sich einfache Bauaufgaben durchaus im Sinne einer Variantenbildung auf Basis von Vorzugslösungen erfüllen. Beispiele hierzu wären der Fertighausbau, kleine Bahnsteige, eine standardisierte Fabrik- und Lagerhalle oder Windkraftanlagen.

Aber auch für komplexere Bauaufgaben lassen sich im Bauwesen wiederholende Abläufe feststellen, die als eine Prozessabfolge beschrieben werden können. Sowohl auf der generellen Ebene der Leistungsphasen, als auch auf der detaillierten Ebene einzelner Prozessschritte zur Erfüllung einer konkreten Aufgabe, können diese Prozesse analysiert, dokumentiert und dann entsprechend der Abfolge abgearbeitet werden. Dieses Prozessverständnis führt zu einer sicheren und effizienten Arbeitsweise.

Ein Prozess wird in der formalen Beschreibung von Prozessdiagrammen mit folgenden Informationen beschrieben, die ähnlich wie die Beschreibungen in Projektablaufplänen sind (siehe Kapitel 6.3), jedoch ohne Angabe der Anfangs- und Endzeiten, damit diese Diagramme wiederverwendbar bleiben:

- Prozessname
- Prozessressource – zumeist die Rolle/Disziplin/Projektbeteiligte, die den Prozess ausführen
- Prozessabfolge – logische Beziehung zu Vorgänger- und Nachfolgeprozessen
- benötigte Vorleistungen (Input) und zur Verfügung gestellte Ergebnisse (Output)
- Einflussfaktoren – Normen/Richtlinien/Regularien, die den Prozess beeinflussen

Um Planungsprozesse zu beschreiben existieren Werkzeuge und formale Methoden, insbesondere die *Business Process Modeling Notation BPMN*. Die detaillierte Darstellung von Prozessmodellierungsmethoden würde jedoch den Rahmen dieses Buches sprengen. Im Folgenden wird daher eine bereits vordefinierte BIM-Prozessdefinition vorgestellt.

5.1.1   BIM-Referenzprozess

In Zusammenarbeit mit Kollegen des Fraunhofer-Instituts für Bauphysik IBP haben die Autoren im Rahmen des Forschungsprojekts BIMiD[39] an der umfassenden Darstellung des BIM-Referenzprozesses gearbeitet. Hierbei werden alle wesentlichen Planungsprozesse über die Leistungsphasen 1–9, mit dem Vorschalten der Bedarfsplanung nach [DIN 18205, 1996]], als ein Prozessdiagramm beschrieben [Tan et al., 2015].

Dahinter steht die Annahme, dass die Leistungen, die als Leistungsbilder in der HOAI beschrieben sind und Teilergebnisse planerischer Tätigkeiten der Architekten und Ingenieure darstellen, zueinander in Abhängigkeit stehen und somit als Prozesse beschreibbar sind. Nicht der HOAI unterliegende Leistungsbilder, wie die der Projektsteuerer, der Sonderfachleute, der ausführenden Firmen, aber auch des Bauherrn und der genehmigenden Behörde, wurden dieser Systematik hinzugefügt.

Dabei können die einzelnen Beteiligten im Gesamtprozess berücksichtigt werden. In der derzeitigen Fassung des BIM-Referenzprozesses sind dies die typischen Beteiligten in einem Hochbauprojekt:

- Baubehörde
- Bauherr

---

39 BIM-Referenzobjekt in Deutschland. Ein Praxis-Modellprojekt für die deutsche Bau- und Immobilienwirtschaft. Gefördert durch das Bundesministerium für Wirtschaft und Energie

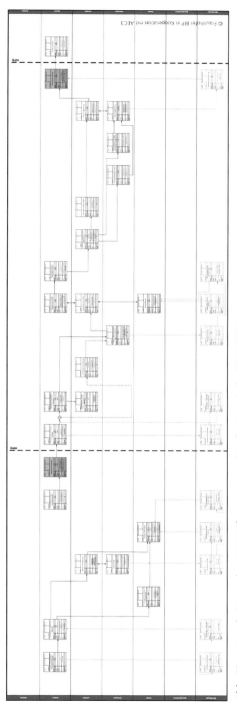

Abb. 68: *Ausschnitt aus dem BIM-Referenzprozess (Quelle: Fraunhofer IBP & AEC3)*

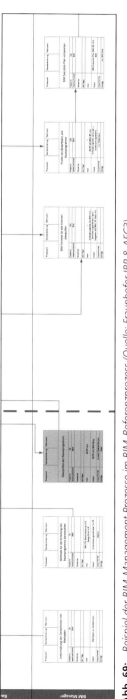

Abb. 69: *Beispiel der BIM-Management Prozesse im BIM-Referenzprozess (Quelle: Fraunhofer IBP & AEC3)*

- Objektplaner – Architekt
- Fachplaner – Technische Anlagen
- Fachplaner – Tragwerksplanung
- Sonderfachleute (wie für Brandschutz, Nachhaltigkeit)
- ausführende Firmen (zusammengefasst)
- BIM-Management (als neue Rolle für BIM-Leistungen, die nicht den klassischen Planungsleistungen der Objekt- und Fachplaner zugeordnet werden können).

Für jeden Beteiligten werden die einzelnen Prozesse über die Leistungsphasen hinweg in einer einheitlichen logischen Abfolge als Balken im Prozessdiagramm beschrieben, den sogenannten *Schwimmbahnen*. Damit werden zum Beispiel die Prozesse der Objekt- und Fachplaner direkt nebeneinander aufgeführt und die Querbeziehungen als Prozessverbindungen, den Inputs und Outputs zwischen den Prozessen, auch disziplinübergreifend dargestellt.

Neben den horizontalen Bahnen für die Beteiligten, den vertikalen Abschnitten für die Leistungsphasen, den Kästen für die Prozesse und den Verbindern für die Prozessabhängigkeiten enthält das Prozessdiagramm auch die wesentlichen Entscheidungspunkte, englisch *gates*. Diese sollten nur überschritten werden, wenn eine klare Entscheidung zu dem bisherigen Planungsstand getroffen wurde.

Jeder Prozess selbst ist durch den Prozessnamen und weitere prozessrelevante Informationen gekennzeichnet. Diese werden in Form einer Prozesskarte [Tan et al., 2015] beschrieben. Zu den Prozessinformationen gehören:

- verantwortliche Rolle
- mitwirkende Rollen
- erforderliche Vorleistungen (Input)
- Ergebnisse (Output)
- Formate und BIM-Modellinhalte (spezifisch für die BIM-Erweiterung)
- weitere Informationen, wie anzuwendende Vorschriften, Regeln, etc.

Während der allgemeine Referenzprozess hier allgemeingültige Angaben vorsieht, können diese Informationen für ein spezifisches Projekt konkret mit den Angaben der Projektteilnehmer versehen werden. Hier ergibt sich auch ein Verweis auf den BIM-Projektabwicklungsplan (siehe Kapitel 6.3), um die dort zu beschreibenden BIM-Prozesse effektiv aus einem Referenzprozess ableiten zu können.

Die weitere Erstellung dieses Referenzprozesses wurde durch Fachleute des AHO, dem Ausschuss der Verbände und Kammern der Ingenieure und Architekten für die Honorarordnung e. V., begleitet.

Auch hier ergibt sich beim genaueren Betrachten eine weitgehende Überlappung der Angaben, die im BIM-Referenzprozess wieder über das

- **Wer?**
  die Rolle innerhalb der Planungsbeteiligten, die für den Prozess verantwortlich ist, und das

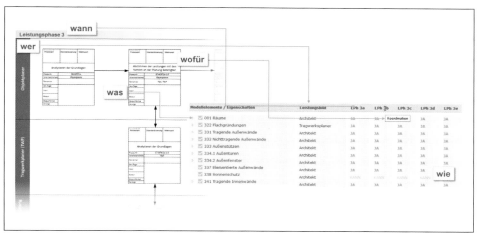

Abb. 70: *Verbindung zwischen dem BIM-Referenzprozess und der Datenbank für das BIM-Anforderungs- und Qualitätsmanagement BIM-Q*

- **Wann?**
  die Leistungsphase, in der der für BIM relevante Prozess erfüllt werden soll, und das
- **Wofür?**
  der BIM-Anwendungsfall selbst, in dem die Leistungserbringung stattfindet,

gemacht werden, mit denen, die für einen digitalen BIM-Projektabwicklungsplan benötigt werden. Diese Informationen werden in der Datenbank für das BIM-Anforderungs- und Qualitätsmanagement BIM-Q (siehe Kapitel 4.4) ebenfalls vorgehalten. Die weiteren Informationen zum

- **Was?**
  die Definition des Detaillierungsgrads der Modellelemente, bestehend aus der geometrischen (LOG) und alphanumerischen (LOI) Informationsanforderung, und
- **Wie?**
  die korrekte Abgabe hinsichtlich Format und Inhalt zur Ermöglichung der Validierung nach definierten Regelsätzen

werden dann dem BIM-Anforderungsmanagement hinzugefügt.

Für die technischen Inhalte und Vorgaben auf der Prozesskarte kann direkt auf die Datenbank für das BIM-Anforderungs- und Qualitätsmanagement BIM-Q verwiesen werden. Die notwendigen Selektions- und Filterkriterien der Rolle, der Leistungsphase und des Anwendungsziels (hier Prozessinput) steuern dann die korrekte Beschreibung der notwendigen Informationstiefe des BIM-Modells. Damit wird die Verbindung zwischen dem BIM-Referenzprozess und den Fertigstellungsgraden der Fachmodelle geschaffen.

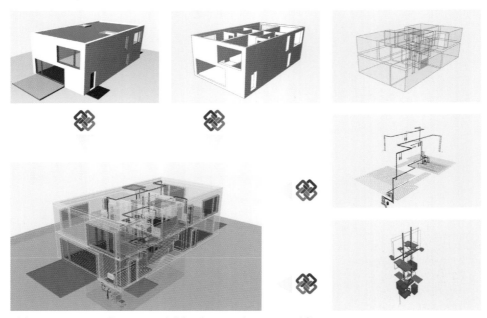

Abb. 71: *Das Koordinationsmodell für den Koordinationsworkflow*

5.2   BIM-Workflows und BIM-Anwendungsfälle

Mit dem Begriff BIM-Workflow sind, im Gegensatz zu den generellen Prozessabfolgen im Sinne des BIM-Referenzprozesses, die detaillierten, sich wiederholenden Arbeitsschritte zur Erfüllung einer Aufgabe gemeint. Eine genaue Kenntnis dieser Arbeitsschritte ist insbesondere dann notwendig, wenn mehrere Projektbeteiligte involviert sind und die Methoden über Firmengrenzen hinweg abgestimmt werden müssen. Dabei ist oft die Komponente BIM-Datenaustausch, wie in Kapitel 3.4 erläutert, von besonderer Bedeutung.

Vier wesentliche BIM-Workflows sind [Hausknecht & Liebich, 2013]:

- Der **Koordinationsworkflow** – die Fachmodelle der Planungsdisziplinen werden in einer Koordinationssoftware zusammengeführt und gegeneinander geprüft, u. a. auf Kollisionen.
- Der **Referenzworkflow** – die Fachmodelle der Planungsdisziplinen werden untereinander verlinkt, und damit als Referenzmodelle, die analysiert, aber nicht geändert werden können, für die laufende Überarbeitung des eigenen Fachmodells bereitgestellt.
- Der **Auswertungsworkflow** – einzelne Fachmodelle werden zur Übergabe von Teilmodellen an Nachfolgeprozesse genutzt, wie zum Beispiel der Erzeugung eines thermischen Flächenmodells für die energetischen Berechnungen.

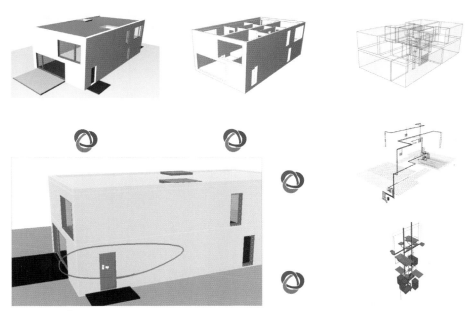

Abb. 72: *Änderungsmanagement mit dem Koordinationsmodell*

- **Der Übergabeworkflow** – zu bestimmten Prozessphasen werden die Fachmodelle, oft nach einer Prüfung im Koordinationsworkflow, an den Auftraggeber oder an weitere Nutzer übergeben.

5.2.1   Der Koordinationsworkflow

Voraussetzungen zum fachübergreifenden Arbeiten sind die organisatorischen Verein-barungen über die BIM-Ziele und Verantwortlichkeiten im Projekt, wie im Kapitel 6.1 erläutert, und die Einhaltung der notwendigen Modellierungsregeln. Diese Ziele können mit Hilfe der Datenbank für das BIM-Anforderungs- und Qualitätsmanagement BIM-Q professionell formuliert (siehe Kapitel 4.4) und als Vertragsanhang bei der Vergabe ausge-geben werden, zum Beispiel als Teil des BIM-Projektabwicklungsplans (siehe Kapitel 6.3).

Für die modellbasierte Koordination ist der beauftragte Projektteilnehmer, der die Rolle des BIM-Koordinators einnimmt, verantwortlich. Bei großen Bauprojekten kann ein BIM-Manager den generellen Ablauf, die Qualitätsregeln und Prüfprotokolle bestimmen. Für die Erstellung der dazu notwendigen fachspezifischen Modelle bleiben weiterhin die Modellautoren, die jeweiligen Architekten, Tragwerksplaner, Haustechniker und Ausfüh-renden, verantwortlich.

Der Koordinationsworkflow dient insbesondere der Planungskoordination zwischen den Hauptgewerken der Planung, aber auch zur Abstimmung mit angrenzenden Planun-gen oder dem Bestand. Die dabei in einem Koordinationsmodell referenzierend zusammengefassten Fachmodelle können neben der visuellen Koordination auch für weiterführende Anwendungen verwendet werden, wie der Kollisionsprüfung, der Bauregelprüfung, der gewerkeübergreifenden Auswertung, oder zur Kommunikation über Projektplattformen.

Bei der Anwendung von open BIM werden die einzelnen Fachmodelle über die IFC-Schnittstelle in einer BIM-Software zur Koordination und Kommunikation (siehe Kapitel 3.3.10) zusammengeführt, wie in Abbildung 71 dargestellt. Es erfolgt keine Änderung oder gar Rückübertragung der geänderten IFC-Modelle, die Fachmodelle werden *read-only* importiert.

Änderungsanforderungen, die sich aus der Koordination ergeben, werden als solche im BCF-Format (siehe Kapitel 3.4) übermittelt, die Änderung selbst wird in der Ursprungssoftware der Fachmodelle umgesetzt (siehe Abbildung 72).

Die wichtigsten BIM-Anwendungsfälle, die auf der Methode des Koordinationsworkflows beruhen, sind:

- modellbasierte Koordination der Planungsdisziplinen, Gewerkekoordination
- Kollisionsprüfung zwischen den Fachmodellen
- Bauregelprüfung aller Fachmodelle
- Erstellen und Fortschreiben des Raumbuchs aus mehreren Fachmodellen
- Visualisierung des Gesamtkonzepts.

Modellbasierte Planungskoordination

Der entscheidende Vorteil der BIM-Methode für sämtliche Fachplaner liegt in der modellbasierten Koordination während der Planungs- und der Ausführungsphase und in der Übergabe koordinierter Dokumentationsmodelle für den Betrieb.

Verschiedene Untersuchungen haben einen deutlichen Rückgang von baubeeinträchtigenden Planungsmängeln und Nachträgen mit Hilfe der modellbasierten Koordination bestätigt. Allein die Möglichkeit der visuellen und automatisierten Kollisionsprüfung zwischen den Fachmodellen, insbesondere der Architektur- und Tragwerksplanung mit der TGA, rechtfertigt häufig schon den Aufwand für eine modellbasierte Koordination.

In einem Projekt arbeiten die Planungsteams unterschiedlicher Fachdisziplinen an ihrer Sicht des gemeinsamen Bauwerks. Jedes Planungsteam erstellt sein eigenes Fachmodell. Diese Fachmodelle werden periodisch in einem Koordinationsmodell zusammengeführt, um die gesamte Planung auf Konflikte oder Widersprüche zu prüfen. Dabei wird zumeist eine spezielle BIM-Koordinationssoftware als die zentrale Plattform genutzt.

Kollisionsprüfung zwischen den Fachmodellen

Die Kollisionsprüfung zielt auf eine Verbesserung des Planungsprozesses durch Fehlerminimierung, das automatische Anzeigen von Planungskonflikten und eine Verbesserung der Kommunikation unter sämtlichen Projektbeteiligten. Die zusammengeführten Fachmodelle können so untereinander abgeglichen und korrigiert werden.

Der gesamte Entwurf wird dadurch schon relativ früh in seiner Qualität geprüft und das Projektrisiko, das anderweitig durch nicht erkannte Inkonsistenzen in der Planung besteht, wird minimiert. Von dieser Risikominimierung profitieren sowohl die Planer, aber insbesondere auch der Bauherr, indem spätere Projektverzögerungen und Ausfälle verhindert werden können.

In projektspezifisch festgelegten Abständen oder beim Erreichen vereinbarter Planungsstände werden die entsprechenden Fachmodelle in einer Software zur Kollisionsprüfung zu einem Gesamtmodell zusammengefasst. Es erfolgt eine automatische Geometrie- und Regelprüfung. Die Ergebnisse werden für alle Projektbeteiligten bewertet und dokumentiert. Die Planer können daraufhin ihre Fachmodelle anpassen oder korrigieren. Nach Anpassung oder Korrektur der BIM-Modelle kann eine erneute Zusammenfügung der Fachmodelle erfolgen, um weiterführende Kollisionsprüfungen durchzuführen.

Möglich, oder sogar oftmals sinnvoller, ist eine selektive Prüfung bestimmter Bereiche oder Anforderungen. Des Weiteren ist es wichtig, die Prüfungsergebnisse dem Planungsstand entsprechend zu bewerten, denn in den frühen Phasen sind sicher noch nicht alle notwendigen Wand- oder Deckendurchbrüche geplant noch wäre ein solcher Planungsaufwand in dieser Phase sinnvoll.

Der Vorteil von BIM-Modellen gegenüber einfachen 3D-Modellen ist bei Kollisionsprüfungen eindeutig identifizierbar, da bei 3D-Modellen tatsächlich nur die reine Geometrie getestet werden kann.

So würde ein Lichtschalter, der sich direkt auf der Wand befindet, eine Fehlermeldung verursachen. Moderne Kollisionsprüfungssoftware hat für diese Fälle bestimmte Regeln, die besagen, dass sich Schalter direkt an Wänden befinden dürfen. Allerdings muss die Software dann auch »wissen«, dass der Schalter ein Schalter ist. Das ist bei BIM-Modellen gegeben, bei 3D-Modellen nicht.

Der Umfang und die Tiefe von Kollisionsprüfungen kann mit entsprechenden Tools (siehe Kapitel 3.3) gesteigert werden. Denn neben der einfachen Regel »Wo ein Körper ist, darf sich kein zweiter befinden«, können weitere Konflikte in die Prüfung miteinbezogen werden.

Bei der Prüfung der Kollision zwischen einer Heizrohrleitung und einem Deckendurchbruch muss berücksichtigt werden, dass die Deckenöffnung neben dem Rohr auch der Isolation des Rohres Platz bieten muss. Oder bei der Prüfung eines Absperrventils muss nicht nur der Raumbedarf des Ventils, sondern auch der Bedien- und Wartungsraum davor freigehalten werden.

Weitere Regeln zusätzlich zur Geometrie sind zum Beispiel die Überprüfung dringend erforderlicher Abstände oder Bewegungsflächen. Dabei geht die reine Kollisionsprüfung in eine Prüfung gegenüber Bauregeln und Bauvorschriften über.

Abb. 73: *Überprüfung des barrierefreien Bauens (Quelle: Solibri)*

Bauregelprüfung von Fachmodellen

Der hohe Informationsgehalt der BIM-Modelle erlaubt es, nicht nur geometrische Überprüfungen vorzunehmen, sondern auch inhaltliche, wie die Überprüfung der Einhaltung bestimmter Bauregeln.

Ein gutes Beispiel ist die Prüfung, ob die Regeln des barrierefreien Bauens, wie in der DIN 18040 formuliert, beachtet werden. Denn beim barrierefreien Bauen müssen bestimmte Längen, Abstände und Radien eingehalten werden. Türen brauchen eine Mindestdurchgangsbreite und der Abstand zwischen zwei Türen muss die Manövrierbarkeit des Rollstuhls ermöglichen. Diese Regeln sind objektiv zu beurteilen und daher auch über das BIM-Modell prüfbar.

Andere Beispiele für die Bauregelprüfung sind die Fluchtwegeberechnung, Tageslichtbeleuchtung oder die Ausstattung mit sanitären Anlagen.

5.2.2 Der Referenzworkflow

Das importierte Fachmodell wird im Referenzworkflow nicht direkt in das native Format der Zielsoftware zur vollen Weiterbearbeitung übernommen, sondern lediglich referenziert, respektive verlinkt. Ein verlinktes Fachmodell einer anderen Fachdisziplin kann so zusammen mit dem eigenen Fachmodell angezeigt werden, es können Maße entnommen werden, Punkte, Linien und Flächen können beim Modellieren gefangen werden, die Attribute sind sichtbar und es kann auch direkt zur Kollisionskontrolle verwendet werden. Allerdings können und sollen die verlinkten Fachmodelle der anderen Beteiligten nicht verändert werden – auch um im Sinne der Verantwortung und Haftung eine klare Abgrenzung der Kompetenzen zu wahren.

Beispiele für den Referenzworkflow sind die gegenseitige Verlinkung des Tragwerksmodells in der BIM-Software des Architekten und des Architekturmodells in der BIM-Software des Tragwerksplaners (siehe Abbildung 74). Dabei kann das Architekturmodell zur Verlinkung hinsichtlich der tragenden Elemente gefiltert werden, so dass Übereinstimmungen oder Abweichungen gegenüber dem Tragwerksmodell besser gefunden werden können.

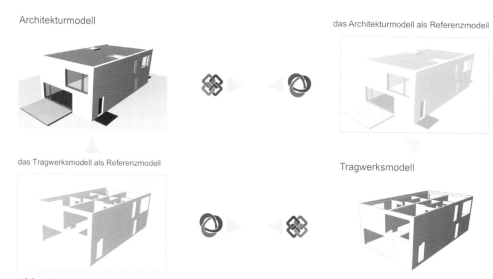

Architekturmodell

das Architekturmodell als Referenzmodell

das Tragwerksmodell als Referenzmodell

Tragwerksmodell

Abb. 74: *Referenzworkflow mit zwei Fachmodellen Architektur und Tragwerksplanung*

Im Sinne einer open BIM Anwendung wird das Fachmodell des anderen Planers über die IFC-Schnittstelle übertragen und dann in der eigenen BIM-Software referenziert. Einige BIM-Softwareprogramme erlauben dabei eine Wahl zwischen Verlinken oder Importieren, hierbei ist die Verlinkung zu empfehlen.

Ein weiteres Beispiel ist der Referenzworkflow zwischen der BIM-Software des Architekten und der des Gebäudetechnikers. Auch hier wird das TGA-Fachmodell in der BIM-Architektursoftware als Link hinterlegt und dient als Referenz, beispielsweise bei der Durchbruchsplanung oder der Planung der Deckenpakete. Das Gleiche gilt dann auch im umgekehrten Fall, wenn in der TGA-Software die Leitungsführung an die Deckenpaket-höhen oder an andere Architekturbauteile angepasst werden soll.

Die wichtigsten BIM-Anwendungsfälle, die auf der Methode des Referenzworkflows beruhen, sind:

- bi-direktionale Zusammenarbeit zweier Fachdisziplinen
- Referenzieren des Tragwerksmodells in dem Architekturmodell
- Referenzieren der TGA-Modelle in dem Architekturmodell
- Referenzieren des Architekturmodells in dem Tragwerksmodell
- Referenzieren des Architekturmodells in den TGA-Modellen
- Referenzieren der Fachmodelle im BIM-Viewer zur Bewertung durch Sonderfach-leuten, z. B. bei der Brandschutzplanung
- Referenzieren der Fachmodelle in den Bau- und Montagemodellen der ausführenden Firma.

Architekturmodell

Thermische Raumgrenzen (space boundaries)   Berechnungsmodell

+ zusätzliche Informationen =

Abb. 75: *Der Auswertungsworkflow am Beispiel der Energieberechnung*

Bi-direktionale Zusammenarbeit zweier Fachdisziplinen

Der ideale Koordinationsprozess zwischen allen Fachmodellen wurde anhand des Koordinationsmodells und der Kollisionsprüfung beschrieben.

Wenn nicht im gesamten Team mit der BIM-Methode gearbeitet wird und man auch nur bi-direktional kommuniziert, beispielsweise zwischen der Architektur- und der Tragwerksplanung, dann kann diese Zusammenarbeit auch ohne ein zentrales Koordinationsmodell funktionieren. Wichtig ist hierbei, dass die Übertragung des Fachmodells in einer sogenannten referenzierten Sicht auf das Modell vorgenommen wird. Dabei wird das jeweils andere Fachmodell nicht in den eigenen Arbeitsraum übernommen, sondern als externe Referenz hinterlegt. Die Referenzmodelle werden geprüft und ausgewertet. Ist eine Änderung erforderlich, muss diese angefragt werden. Die Änderung an sich erfolgt dann wieder durch den verantwortlichen Modellautor in seiner Softwareumgebung.

Ein Beispiel für diese Arbeitsweise ist die Durchbruchsplanung, die mit Hilfe der Haustechnikmodelle erfolgt. Aus den Haustechnikmodellen in der TGA-Software werden die Durchbruchsvorschläge exportiert, in das Architekturmodell übernommen, bestätigt und dann als richtige Öffnungen eingetragen. Bei diesem Workflow bleiben die Verantwortlichkeiten und Haftungsfragen zwischen den Planungsdisziplinen der Architektur- und TGA-Planung unberührt.

Diese bi-direktionale Zusammenarbeit, hier zwischen der Architektur- und der TGA-Planung, kann auch in eine modellbasierte Planungskoordination mit einbezogen werden

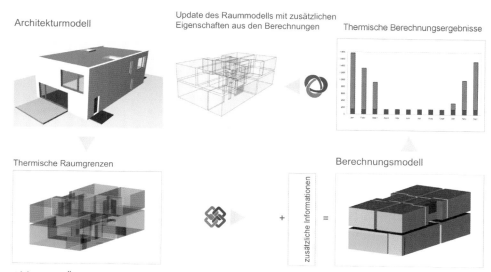

Abb. 76: *Übertragung der Berechnungsergebnisse in das Fachmodell*

und die Ergebnisse können in größeren Abständen mit den Fachmodellen aller an der Planung Beteiligten im Rahmen einer Kollisionsprüfung abgestimmt werden.

5.2.3 Der Auswertungsworkflow

Ein wesentlicher Vorteil der Arbeit mit BIM-Modellen besteht immer darin, dass keine separaten Berechnungsmodelle erstellt werden müssen, sondern dass diese, zumindest bezüglich der Geometrie, aus den Fachmodellen abgeleitet werden können. Dadurch entstehen ein geringerer Eingabeaufwand und vor allem auch weniger Aktualisierungsaufwand für die verschiedenen Simulationen und Berechnungen. Diese zeitlichen Einsparungen können dann dazu genutzt werden, mehrere Variantenuntersuchungen für die Optimierung zu berechnen und damit die Qualität der Planung zu erhöhen.

Der Auswertungsworkflow beschreibt einerseits die Übergabe eines Fachmodells an eine Auswertungssoftware und andererseits die Übernahme der Ergebnisse aus der Berechnung oder Simulation zurück in das Fachmodell der Planer.

Bei der Übergabe des Fachmodells an eine Simulation oder Berechnung muss das Modell in vielen Fällen transformiert werden. Ein typischer Fall ist die Übergabe des Architekturmodells zur thermischen Berechnung. Das 3D-Volumenmodell der Architektur wird in ein Flächenmodell der thermischen Übertragungsflächen transformiert und die Räume werden in thermische Zonen zusammengefasst. Erst danach kann die Information in die thermische Applikation zur Berechnung übertragen werden. Zwei offene Standards stehen derzeit für diesen Workflow zur Verfügung, IFC und gbXML, wobei bei komplexen Bauwerksgeometrien mit Einschränkungen gerechnet werden muss, falls diese nicht vorab abstrahiert werden. Nicht alle zur Berechnung notwendigen Informationen sind normalerweise im Architekturmodell vorhanden, beispielsweise die detaillierten

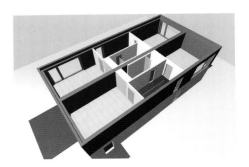
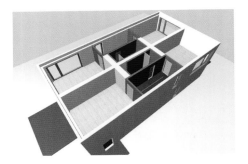
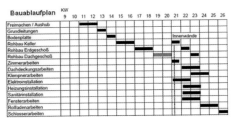

Abb. 77:   *Prinzipielle Darstellung des BIM-Anwendungsfalls 4D*

Materialkennwerte. Diese müssen nach der Transformation und Übergabe in der energetischen Berechnungssoftware ergänzt werden.

Aus den Simulationen oder Berechnungen werden Kenndaten generiert, die als Ergebnisse aus dem Berechnungsmodell wieder in die Fachmodelle zurückfließen sollen. So wird das Ergebnis der Heizlastberechnung wieder als ein neues Attribut den existierenden Räumen übergeben, um später bei der Auslegung der Heizungsanlage ausgewertet zu werden. Hierbei können aber nicht einfach die Räume des Architekturmodells ersetzt werden, denn das Architekturmodell wurde ja zur gleichen Zeit weiterentwickelt. Somit muss es also eine Update-Möglichkeit geben, wobei die neuen Merkmale zu den BIM-Elementen hinzugefügt, die Elemente dabei aber nicht einfach überschrieben werden.

Für die Unterstützung dieser Update-Möglichkeit mit offenen Standards wird derzeit BCF 2 entwickelt, wobei einer BCF-Nachricht die neuen Attributwerte als *BIM-Snippet* beigefügt werden. Diese Funktionalität ist derzeit in der Entwicklungs- und Testphase, sollte jedoch ab 2016 auch in kommerzieller Software zur Verfügung stehen.

Die wichtigsten BIM-Anwendungsfälle, die auf der Methode des Auswertungsworkflows beruhen, sind:

- dynamische Planableitungen aus den Fachmodellen
- Erstellen von Raum- und Bauteillisten aus den Fachmodellen
- Erstellen des statischen Berechnungsmodells als Abstraktion des Tragwerksmodells
- Erstellen des thermischen Berechnungsmodells für Energieberechnungen
- modellbasierte Mengenermittlung aus den Fachmodellen
- 4D-Simulation als Auswertung der Fachmodelle mit Verknüpfung zur Terminplanung

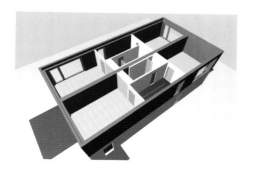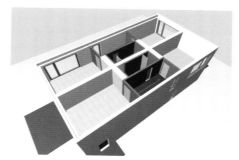

STLB-Bau Leistungsbereich	DIN 276 Kostengruppen, Ebene 2			
	310 Baugrube	320 Gründung	330 Außenwände	340 Innenwände
002 Erdarbeiten	12.525 €	1.205 €		
012 Mauerarbeiten				
013 Betonarbeiten			26.780 €	6.830 €
014 Natur- und Betonwerksteinarbeiten			23.560 €	7.320 €	12.450 €
016 Zimmer- und Holzbauarbeiten			14.320 €	

STLB-Bau Leistungsbereich	DIN 276 Kostengruppen, Ebene 2			
	310 Baugrube	320 Gründung	330 Außenwände	340 Innenwände
002 Erdarbeiten	12.525 €	1.205 €		
012 Mauerarbeiten				
013 Betonarbeiten			26.780 €	6.830 €
014 Natur- und Betonwerksteinarbeiten			23.560 €	7.320 €	12.450 €
016 Zimmer- und Holzbauarbeiten			14.320 €	

Abb. 78:   *Prinzipielle Darstellung des BIM-Anwendungsfalls 5D*

- 5D-Simulation als Auswertung der Fachmodelle mit Verknüpfung zu den Leistungs-verzeichnissen und der Kostenkalkulation.

Auswertungen aus dem Fachmodell

Aufgrund gesetzlicher Rahmenbedingungen, Richtlinien und Regelungen über die Gesamtenergieeffizienz von Gebäuden (EnEV), die Barrierefreiheit, den Schallschutz, Brandschutz, Flächennachweis, usw. werden immer mehr Nachweise für ein Bauwerk gefordert.

Durch die Integration von zusätzlichen numerischen Informationen im Bauwerks-modell wird die systematische Auswertung dieser Daten unterstützt und in sogenannten Auswertungsmodellen dargestellt. Auch die Mengen- und Massenermittlung, Bauteil-listen, Kostenkalkulationen und Terminplanungen werden mittels BIM vereinfacht, da auch hier die zusätzlichen alphanumerischen Informationen, wie Material, Kosten, Her-stellerinformationen, die automatische Auswertung dieser Planungsdaten unterstützen. Die Fehleranfälligkeit von Berechnungen wird verringert und die Transparenz für alle am Planungsprozess Beteiligten erhöht.

Hierzu gehören auch die oft *4D* und *5D* genannten BIM-Anwendungsfälle. Die 4D-Anwendung ist die Verknüpfung der Modellelemente im BIM-Modell mit den Vor-gängen im Terminplan.

Die Stahlbetonstützen als Fertigteile zum Einbau im zweiten Obergeschoss sind im Terminplan referenziert (Vorgang »Montage der Stahlbetonstützen«). Die Referenzierung in einer 4D-Software erfolgt durch bi-direktionales Verlinken der Identifikatoren der Modellelemente im BIM-Modell mit dem Vorgang. Damit können bei der Auswahl des Vorgangs im Modell alle betroffenen Modellelemente visualisiert werden. Häufig wird auch eine Filmsequenz generiert, die den virtuellen Baufortschritt darstellt, indem die Vorgänge in der zeitlichen Reihenfolge aktiviert werden.

Unter *5D* wird die Verknüpfung von Modellelementen im BIM-Modell mit kosten- und abrechnungsrelevanten Informationen verstanden. Damit werden die Erstellung von Mengengerüsten, Kostenberechnungen und die detaillierte Kalkulation auf Basis des BIM-Modells ermöglicht. Mit der durchgängigen modellbasierten Mengenermittlung können die Teilmengen, der Mengenanteil eines Modellelements an einer Leistungsposition, genau bestimmt werden und Leistungsverzeichnisse somit bi-direktional mit dem BIM-Modell verknüpft werden.

Die modellbasierte Mengenermittlung, Kostenberechnung und -kalkulation erhöhen die Überprüfbarkeit der Ergebnisse und deren Plausibilität. Es kann immer wieder im Bauwerksmodell überprüft werden, wo die entsprechenden Mengen entstehen, beziehungsweise welche noch nicht berücksichtigt wurden. Dies ist insbesondere beim Nachtragsmanagement interessant, um frühzeitig die Folgekosten einer späten Planungsänderung zu berechnen und zum Verständnis des Bauherrn auch zu visualisieren.

5.2.4   Der Übergabeworkflow

Im Gegensatz zum Koordinierungs- und Referenzworkflow wird beim Übergabeworkflow, wie der Name suggeriert, das Fachmodell zur Weiterbearbeitung übergeben. Dazu ist beim Import die Umwandlung in das native Format der Zielsoftware notwendig. Das bedeutet bei der Verwendung offener Schnittstellen eine besondere Herausforderung, da die gesamte Parametrik der Modellelemente übernommen werden soll. Mit nativ ist gemeint, dass nach dem Datenaustausch wieder vollumfänglich nutzbare Modellelemente bereitstehen »als wären diese in der eigenen Software erstellt worden«.

Zum jetzigen Zeitpunkt können einfache Bauelemente mit Standardgeometrie mit der IFC2x3 Schnittstelle übertragen werden, bei der Übergabe komplexerer Bauelemente mit parametrischen Definitionen gibt es aber noch immer Einschränkungen. Der neue IFC4 Standard erweitert die Möglichkeiten der nativen Übergabe von Bauelementen, aber es wird immer Grenzen geben, wie bei der hochkomplexen Parametrik von Treppen, die in allen BIM-Systemen unterschiedlich verwendet wird. In diesen Fällen werden die komplexen Bauelemente als Elemente mit korrekter Geometrie und mit allen Attributen übertragen, können aber nicht mehr parametrisch modifiziert werden.

Die Übergabe von Fachmodellen kann für das gesamte Modell erforderlich sein oder nur für Modellteile. Ersteres wird notwendig, wenn innerhalb einer Fachdisziplin ein Teamwechsel erfolgen soll. Das ist beispielsweise der Fall, wenn Architekt A für die Leistungsphasen 1 bis 4 zuständig ist, und danach Architekt B die weiteren Leistungs-

Architekturmodell

das Architekturmodell als Referenzmodell

Raummodell

das TGA Modell als Referenzmodell

TGA Modell

Übernahme als natives
Modell

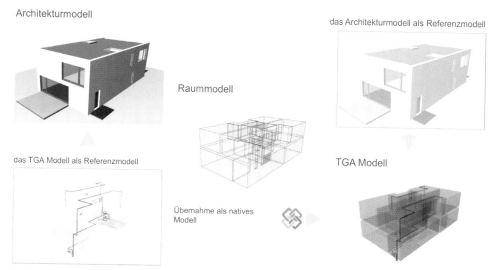

Abb. 79: *Übergabe von Teilmodellen zwischen Fachdisziplinen*

phasen übernehmen soll. Wobei hierbei auch zu bedenken ist, dass dies nicht nur eine technische Vereinbarung erfordert, sondern auch eine vertragliche Übereinkunft im Sinne der weiteren Nutzungsrechte und der Urheberschaft.

Häufiger werden Teilmodelle zwischen verschiedenen Disziplinen zur erstmaligen oder kontinuierlichen Weiternutzung übertragen. Beispiele hierfür sind die erstmalige Übernahme der tragenden Komponenten des Architekturmodells in die BIM-Software der Tragwerksplanung, um dort das statische Modell aufzusetzen. Damit wird der Erstaufwand des Erstellens des Tragwerksmodells, auch als Grundlage für das Berechnungsmodell, reduziert, auch wenn in Teilen sicherlich nachmodelliert werden muss.

Oder die Übernahme der Räume aus dem Architekturmodell in die BIM-Software der TGA, da die Räume, im Gegensatz zu den Bauteilen, nativ im TGA-Fachmodell vorliegen müssen. Diese werden bei den Berechnungen benötigt und um weitere Daten angereichert.

Die wichtigsten BIM-Anwendungsfälle, die auf der Methode des Übergabeworkflows beruhen, sind:

- Erstellen des Tragwerksmodells auf der Grundlage der tragenden Modellelemente des Architekturmodells
- Erstellen der Räume in den TGA-Modellen auf der Grundlage des Raummodells
- Übernahme des Fachmodells als natives BIM-Modell in die Zielsoftware bei Planerwechsel oder anderen Übergabeprozessen
- Übergabe der Fachmodelle zur Archivierung und späteren Umplanung im Betrieb.

Übergabe an das Facility Management

Die Planungs- und Bauphase von Bauwerken dauert in der Regel nur ein paar Jahre, genutzt wird das Gebäude oft über viele Jahrzehnte. Daher ist die Untersuchung der entstehenden Kosten für Betrieb, Wartung, Sanierung, Modernisierung und Rückbau häufig sehr wichtig für den Bauherrn. Mit BIM wird das Gebäude über seinen gesamten Lebenszyklus betrachtet.

Ein mit der BIM-Anwendung einhergehendes stringentes Informationsmanagement, in dem nicht die Zeichnung, sondern die Raumbücher und Anlagendokumentationen im Vordergrund stehen (beide können aus den auch bauseitig gepflegten BIM-Modellen abgeleitet werden), ist der ideale Prozess, um den Betrieb mit einer optimalen Datengrundlage zu versorgen.

5.2.5 Spezielle BIM-Anwendungsfälle

Neben der modellbasierten Koordination ermöglicht das fachübergreifende Arbeiten mit BIM eine große Anzahl weiterer Möglichkeiten der Zusammenarbeit.

Je nach Zielsetzung sind für diese Anwendungsfälle unterschiedliche Fachmodelle in entsprechenden Qualitäten und Detaillierungsgraden notwendig. Daher sollten diese Anforderungen in einem BIM-Projektabwicklungsplan vorab vereinbart werden (siehe Kapitel 6.3).

Gemeinsames Arbeiten an einem Fachmodell

Beim gemeinsamen Arbeiten an einem Teilmodell findet ein neuer Aspekt Anwendung, und zwar wenn Teile aus einem Modell nicht im eindeutigen Verantwortungsbereich einer einzelnen Fachapplikation liegen, beispielsweise in der Zusammenarbeit zwischen Architekt und TGA-Planer:

> Es ist relativ klar, dass die Verantwortung für die Wand beim Architekten liegt, die für den Kanal beim Haustechniker. In dieser Anordnung gibt es keinen Konflikt bei den Änderungsrechten. Es kann aber beim Raummodell passieren, dass Teile der Rauminformationen wie Flächen, Beläge und andere Merkmale Architekturinformationen sind, andere wie Wärmelastbedarf, Kühllast und Ähnliches aber in der Verantwortung des Haustechnikers liegen.

Wenn es nun also eine gemeinsame Verantwortung für ein Modellelement innerhalb des BIM-Modells gibt, muss man dieses Modellelement auch gemeinsam bearbeiten. Auch bei diesem Anwendungsfall ist beim Import die Umwandlung in das native Format der Zielsoftware die Voraussetzung für eine gemeinsame Bearbeitung der entsprechenden Elemente. Derzeit ist das mit der IFC-Schnittstelle nur bei Standardbauelementen gegeben, bei komplexeren Bauelementen kann die Parametrik und Konstruktionslogik noch nicht vollständig übertragen werden.

Bereitstellen von Herstellerinformationen

Viele Hersteller von Bauprodukten und Haustechnikkomponenten haben detaillierte Modelle ihrer Produkte, die sie den Planern und Ausführenden zur Verfügung stellen wollen, auch um ihre Marktchancen und ihr Dienstleistungsangebot zu erhöhen.

Die Integration von Herstellerobjekten direkt als Modellelemente in das BIM-Modell wird eine größere Bedeutung bekommen als vergleichsweise die Übernahme von 2D-Zeichnungsdetails der Produkte bei der klassischen CAD-gestützten Planung. Die BIM-Objekte der Hersteller können die 3D-Geometrie, die teilweise veränderlichen Abmessungsparameter für eine parametrische Anpassung der 3D-Geometrie und eine Reihe von technischen, kaufmännischen und weiteren Parametern beinhalten.

Warum sind Produkthersteller an der Veröffentlichung von BIM-Objekten interessiert?

- Markenpflege als innovative Anbieter hochwertiger Bauprodukte
- direkte, online-basierende Präsenz bei den Kunden, Angebot von Mehrwerten durch technische Unterstützung und Planungshilfen bei der Auswahl der Bauprodukte
- frühe Berücksichtigung bei Kundenprojekten durch die frühe Auswahl der hersteller-spezifischen BIM-Objekte durch Planer
- Übergabe der bewirtschaftungsrelevanten Informationen zu den Bauprodukten, die dann über das CAFM-Modell bei der Wartung abgefragt werden können.

5.3 Zuordnung der BIM-Anwendungsfälle zu den BIM-Zielen

In Abhängigkeit der BIM-Ziele, die im Detail im Kapitel 6.1 definiert sind, werden verschiedene dieser beispielhaft genannten BIM-Anwendungsfälle in einem Projekt eingesetzt. Viele Anwendungsfälle beziehen sich dabei durchaus auch auf die direkte Umsetzung innerhalb einer Planungsdisziplin und BIM-Software, wie zum Beispiel die Ableitung konsistenter Pläne aus dem Fachmodell und die Visualisierung des Fachmodells für Präsentationen und die Kommunikation mit dem Bauherrn. Die Visualisierung auf der Grundlage eines BIM-Modells ist dabei nicht zu verwechseln mit der immer noch üblichen Praxis externer Visualisierungen. Mit BIM kann man jederzeit die entsprechend gewünschten Perspektiven auf der Basis des aktuellen Planungsstands generieren.

Gemäß der Einteilung in *little bim* und *BIG BIM* könnte man diese Anwendungsfälle als interne Anwendungsfälle bezeichnen. Vollständig ist diese Aufzählung natürlich nicht, es gibt wesentlich mehr Möglichkeiten als hier aufgezählt werden.

Die für die entscheidenden Planungsdisziplinen der Architektur, TGA und Tragwerksplanung getrennt aufgeführten Tabellen sollen ebenfalls hervorheben, dass jeder zuerst für sich mit BIM beginnen kann und bereits dabei einen hinreichenden Nutzen aus der neuen Methode ziehen kann.

Tab. 15: *little bim-Ziele in der Architektur mit BIM-Anwendungsfällen und genutzten Fachmodellen*

BIM-Ziel	BIM-Anwendungsfall	BIM-Modell
städtebauliche Entwurfsstudien, Sonnenstandsanalysen, Überprüfen der Bebauungsregeln	Visualisierung auf Basis des BIM-Modells im städtebaulichen Umgebungsmodell	3D-Geländemodell 3D-Stadtmodell Architekturmodell
Variantenuntersuchung der architektonischen Gestaltung	Visualisierung der architektonischen Entwurfsideen, insbesondere bei komplexen geometrischen Formen	Architekturmodell
Präsentation und Kommunikation mit dem Bauherrn	Visualisierung des BIM-Modells	Architekturmodell
Nachweis der Erfüllung des geforderten Raumprogramms	Variantenuntersuchung des räumlichen Entwurfs, Überprüfung mit Raum- und Funktionsprogramm	Raumanforderungsmodell Raummodell
konsistente Pläne	dynamische Planableitungen aus dem BIM-Modell	Architekturmodell
energetische Untersuchungen und Analysen, Energienachweise	Ableitung der Ausgangsdaten aus dem BIM-Modell	Architekturmodell thermisches Berechnungsmodell
konsistente Ableitung der Bauteillisten	Generieren der Fenster-, Tür- und Bauteillisten	Architekturmodell
sichere Kostenschätzung und -berechnung	modellbasierte Mengenermittlung	Architekturmodell Raummodell
Ermittlung der Flächen und Ausstattung für das Raumbuch	Generieren der Raumlisten und des architektonischen Raumbuchs	Architekturmodell Raummodell
Übergabe des Modells an andere (neues Planungsteam oder ausführende Firma)	Übernahme des Fachmodells als natives BIM-Modell in die Zielsoftware	Architekturmodell Raummodell

Tab. 16: *little bim-Ziele in der TGA mit BIM-Anwendungsfällen und genutzten Fachmodellen*

BIM-Ziel	BIM-Anwendungsfall	BIM-Modell
konsistente Pläne	dynamische Planableitungen aus dem BIM-Modell	TGA-Modelle
optimale Auslegung der Anlagen und Komponenten	Einbeziehen von neutralen Informationen zu Anlagen und Komponenten in das BIM-Modell	TGA-Modelle TGA-Berechnungsmodelle Bauproduktmodelle
sichere Kostenberechnung	Generieren der Stück- und Materiallisten	TGA-Modelle
Übergabe der Anlagedaten an das FM	Anlegen der entsprechenden Daten im BIM-Modell	TGA-Modelle
Übergabe des Modells an andere (neues Planungsteam oder ausführende Firma)	Übernahme des Fachmodells als natives BIM-Modell in die Zielsoftware	TGA-Modelle

Tab. 17: *little bim-Ziele in der Tragwerksplanung mit BIM-Anwendungsfällen und genutzten Fachmodellen*

BIM-Ziel	BIM-Anwendungsfall	BIM-Modell
konsistente Pläne	dynamische Planableitungen aus dem BIM-Modell	Tragwerksmodell Bewehrungsmodell
Bewehrungs- und Detailplanung	Ableiten der Pläne aus dem BIM-Modell, Übernahme von Berechnungsergebnissen	Tragwerksmodell Bewehrungsmodell
statische Berechnungen, Stabilitätsnachweis	Verknüpfung des Tragwerksmodells mit dem Berechnungsmodell	Tragwerksmodell Berechnungsmodell
sichere Kostenberechnung	Generieren der Stück- und Materiallisten	Tragwerksmodell Bewehrungsmodell
Übergabe des Modells an andere (neues Planungsteam, oder ausführende Firma)	Übernahme des Fachmodells als natives BIM-Modell in die Zielsoftware	Tragwerksmodell

Das Ziel ist es natürlich auch hier zu einem gemeinsamen Planen mit BIM zu kommen, welches weitere effektivitätssteigernde BIM-Anwendungsfälle erschließt. Daher werden in einer weiteren Tabelle einige der integrativen Anwendungsfälle, also *BIG BIM*, gelistet.

Tab. 18: *BIG BIM-Ziele mit BIM-Anwendungsfällen und genutzten sowie ausgetauschten Modellen*

BIM-Ziel	BIM-Anwendungsfall	BIM-Modell
frühe Koordination mit der Tragwerksplanung	Übernahme der tragenden Bauteile des Architektur-modells für die Tragwerks-planung	Architekturmodell Tragwerksmodell
frühe Koordination mit der TGA-Planung	Übernahme des Raummodells und Referenz des Architektur-modells in der TGA-Planung	Raummodell Architekturmodell TGA-Modelle
Nachweise in der Gebäude-technik, Lichtplanung, Heiz-lastberechnung	Übernahme der Raum- und Gebäudedaten aus dem Architektur- beziehungsweise Raummodell	Raummodell Architekturmodell TGA-Modelle
konsistente, widerspruchs-freie Planungsunterlagen	modellbasierte Koordination zwischen Architektur, TGA und Tragwerksplanung	Architekturmodell TGA-Modelle Tragwerksmodell Bewehrungsmodell
Visualisierung der Planungs-stände zur Entscheidungs-findung	Modellierung sämtlicher Fachmodelle und ihre stets aktuelle BIM-basierte Visua-lisierung	Architekturmodell TGA-Modelle Tragwerksmodell
hohe Planungsqualität durch effektive Gewerkekoordina-tion	Koordination aller an der Planung beteiligten Fach-disziplinen über das Koor-dinationsmodell	Architekturmodell Tragwerksmodell TGA-Modelle weitere vorhandene Fach-modelle (z. B. das Fassaden-modell)
leistungsphasenadäquate Kollisionsprüfung	automatische Kollisions-prüfung und Änderungs-verfolgung anhand des Koordinationsmodells	Architekturmodell Tragwerksmodell TGA-Modelle weitere vorhandene Fach-modelle (z. B. das Fassaden-modell)
Bauregelprüfung	semi-automatische Über-prüfung des Koordinations-modells gegenüber den geltenden Bauregeln	Architekturmodell Tragwerksmodell TGA-Modelle weitere vorhandene Fach-modelle (z. B. das Fassaden-modell)

– Fortsetzung auf nächster Seite –

168

– Fortsetzung Tab. 18 –

BIM-Ziel	BIM-Anwendungsfall	BIM-Modell
Ermittlung von Mengen und Flächen, modellbasierte Ausschreibung, Angebotskalkulation	Übergabe der relevanten Fachmodelle an eine modellbasierte Mengen und Kostenermittlung	fachspezifische BIM-Modelle Kalkulationsmodell
frühzeitig abgestimmte Bauablaufplanung	4D-Planung – Verknüpfung der Fachmodelle mit der Terminplanung für die Bauablaufsimulation	fachspezifische BIM-Modelle Terminmodell
planungsbegleitendes Facility Management	Erstellung der CAFM-Unterlagen aus den Fachmodellen	fachspezifische BIM-Modelle CAFM-Modell
modellbasierte Bestandsdokumentation	Erstellung des Bestandsmodells	fachspezifische BIM-Modelle nativ und neutral als IFC

6 BIM-Grundwissen – Einführung und Management

Das größte Problem in der Kommunikation ist die Illusion,
sie hätte stattgefunden.«
George Bernard Shaw

Bis zu dem Zeitpunkt, an dem auf der Baustelle die Baugrube ausgehoben wird, Beton gegossen, oder in der Vorfertigung Bauteile produziert werden, ist jedes Bauprojekt ein reines Informationsmanagementprojekt. Auch bleibt das Informationsmanagement ein entscheidender Faktor am Bau und im Betrieb. Die Erstellung der Planungsdokumente und die Organisation des Informationsflusses zwischen den Planungs- und Ausführungsbeteiligten ist daher ein zentraler Teil des Projektmanagements. In dem Maße, in dem die Anwendung der BIM-Methode während der Planung Informationen bündelt und den Beteiligten zur Verfügung stellt, wird BIM zum zentralen Teil des Informationsmanagements [Egger; Hausknecht; Liebich & Przybylo, 2014, S. 45ff].

6.1 BIM-Informationsmanagement

Die im Informationsmanagement zu klärenden Fragen sind die sich aus den Projektzielen ergebenden Anforderungen an die BIM-Prozesse, wie Verantwortlichkeiten, zeitliche Koordination und die Festlegung der Übergabe- und Prüfschritte. Dazu kommen die Anforderungen an die BIM-Modelle, wie deren Struktur, Inhalt und Qualität der relevanten Informationen, sowie die Vorgaben zu den BIM-Werkzeugen und zu den technischen Parametern, wie die zugelassene Software, Datenformate, Austauschformate und die einzusetzende Projektplattform.

Bei den Festlegungen der BIM-Werkzeuge spielt es eine große Rolle, ob ein open BIM Ansatz favorisiert oder eine BIM-Softwarefamilie, also closed BIM, vorgegeben wird beziehungsweise werden kann. Dementsprechend werden auch die einzusetzenden Softwaresysteme und Datenformate bestimmt.

Unabhängig davon müssen Abstimmungen zu den BIM-Modellen getroffen werden. Die zu beantwortenden Fragen hinsichtlich ihrer Erstellung, Prüfung und Nutzung sind wieder:

- Wer erstellt die fachspezifischen Bauwerksmodelle?
- Was ist die Mindestqualität, der die Bauwerksmodelle genügen müssen?
- Wann müssen die Bauwerksmodelle im vereinbarten Detaillierungsgrad vorliegen?
- Wofür müssen die Bauwerksmodelle im vereinbarten Detaillierungsgrad vorliegen?
- Wie werden die Bauwerksmodelle den Beteiligten bereitgestellt?

Hinzu kommt an dieser Stelle:

- Welche Folgeprozesse können durch die Bauwerksmodelle effizienter werden?

Diese prinzipiellen Fragestellungen sind nicht BIM-spezifisch. Bereits mit der Einführung von 2D-CAD wurden CAD-Richtlinien zur Absprache und gemeinsamen Festlegung für die Projektbeteiligten eingeführt. Diese legten fest, wer welche Zeichnungen erstellt, wie detailliert beziehungsweise in welchem inhaltlichen Maßstab diese bereitgestellt werden, welche Mindestqualität, wie Strichstärken, Farben, Layerkonventionen und eventuell Blocknamen und Attribute, einzuhalten sind, in welchem Format (*.pdf, *.dwg, *.dgn) diese übergegeben werden und für welche Auswertungen und Nachweise diese genutzt werden können.

Derartige Festlegungen reichen bei der BIM-Methode nicht mehr und müssen daher durch neue ergänzt und später ersetzt werden. Insbesondere die traditionelle Trennung zwischen physischem Modell, Zeichnungen, Listen und Dokumenten wird aufgehoben.

In diesem Zusammenhang muss nicht mehr die Form der Darstellung geregelt werden, sondern die Detailliertheit der Planungsdaten an sich. Im Kapitel 4.3 wurde diese Festlegung der Informationstiefe von Fachmodellen bereits vorgestellt. Im Sinne des Informationsmanagements müssen daraus konkrete Vorgaben für die Projektbeteiligten abgeleitet werden.

Neben den Festlegungen zur Erstellung und Nutzung der BIM-Modelle müssen auch die BIM-Prozesse in ihrer Korrelation mit den Planungsprozessen beherrscht werden. Diesbezügliche Fragestellungen sind:

- Welche originären Planungsprozesse werden jetzt mit der BIM-Methode umgesetzt?
- Sind die Planungsprozesse der verschiedenen Planungsdisziplinen so aufeinander abgestimmt, dass die notwendige Planungstiefe zur Koordination immer vorliegt?
- In welchen Kommunikations-, Auswertungs- und Prüfungsprozessen sollen die erstellten BIM-Modelle genutzt werden?
- Welche neuen BIM-Management-Prozesse werden benötigt, wie beziehen sich diese auf die bestehenden Planungs- und Projektsteuerungsprozesse?

Am besten lässt sich dieser Zusammenhang in einem Prozessdiagramm darstellen, in dem die Prozesse mit deren Abfolge und gegenseitigen Abhängigkeiten sowie der Zuweisung zu den Verantwortlichen und ihrem Rollenverständnis beschrieben werden. Im Kapitel 5.1wurde dazu der BIM-Referenzprozess als eine Methode zur Darstellung und Überprüfung der BIM-Prozesse beschrieben.

Ganz zentral für das BIM-Management sind aber die konkreten Ziele für den BIM-Einsatz im Unternehmen und im Bauprojekt. Letztlich steuern die Ziele die notwendigen

BIM-Anwendungsfälle, und diese die Planungs- und Managementprozesse, in denen BIM-Modelle genutzt werden.

6.1.1   BIM-Zieldefinitionen

Vor jeder Einführung von BIM im Unternehmen und in konkreten Bauprojekten müssen zuerst die Ziele, die damit erreicht werden sollen, geklärt werden. Diese sind sowohl vom Anspruch der Projektbeteiligten, als auch von dem aktuellen Stand der Erfahrung abhängig. Generell sollte hierbei der Grundsatz zählen »So viel BIM, wie für den Projekterfolg nötig, nicht so viel BIM, wie möglich«. Insbesondere in der Übergangsphase, in der viele Projektteilnehmer noch nicht ausreichende Erfahrungen gesammelt haben und in der noch nicht alle Planungs- und Auswertungsprozesse durch entsprechende BIM-Software workflowkompatibel unterstützt werden, ist eine realistische Zieldefinition entscheidend.

Für die erfolgreiche Umsetzung von BIM in Bauprojekten ist eine rechtzeitige Absprache zwischen dem Bauherrn als Besteller der Leistungen und den Planern und ausführenden Firmen als Leistungserbringer notwendig. Der Bauherr wird sich bereits vor Projektbeginn hinsichtlich der BIM-Ziele und der Projektanforderungen, die am besten in einem qualifizierten Raum- und Funktionsprogramm dokumentiert sind, festlegen müssen. Ohne vollständige Angaben der BIM-Ziele können keine Modelle in der gewünschten Qualität erzeugt und Informationen entsprechend genutzt werden. Zudem definiert der Auftraggeber nicht nur die BIM-Ziele, sondern auch die gewünschte Informationstiefe (siehe Kapitel 4.3). Die Anwendung der BIM-Methode ist im Auftrag zwingend vertraglich zu verankern, am besten auf Basis eines BIM-Projektabwicklungsplans (siehe Kapitel 6.3).

Wenn der Bauherr selbst die Anwendung von BIM frei lässt, können dennoch der Generalplaner für die beauftragten Fachplaner oder der Generalübernehmer für seine Subunternehmer die BIM-Methode im Projekt festlegen. Dann gilt die Festlegung der allgemeinen BIM-Ziele analog für diese Besteller.

Der Bauherr kann BIM hinsichtlich Bauwerksart oder Bauwerksnutzung auf unterschiedliche Anforderungen ausrichten. Auftraggeber oder Betreiber, die an einer langjährigen Nutzung interessiert sind, werden Inhalte und Qualitäten in Bezug auf das Facility Management für eine Lebenszyklusbetrachtung definieren. Dabei werden grundlegende Informationen bereits in der Planungs- und Bauphase in das Datenmodell eingearbeitet. Bauherren von Bauwerken, die oft umgebaut oder saniert werden müssen, beispielsweise Krankenhäuser, Industriegebäude, wachsender Altbestand, werden an umfassenden, gut dokumentierten Informationen interessiert sein, um jederzeit darauf zurückgreifen zu können.

Einen wichtigen Unterschied gibt es auch bei der Art des Auftraggebers. Auftraggeber der öffentlichen Hand müssen Projekte unter Wahrung des Wettbewerbs, der Gleichbehandlung und der Transparenz beauftragen. Hierbei muss die Nutzung von offenen und produktneutralen Datenformaten und Schnittstellen, wie IFC im Sinne von open BIM, festgelegt werden. Private Auftraggeber sind in der Wahl der technischen Randbedingungen hingegen frei und können entsprechend genaue Definitionen der zu nutzenden Werkzeuge vorgeben, schränken dabei aber den Wettbewerb ein.

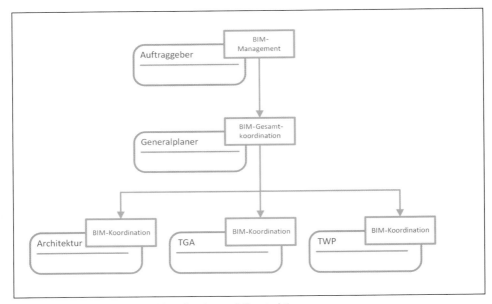

Abb. 80: *BIM-Management, Koordination und Konstruktion*

6.1.2   Rollen und Verantwortlichkeiten

In BIM-Projekten wird eine hohe Zahl an Informationen zwischen unterschiedlichen Beteiligten koordiniert. Um die Qualität dieser Informationen sicherzustellen, ist eine faire und gut organisierte Zusammenarbeit der einzelnen Beteiligten notwendig.

Im BIM-Referenzprozess (siehe Kapitel 5.1) wurde zwischen bestehenden Rollen, die sich aus den klassischen Leistungsbildern ergeben, wie Architekten, Tragwerksplaner und TGA-Planer, und der neuen Rolle des BIM-Managements unterschieden. Diese neue Rolle ist für die Einhaltung der gesteckten BIM-Ziele über die gesamte Entstehungsphase des Projektes wichtig.

Der Umfang und die Ausprägung des BIM-Managements können sehr unterschiedlich sein. Dies hängt unter anderem von der Projektgröße und den BIM-Zielen, den BIM-Erfahrungen, den organisatorischen Randbedingungen sowie den Leistungsphasen ab. Dabei bestehen bereits vergleichbare Aufgabenbereiche und Verantwortlichkeiten in der klassischen Planungsmethode für Planung, Ausführung und Nutzung, beispielsweise CAD-Verantwortlicher, Projektsteuerer und Berater.

Von übergreifender und organisatorischer Bedeutung ist die Rolle des BIM-Managers. Er erstellt und vereinbart die BIM-Strategie mit dem Bauherrn, definiert die vertraglichen Anforderungen und gewährleistet die Einhaltung und ständige Weiterentwicklung der BIM-Projektstandards an die momentane Leistungsphase.

Das Anforderungsprofil des BIM-Managers ist dabei technischer und organisatorischer Natur, wobei nicht jede geforderte Qualifikation immer durch eine konkrete Person eingebracht wird. Zwar kann in einem überschaubaren Projekt das BIM-Management durch eine Person geleistet werden, oft sogar in Personalunion mit der Rolle des Projektkoordinators oder Projektsteuerers. Bei sehr großen Projekten oder unter einem strengeren Terminplan sollte das BIM-Management jedoch von mehreren Personen mit speziellen Qualifikationen wahrgenommen werden. Zu den Anforderungen hinsichtlich der technischen Qualifikation gehören Spezialisierungen im softwaretechnischen Bereich wie Datenbankmanagement, fundierte BIM-spezifische Softwareanwendungen sowie Kenntnisse entsprechender open BIM-Schnittstellen. Bei der erforderlichen Managementkompetenz für die Projektorganisation spielen Erfahrungen in der Koordination, Mediation und Projektsteuerung eine große Rolle, wobei für den integralen Ansatz von BIM insbesondere Empathie und Kommunikationsfähigkeit gefragt sind.

Bei großen Projekten kann die Leistung des BIM-Managements durch den Projektsteuerer oder die Projektsteuerung durch das BIM-Management übernommen werden, auch der Generalplaner oder der Generalübernehmer kann je nach Vertragsstruktur damit beauftragt werden. Bei kleinen Projekten wird der Architekt die Rolle des BIM-Managements zusammen mit der BIM-Koordination übernehmen.

Eine abschließende Zuordnung des BIM-Managements zu den klassischen Leistungsbildern hat sich noch nicht etabliert. Derzeit ist das BIM-Management als eine besondere Leistung anzusehen.

Weiterführend seien auch die Rollen des BIM-Gesamtkoordinators, des BIM-Koordinators und des BIM-Konstrukteurs genannt, die in anderen Rollen die BIM-Prozesse kontrollieren, diese aber für die Planung umsetzen. Der BIM-Gesamtkoordinator übernimmt die Koordination des BIM-Einsatzes in den einzelnen Büros und organisiert die Abläufe für das Koordinationsmodell. Der BIM-Koordinator ist für die Erbringung und Zurverfügungstellung der BIM-Leistung seines Büros verantwortlich. Der BIM-Konstrukteur ist ein zusätzlich qualifizierter Ingenieur oder Konstrukteur, der BIM-Modelle in der geforderten Qualität mittels geeigneter BIM-Software erstellen kann. Diese Rollen können den klassischen Leistungsbildern zugeordnet werden, da die Leistungsbestandteile, wie die Koordination der Fachplaner und das Erstellen der jeweiligen Planungsunterlagen, bereits Teil dieser Leistungsbilder sind.

6.2 BIM-Einführung

Die Einführung von BIM in die Arbeitsprozesse löst einen Änderungsprozess aus, der das gesamte Unternehmen betrifft. Die Einführung ist somit eine Managemententscheidung und keine Entscheidung des Systemadministrators oder der IT-Abteilung. Auch können Methoden und Erfahrungen aus dem Änderungsmanagement genutzt werden, um BIM schrittweise und zielgerichtet umzusetzen.

Die vier folgenden wesentlichen Einflussfaktoren sind gemeinsam zu betrachten:

a) der Mensch als entscheidender Akteur
b) die Prozesse im Unternehmen
c) die Richtlinien für das unternehmerische Handeln
d) die eingesetzten Technologien.

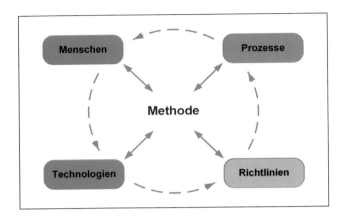

Abb. 81: *Randbedingungen einer Methode (Quelle: [Egger; Hausknecht; Liebich & Przybylo, 2014])*

Auch der Erfolg der neuen BIM-Methode im Bauwesen hängt im Wesentlichen von diesen vier Randbedingungen – Menschen, Prozesse, Richtlinien und Technologien – ab [Egger; Hausknecht; Liebich & Przybylo, 2014, S. 21ff]. Diese sind in ihrer Bedeutung nach absteigender Reihenfolge hier kurz erläutert.

a) Menschen

Beteiligte Personen und Mitarbeiter werden auf neue Herausforderungen stoßen und müssen bekannte und gewohnte Abläufe in Frage stellen. Dies erzeugt oft Widerstand und ruft Abwehrhaltungen hervor. Hierbei kommt es auf klare Zielvorgaben durch das Management genauso an, wie auf eine richtige Mitarbeitermotivation. Gleichermaßen ist der Schulungsbedarf zu ermitteln, der sich nicht ausschließlich auf die Softwarebedienung konzentrieren darf.

Im Ergebnis müssen etablierte Handlungsabläufe angepasst und ein höheres Fachwissen bei gleichzeitig höherer Aufgeschlossenheit gegenüber neuer Technik vermittelt werden.

b) Prozesse

Zuerst müssen die momentan vorhandenen Planungsprozesse analysiert werden, dabei soll auch generell das Prozessverständnis bei der Planung gestärkt werden. Sind die derzeitigen Prozesse bekannt, richtig vernetzt und mit den anderen Planungspartnern abgestimmt? Welche Rolle kann BIM bei der Prozessoptimierung spielen? Können die neuen Prozesse am BIM-Referenzprozess ausgerichtet werden?

Durch die zentrale Verwaltung von Informationen verändern sich die Prozesse vor allem in der Kommunikation und Zusammenarbeit. Ziele und Anforderungen an die Koordination werden im Rahmen des Informationsmanagements definiert. Sie dienen dazu, die vorhandene Qualität der Planungsinformationen zu untersuchen und die Koordination untereinander regelmäßig zu prüfen.

c) Richtlinien

Für eine Zusammenarbeit sind unter anderem die Definition der gemeinsamen Ziele und die Regeln für diese Zusammenarbeit erforderlich. Dazu zählen die Klärung des Urheberrechts der zentral verfügbaren Informationen und die Haftung für die Richtigkeit der jeweiligen Modelle vor deren Weitergabe. All diese Punkte sind vor Beginn des Projektes zu klären und vertraglich zu verankern.

Zu den anzuwendenden Richtlinien gehören im Speziellen die geforderte Informationstiefe der Fachmodelle, die Verantwortlichkeiten für die Modellinhalte, die Austauschzyklen, sowie die einzusetzenden Werkzeuge, Schnittstellen und Plattformen.

d) Technologien

Die Anforderungen an die Softwarekenntnisse werden steigen. Das betrifft vor allem das objektorientierte Denken und das Modellieren anstelle des derzeitigen Zeichnens. Dieser neue Ansatz ist für die Erstellung der jeweiligen Fachmodelle notwendig. Die BIM-Modellierungssoftware entwickelte sich stetig weiter, neue Funktionalitäten kommen hinzu und sollen schrittweise genutzt werden. Hierbei sind gute Bauteilbibliotheken, Modellvorlagen und andere Konfigurationen für einen Bürostandard notwendig, der entsprechend gepflegt werden muss.

Wichtig ist ansonsten die Kenntnis und erfolgreiche Anwendung von BIM-Viewern und BIM-Checkern für die Koordination mit BIM, die Nutzung von offenen BIM-Austauschformaten und die Verwendung von Projektplattformen für die Verwaltung von BIM-Modellen und den daraus generierten Zeichnungen und Dokumenten. Gerade im Bereich der BIM-Koordination, Auswertung und Visualisierung entstehen gegenwärtig immer neue Softwareprogramme.

6.2.1   Einführung von BIM im Unternehmen

Bei der Einführung von BIM in einem Unternehmen müssen zuerst die Ziele definiert und der aktuelle Ist-Stand analysiert werden. Aus dem SOLL der Zieldefinition und dem IST der aktuellen Situation entwickelt sich die GAP-Analyse, welche die Differenz beschreibt, die durch die BIM-Einführung überwunden werden soll[40]. Bei der anschließenden Neuausrichtung der Prozesse beschleunigt durch die Einführung neuer Technologien werden schrittweise neue Arbeitsmethoden eingesetzt und ein kontinuierlicher Verbesserungsprozess angestoßen.

Damit umfasst die Einführung von BIM im Idealfall drei Phasen [Egger; Hausknecht; Liebich & Przybylo, 2014, S. 33ff]:

---

40 Die genannten Begriffe in Großbuchstaben, das IST, das SOLL und der GAP, verweisen auf die Geschäftsprozessoptimierung oder das business process reengineering als eine Methode zur Neuausrichtung von Geschäftsprozessen, die gerade bei technologischen Umwälzungen notwendig wird.

- **Schritt A – Konzept und Analysephase**
  Identifikation der BIM-Potentiale für das Unternehmen, Mitarbeitergespräche und Schulungskonzepte, Analyse der wesentlichen Arbeitsprozesse, Festlegen der priorisierten Anwendungsfälle und benötigten Richtlinien, Marktanalyse der infrage kommenden Software für die Anwendungsfälle
- **Schritt B – Einführung und Pilotierung**
  exemplarische Einführung, beginnend mit den priorisierten Anwendungsfällen gemäß der identifizierten BIM-Potentiale, erste Schulungen und Softwareimplementierungen, Tests, Validierung in einem Pilotprojekt
- **Schritt C – Umsetzung und Optimierung**
  schrittweise Umsetzung im gesamten Unternehmen, Übernahme weiterer BIM-Anwendungsfälle, Umsetzen eines Schulungskonzeptes und Zielvereinbarungen mit den Mitarbeitern, verbindliches Einführen der Richtlinien und der gewählten Softwareprodukte, Beginn des kontinuierlichen Verbesserungsprozesses.

In Schritt A wird die Grundlage für die BIM-Unternehmensstrategie geschaffen, denn jedes Unternehmen hat potenziell ein anderes Geschäftsmodell, andere technische sowie strukturelle Bedingungen, andere Kompetenzen und damit unterschiedliche Möglichkeiten in der Nutzung von BIM. Zwischen ähnlichen Unternehmensgruppen kann die Strategie vergleichbar sein. Dies ermöglicht auch die Orientierung an der Konkurrenz. Dennoch sollten die individuellen Potenziale und Defizite gezielt adressiert werden. Gleichzeitig müssen die Mitarbeiter auf die kommenden Veränderungen vorbereitet werden, um Akzeptanz zu schaffen. Die Einführung von BIM ist eine Managemententscheidung, die Mitarbeiter jedoch bilden den Schlüssel zum Erfolg und sollten dringend informiert, motiviert und geschult werden.

In Schritt B wird die Strategie für die BIM-Anwendungsfälle im Unternehmen entsprechend den Analyseergebnissen aufgebaut. Neben den notwendigen Technologien müssen schrittweise auch neue Strukturen im Unternehmen eingeführt und Kapazitäten aufgebaut werden. Für einen BIM-Aufbau ist entsprechendes Knowhow notwendig. Es kann durch Recherche und Teilnahme an Workshops, aber auch durch Hinzuziehen professioneller Beratung geschaffen werden. Das BIM-Pilotprojekt schließt den Schritt ab.

In Schritt C wird auf Basis der bisherigen Erfahrungen die BIM-Umsetzung auf das gesamte Unternehmen ausgeweitet. Die Mitarbeiterschulung wird ausgebaut, insbesondere wird die korrekte Modellierung gemäß der eingeführten Richtlinien geschult. Neben vertieften Softwarekenntnissen muss die Zusammenarbeit mit anderen verbessert und die Informationsweitergabe und -entgegennahme erklärt werden. Im Laufe der langfristigen Umsetzung sind die notwendigen Softwareumgebungen, wie Bauteilbibliotheken, Projektvorlagen und Auswertungsroutinen, schrittweise aufzubauen. Kommunikationsstrategien, weiterführende Richtlinien für die Modellierung und die Modellnutzung sowie eine Vernetzung zwischen unterschiedlichen Fachbereichen, aber auch Auftraggebern, Subunternehmern und Projektpartnern sind zu erarbeiten.

Bei größeren Unternehmen bedeuten diese Schritte eine längerfristige Umwälzung, der möglicherweise innerer Widerstand entgegengebracht werden wird. Neben einem klaren Commitment des Managements bietet sich auch die Ernennung einer für die BIM-

Umsetzung verantwortlichen Person, eines sogenannten BIM-Champions[41], an. Durchsetzungsstarke und kommunikative Personen mit einer Affinität zu digitalen Medien füllen diese Stelle gewöhnlich gut aus.

Bei kleinen Büros mit wenigen Mitarbeitern, welche die überwiegende Zahl der Architektur- und Ingenieurbüros in Deutschland bilden, kann natürlich nicht der Aufwand einer solchen tiefen Geschäftsprozessoptimierung mit externer Beratung betrieben werden. Andererseits sind die Hierarchien sehr flach und die Motivation der Geschäftsführer, welche eine unbedingte Voraussetzung für die BIM-Einführung ist, kann direkt auf die Mitarbeiter wirken. Der Austausch in Netzwerken und die Nutzung der Workshopangebote von Verbänden, wie buildingSMART, sowie der Akademien der Berufskammern sollte für das Aneignen des notwendigen Knowhows wahrgenommen werden.

6.2.2 Einführung von BIM im Projekt

Insbesondere in der Übergangsphase, wenn noch keine flächendeckende Erfahrung aus der BIM-Einführung bei den beteiligten Unternehmen vorhanden ist, sollten die Auftraggeber vor der Ausschreibung und Vergabe von Planungsleistungen einen BIM-Implementierungsplan erstellen. Die wesentlichen Punkte sind auch hier die BIM-Ziele und die sich daraus ergebenden BIM-Anwendungsfälle.

Diese stehen in direktem Zusammenhang mit den unter Kapitel 3.3 genannten Einsatzfeldern, siehe hierzu auch Tabelle 7. Die im Kapitel 5.2 genannten BIM-Workflows sowie die BIM-Anwendungsfälle beschreiben diese Einsatzfelder.

Nachdem auf Seiten des Auftraggebers die wesentlichen BIM-Ziele geklärt und die BIM-Anwendungsfälle im Projekt konkretisiert wurden, empfiehlt es sich aus organisatorischen Gründen, eine Eröffnungsveranstaltung mit den Planern durchzuführen, um die Motivation und den aktuellen Kenntnisstand der beauftragten Planer kennenzulernen. Gerade bei öffentlichen Ausschreibungen, in denen zwar die BIM-Kompetenz getestet werden kann, nicht aber Vorgaben zu den einzusetzenden Softwareprodukten gemacht werden können, sollte auch die aktuelle IT Landschaft beurteilt werden.

Danach werden die BIM-Anwendungsfälle konkretisiert. Welche können gemeinsam erreicht werden, wo dagegen fehlt das Vorwissen und die Erfahrung? Realistische Ziele sind in der Übergangsphase sehr wichtig. Die dann vereinbarten BIM-Anwendungsfälle müssen vertraglich festgeschrieben werden, dazu eignet sich der im nachfolgenden Kapitel vorgestellte BIM-Projektabwicklungsplan.

Außerdem sind die Verantwortungsbereiche abzugrenzen. Wer übernimmt das BIM-Management und wer ist für die BIM-Koordination zuständig? Diese Festlegungen müssen dann in den BIM-Projektabwicklungsplan aufgenommen werden. Wenn die Planungsleistungen unter den Anwendungsfall der HOAI fallen, dann sollten noch die Leistungsbilder beschrieben werden und ob diese unter die Grundleistungen fallen oder als besondere Leistungen zu berücksichtigen sind. Diese Fragen werden in Kapitel 7.2 noch genauer untersucht.

---

41 Der Begriff des *Champions* kommt aus der Methode des Veränderungsmanagements. Er bezeichnet einen Wegbereiter der neuen Strategie im Unternehmen.

6.2.3 Unterstützung bei der Einführung von BIM

Welche Möglichkeiten haben die Auftraggeber (Bauherren, Betreiber) und Auftragnehmer (Planer, Ausführende, Zulieferer), sich bei der Beschäftigung mit der neuen Thematik unterstützen zu lassen und BIM schrittweise in das Unternehmen und die nächsten Projekte einzuführen?

Literatur und Leitfäden

Ein erster Schritt wäre die Lektüre entsprechender BIM-Literatur sowie von Veröffentlichungen, Foren und Blogs im Netz. Allerdings ist der weit überwiegende Teil nur in englischer Sprache verfügbar. Als erstes deutschsprachiges Kompendium über BIM gibt das vorliegende Buch Unterstützung beim allgemeinen Verständnis der Zusammenhänge und bei den ersten Schritten der Anwendung.

Der BIM-Leitfaden für Deutschland [Egger; Hausknecht; Liebich & Przybylo, 2014], der im Auftrag des Bundesamts für Bauwesen und Raumplanung entstanden ist, steht bereits allen BIM-Interessierten als Informationsquelle und Ratgeber zur Verfügung und enthält konkrete Hinweise und Checklisten für die Einführung von BIM in Unternehmen und in Projekten. Es ist das bislang detaillierteste Werk über die praktische Bedeutung von BIM in deutscher Sprache.

Verbände und Organisationen

Bislang hat buildingSMART e. V. den Raum für alle BIM-Interessierten bereitgestellt, sich bei Foren und Anwendertagen zu treffen, in Arbeitsgruppen zusammenzuarbeiten und sich in Netzwerken zu informieren. Der große Vorteil von buildingSMART ist dabei, dass sich in ihm der Querschnitt der deutschen Bauwirtschaft engagiert – Architekten und Ingenieure, Baufirmen, Wissenschaftler an Universitäten und Hochschulen sowie die Bausoftwareindustrie. Mittlerweile haben einige Verbände und Kammern eigene BIM-Arbeitsgruppen für ihre Mitglieder gegründet. Der BIM-Beirat beim DIN war eine Institution, bei dem die öffentliche Hand, die Verbände und auch buildingSMART sich über BIM austauschten, die aber lange Zeit nur sehr passiv agierte.

Erst mit der Arbeitsgruppe BIM bei der Reformkommission Großprojekte wurden die in buildingSMART bereits seit Längerem entwickelten und mit dem BIM-Beirat abgestimmten Handlungsschwerpunkte zu einer deutschen BIM-Strategie von einer größeren Gruppe akzeptiert und mündeten im Januar 2015 in die Gründung der planen-bauen 4.0, die BIM-Aktivitäten in Deutschland bündeln und koordinieren soll. In ihr sind alle wesentlichen Kammern und Verbände der deutschen Bauwirtschaft vertreten.

Es ist zu erwarten, dass sich beim Erscheinen dieses Buches neben der planen-bauen 4.0 noch eine Vielzahl anderer BIM-Gruppen, gestützt von den einzelnen Verbänden und Akademien, aber auch völlig neue Netzwerke in Erscheinung treten werden und Schulungs- und Unterstützungsangebote offerieren.

Nicht unerwähnt soll ebenfalls bleiben, dass die Autoren selbst in einer Vielzahl der genannten Arbeits- und Koordinationsgruppen tätig sind und mit der Firma AEC3 Deutschland GmbH seit Jahren BIM-Beratung leisten und auch im Netzwerk mit

Gleichgesinnten weitere Unterstützungsleistungen für die BIM-Einführung in Organisationen und Projekten anbieten.

6.3   BIM-Projektabwicklungsplan

Wenn BIM büroübergreifend im Sinne des *BIG BIM* eingesetzt werden soll, und wenn der Auftraggeber BIM als die Methode zur Projektabwicklung ausschreibt, empfiehlt es sich immer, die Abstimmung zwischen den Projektbeteiligten über die Anwendung von BIM vorab schriftlich festzuhalten und im Projektablauf gegebenenfalls zu konkretisieren.

Die genannten Abstimmungen zur Anwendung der BIM-Methode in einem Bauprojekt als Teil des Projektmanagements sind zwar immer in ihrer Konkretheit projektspezifisch, basieren aber auf wiederkehrenden Fragestellungen und Entscheidungsmustern.

Grundlage einer BIM-basierten Projektabwicklung ist die Rücksprache der Projektbeteiligten mit dem Auftraggeber über die Ziele der BIM-Anwendung, die Organisation der Verantwortlichkeiten, die Festlegung der wesentlichen Prozesse und Auswertungen, die mit BIM umgesetzt werden sollen, die Definition und Kontrolle der geforderten Qualität sowie über die verwendeten Softwaretechnologien und Formate.

Um den Spezifika des jeweiligen Bauprojekts und der gewählten Vertragsstruktur gerecht werden zu können, kann diese Vorgabe nur als eine Vorlage von Textbausteinen und Tabellen allgemeingültig formuliert werden, die dann vor Vertragsabschluss vom Auftraggeber konkretisiert werden muss. Der vereinbarte BIM-Projektabwicklungsplan wird dann zumeist ein Vertragsbestandteil zwischen dem Bauherrn und den Projektteilnehmern, beziehungsweise zwischen dem Generalplaner und den Fachplanern oder dem Generalübernehmer und den Subunternehmern.

Eine Reihe von Vorlagen für BIM-Projektabwicklungspläne wurden bereits veröffentlicht, aber derjenige der Penn State University [CIC Research Group, 2010] wird derzeit am häufigsten zu Grunde gelegt. Im BIM-Leitfaden für Deutschland [Egger; Hausknecht; Liebich & Przybylo, 2014] empfehlen die Autoren ebenfalls, diese Arbeit als Grundlage für eine deutsche Vorlage für den BIM-Projektabwicklungsplan heranzuziehen. Diese würde enthalten:

* BIM-Projektabwicklungsplan Handbuch
* BIM-Projektabwicklungsplan Vorlage
* spezielle Vorlagen zur Bestimmung der projektspezifischen
  * BIM-Ziele und Anwendungen
  * BIM-Prozessanalyse und Prozessdiagramme
  * Datenaustauschanforderungen und Verantwortlichkeiten.

Hier ein Auszug aus den in der Vorlage zum BIM-Projektabwicklungsplan vorgeschlagenen Vereinbarungen, die vor Projektbeginn getroffen werden sollen, mit erläuternden Beispielen:

* allgemeine BIM-Ziele in dem Projekt und deren Priorisierung – Beispiele:
  * Kollisionsprüfung während der Entwurfs- und Werkplanung (hoch)

- Erstellen des qualifizierten Raumbuchs (Einrichtung, technische Ausstattung) (hoch)
- Generieren der Fenster- und Türlisten (mittel)
- BIM-Anwendungen während der Leistungsphasen – Beispiele:
  - LPH 2: Architektur-Fachmodell für Visualisierung und Flächenberechnung
  - LPH 4: Koordination der Fachmodelle Architektur, Haustechnik und Tragwerksplanung
  - LPH 8: Übergabe des aktualisierten Gesamtmodells an das Facility Management
- BIM-Rollen und Verantwortlichkeiten im Projekt – Beispiele:
  - 3D-Koordination – Verantwortlich Architekturbüro A1 – Kontakt Herr Mustermann
  - Überprüfung – Fertigteilkonstruktionsableitung aus Tragwerksmodell, Baufirma B1
- BIM-Zusammenarbeitsstrategie – Beispiele:
  - 3D-Koordination/Kollisionsprüfung – Anzahl, Intervall, Teilnehmer, Verantwortlich
  - BIM-Fachmodellbereitstellung – wann, wer, wo? (z. B. jeden zweiten Freitag die Fachmodelle der Architektur und Haustechnik als IFC auf die Projektplattform hochladen)
- BIM-Datenübergaben – Beispiele:
  - Entwurfsmodell nach Modellierungsrichtlinie des Auftraggebers, mit aktuellen Raumangaben (inklusive Flächen gemäß DIN277) und Rohbaumengen für die Kostenschätzung im Hochbau
- BIM-Softwareauswahl – Beispiele:
  - Auswahl und Verwendung BIM-fähiger Software (CAD-Systeme)
  - Festlegung der verwendeten Dateiformate für den Datenaustausch – IFC2x3
  - Nutzen von Projektplattformen, Modell- beziehungsweise Dokumentmanagementsystemen
  - technische Details, Namenskonvention, Ablagestruktur, Versionierung
- BIM-Qualitätsmanagement – Beispiele:
  - visuelle Prüfung, Vollständigkeitsprüfung (z. B. der alphanumerischen Informationen), Kollisionsprüfung, Prüfung der Einhaltung der Bauvorschriften
  - Vereinbarung über Softwaresysteme für die Qualitätssicherung (Viewer, Kollisionsprüfungssoftware, Software für Baureglüberprüfung)
  - Vereinbarung über Austauschformate (wie IFC), anwendbare Dokumentationsstandards und Klassifizierungssysteme.

Der BIM-Projektabwicklungsplan definiert damit die Ziele, organisatorische Strukturen und Verantwortlichkeiten. Er stellt also den Rahmen für das »Was«, die BIM-Leistungen als definierte Fertigstellungsgrade der digitalen Bauwerksmodelle dar, und das »Wie«, die Prozess- und Austauschanforderungen der einzelnen Beteiligten. In seiner Anwendung fördert der BIM-Projektabwicklungsplan die Zusammenarbeit zwischen den Beteiligten und erhöht die Transparenz für das Planungsteam und den Auftraggeber. Aber auch das ausführende Team profitiert durch eine klar festgehaltene Dokumentation, beispielsweise bei einem Personalwechsel oder einer Projektunterbrechung.

Im Folgenden sollen die wesentlichen Abschnitte eines BIM-Projektabwicklungsplans vorgestellt werden (nach [CIC Research Group, 2010]).

Abb. 82:   *Umfang und Verweise eines BIM-Projekt-abwicklungsplans (Quelle: [Egger; Hausknecht; Liebich & Przybylo, 2014])*

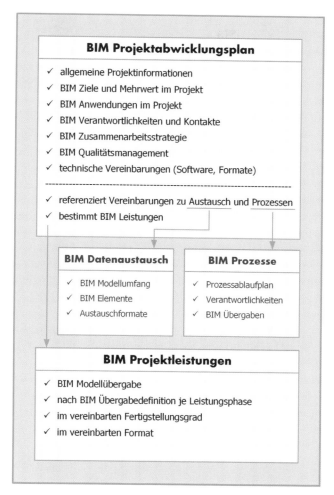

Abb. 82:   *Umfang und Verweise eines BIM-Projekt-abwicklungsplans (Quelle: [Egger; Hausknecht; Liebich & Przybylo, 2014])*

Allgemeine Projektinformationen

Im ersten Abschnitt werden die allgemeinen Projektinformationen, wie Projektname, Standort, Vertragsart, genannt. Ein ungefährer Projektterminplan mit den BIM-relevanten Meilensteinen wird aufgeführt. Dazu kommt die Auflistung der Hauptansprechpartner für alle projektbeteiligten Firmen. Wenn ohnehin ein Projekthandbuch vorliegt, kann dieser Teil entfallen.

BIM-Ziele und BIM-Anwendungsfälle

Als wichtigster Punkt müssen zuerst die BIM-Ziele für das Projekt genannt werden. Dazu werden spezielle Vorlagen angeboten, in denen die Ziele definiert und dann die daraus folgenden BIM-Anwendungsfälle beschrieben werden (siehe Kapitel 5.3 und 6.1).

Tab. 19: *Vorlage für die BIM-Ziele*

Prio-rität	BIM-Ziele	potenzielle BIM-Anwendungsfälle

Beispiele

| 1 | kollisionsfreie Planung zur Minderung von planungsbedingten Nachträgen | Erstellen der BIM-Fachmodelle BIM-Koordination und Kollisions-prüfung |
| 2 | akkurate Objektdokumentation und fristgerechte Übergabe an das CAFM für die Bewirtschaftung | Erstellen der BIM-Fachmodelle Architek-tur und TGA, Auswahl BIM-fähiges CAFM |

Die im Projekt vertraglich geregelten BIM-Anwendungsfälle, die unter den Zielen genannt wurden, werden leistungsphasenspezifisch aufgelistet. Dabei sollten die LPH 1–9 in die wesentlichen Abschnitte Vorplanung (LPH 1–2), Planung (LPH 3–4), Vorbereitung der Ausführung (LPH 5–8) und Objektdokumentation (LPH 8–9) zusammengefasst werden.

Tab. 20: *Vorlage für die BIM-Anwendungsfälle*

x	Vorplanung	x	Planung	x	Ausführung	x	Dokumenta-tion

Beispiele

x	Raumprogramm	x	Planerstellung aus dem BIM-Modell	x	Kostenkalkulation		Mietflächen-management
	städtebauliche Einordnung	x	BIM-Koordination Kollisionsprüfung		Baustellenablauf-planung	x	technisches Facili-ty Management

Im Original [CIC Research Group, 2010] wird diese Tabelle 20 mit vordefinierten BIM-Anwendungsfällen bereitgestellt, die dann ausgewählt werden können. Es können aber auch nur die im Projekt vereinbarten Anwendungsfälle gelistet werden.

Bei Bedarf kann jeder BIM-Anwendungsfall genauer analysiert werden, um zu bestim-men, welcher Mehrwert für das Projekt erwartet wird und welchen Vorteil dieser den Beteiligten, auch nach Abwägung der Aufwendungen, bietet.

Tab. 21:   *Vorlage für Entscheidungskriterien zu BIM-Anwendungsfällen*

BIM-Anwendungsfall	Mehrwert im Projekt	verantwortliche Parteien	Mehrwert für Parteien	Fähigkeiten und Aufwendungen	Empfehlung

Beispiele

BIM-Anwendungsfall	Mehrwert im Projekt	verantwortliche Parteien	Mehrwert für Parteien	Fähigkeiten und Aufwendungen	Empfehlung
BIM-Koordination	1	Architekt	1	Erstellen BIM-Fachmodell Einsatz von BIM-Checker	ja
		TGA-Planer	2	Erstellen BIM-Fachmodell	
		Tragwerksplaner	2	Erstellen BIM-Fachmodell	
Energieberechnung	2	Architekt	2	Erstellen BIM-Fachmodell Ableitung thermisches Modell	eventuell
		TGA-Planer	1	Prüfung thermisches Modell Übernahme in Berechnungssoftware	

BIM-Rollenbeschreibung und Personaleinsatz für BIM-Anwendungsfälle

In diesem Abschnitt werden zuerst die projektübergreifenden BIM-Rollen beschrieben und die dafür verantwortlichen Firmen und Personen genannt. Beispiele für diese Rollen sind im Kapitel 6.1 erläutert, das konkrete Rollenverständnis in dem Projekt sollte jedoch noch einmal niedergeschrieben werden. Danach werden die Kontaktinformationen aufgelistet.

Tab. 22:   *Vorlage für BIM-Rollen und Kontaktinformationen*

Rolle	Organisation	Standort	Name	Telefon	E-Mail

Beispiele

Rolle	Organisation	Standort	Name	Telefon	E-Mail
BIM-Manager	*der Bauherr*	Hauptsitz	Herr B. Im	1234567	b.im@bauherr.de
BIM-Koordinator	*der Architekt*	Filiale B	Frau B. Ko	7654321	b.ko@arch.de

Des Weiteren sollen die konkreten Ansprechpartner bei den beteiligten Firmen zu den vereinbarten BIM-Anwendungsfällen, wie in Tabelle 20 vereinbart, aufgeführt werden.

Tab. 23: *Vorlage für den Personaleinsatz für die BIM-Anwendungsfälle*

Anwen-dungsfall	Organisa-tion	Standort	Name	Telefon	E-Mail

Beispiele

Raum-programm	*der Bauherr*	Hauptsitz	Herr R. Pro	2 34 56 78	r.pro@ bauherr.de
Kollisions-prüfung	*der Architekt*	Filiale B	Frau B. Ko	7 65 43 21	b.ko@arch.de
	die TGA	Hauptsitz	Herr T. Ga	0 24 68 10	t.ga@hkls.de

BIM-Prozesse

In diesem Abschnitt wird empfohlen, die relevanten Planungs- und Entscheidungs-prozesse zuerst als ein Prozessdiagramm darzustellen. In diesem Buch ist dies im Kapitel 5.1 beschrieben. Eine solche Erstellung eines Prozessdiagramms, und das noch über die Grenzen der jeweiligen Firma hinaus, ist jedoch eine aufwendige und auch ein gewisses Hintergrundwissen erfordernde Tätigkeit, die den Rahmen der Erstellung eines BIM-Projektabwicklungsplans schnell sprengt.

Die Autoren empfehlen daher, entweder auf eine bestehende gegebenenfalls nur anzupassende Prozessbeschreibung zurückzugreifen, wie den von ihnen mitentwickelten BIM-Referenzprozess, oder diesen Teil nur allgemein bezüglich der wesentlichen Abstim-mungsprozesse untereinander zu beschreiben.

BIM-Datenanforderungen und Datenaustauschszenarien

In diesem Abschnitt werden die notwendigen Informationsgrade der BIM-Modelle beschrieben, die für die BIM-Anwendungsfälle in den jeweiligen Leistungsphasen (siehe Tabelle 20) gefordert sind. Wenn dafür BIM-Daten übergeben werden müssen, entweder zwischen den Projektbeteiligten oder zwischen verschiedenen BIM-Softwareprodukten, entspricht dies auch der Datenanforderung für den Datenaustausch. In diesem Buch ist das im Kapitel 4.3 detailliert beschrieben.

In dem *BIM Project Execution Plan* [CIC Research Group, 2010] werden hierfür sehr komplexe Tabellen gemäß der amerikanischen OmniClass Klassifikation der Modell-elemente vorgeschlagen. Diesen werden die LOD, bezogen auf die Leistungsphasen, zugeordnet.

Die notwendigen Informationsgrade jedoch, die als Attribute den Modellelementen hinzugefügt werden sollen, sind nicht enthalten. Um BIM-Datenanforderungen in dieser Komplexität zu bestimmen, ist eine Excel-Tabelle nicht mehr das geeignete Hilfsmittel.

001 Räume

obligatorisch in Entwurfsplanung

Modellelement

Räume müssen als Modellelemente erzeugt werden, und nicht nur als Raumpolygon und -stempel. Dazu muss das Raumwerzeug in einem bauteilorientierten CAD System verwendet werden. Oft lassen sich Räume automatisch aus den umgrenzenden Bauteilen generieren und bleiben dann assoziative mit den Bauteilen verbunden.	
IFC Abbildung	IfcSpace -	Bedingungen	-

geometrischer Detaillierungsgrad

LoG 200 - Raum	Die Raumgeometrie wird automatisch durch die Geometrien der umgrenzenden Bauteile generiert. Daher wird der LoG des Raums durch den LOG der Raumbegrenzungen determiniert. Im LOG 200 entspricht dies der ungefähren Form, Größe und Lage der die Raumgrenzen definierenden Bauteilen. 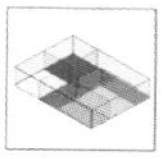

geforderte Elementattribute

Eigenschaft	Beschreibung	Alle	LPh 3a	LPh 3b	LPh 3c	LPh 3d	LPh 3e			
2 Eigenschaften	Beschreibung des "Level of Information" LoI der Räume.									
- Nutzungsart	Nutzungsart des Raumes nach DIN 277	JA	X	X	X		X			
- Raumname	Raumname nach Nutzerangaben (z.B. "Büro", oder "Lagerraum").	JA	X	X	X		X			
- Raumnummer	Eindeutige Raumnummer, normalerweise erzeugt nach einer Generierungsvorschrift (wie Geschosskürzel + lfd. Nummer - EG-013)	JA	X	X	X		X			
3 Abmaße	Normalerweise automatisch aus dem BIM Modell generierte Raumabmaße, wie Umfang, Fläche, oder Volumen									
- Oberkante Fertigboden	Angabe der Höhenkote des Fertigbodens. Normalerweise automatisch aus dem BIM-Modell generiert	JA	X	X	X					
- Oberkante Rohboden	Angabe der Höhenkote des Rohbodens. Normalerweise automatisch aus dem BIM-Modell generiert	JA	X	X	X					

Legende: LPh 3a = Entwurfsplanung allgemein; LPh 3b = Koordination; LPh 3c = Kostenberechnung; LPh 3d = Grobterminplanung; LPh 3e = projektbegleitendes FM;

generiert aus der AEC3 BIM-Anforderungsdatenbank © AEC3 Deutschland GmbH, 2014-15 – mit LoG Abbildungen © MT Højgaard A/S   Seite 2 von 46

Abb. 83:   *Gewählte BIM-Datenanforderungen (Quelle: AEC3 BIM-Q)*

Die in Kapitel 4.4 beschriebene AEC3 Datenbank für das BIM-Anforderungs- und Qualitätsmanagement BIM-Q, welche die Autoren entwickelt haben, dient genau dazu, komplexe BIM-Datenanforderungen zu definieren, um diese dann mit wenig Aufwand für ein konkretes Bauprojekt und die dort definierten BIM-Anwendungsfälle zu konfigurieren. Die Ausgabe erfolgt am Ende als eine PDF-Anlage, die dem BIM-Projektabwicklungsplan als Anhang hinzugefügt wird.

Die Autoren empfehlen, entweder einen datenbankgestützten Konfigurator für das Management der BIM-Datenanforderungen zu verwenden oder aber sich auf möglichst einfach zu handhabende Tabellen mit Modellelementen und deren gefordertem geometrischen Detaillierungsgrad und den anzugebenden Attributen zu beschränken.

Die Anforderungen aus der Bauherrn- und Betreibersicht, die im zitierten *BIM Project Execution Plan* in einem eigenen Abschnitt festgehalten werden sollen, sind ein weiterer BIM-Anwendungsfall, wie »Übergabe an das CAFM« oder »Bereitstellung der Daten für die Mieterkoordination«, die sich ebenfalls auf verschiedene Leistungsphasen beziehen. Auch sie werden mit in der Datenbank für das BIM-Anforderungs- und Qualitätsmanagement BIM-Q verwaltet. Ein separater Abschnitt empfiehlt sich daher nicht.

Strategie der Zusammenarbeit

In diesem Abschnitt müssen die Verfahren für die Zusammenarbeit mit der BIM-Methode festgelegt werden. Das betrifft die organisatorischen Aspekte, wie Auftaktveranstaltung, Projektbesprechungen, Koordinationssitzungen, die technologischen Aspekte, wie

Projekträume, Dateiablagen und Häufigkeit des Datenaustauschs, und telekommunikative Aspekte, wie die Nutzung von Standleitungen oder Web-Meetings.

Tab. 24: *Vorlage für die Organisation der Zusammenarbeit*

Abstimmungen	Projektphase	Häufigkeit	Teilnehmer	Ort

Beispiele

Abstimmungen	Projektphase	Häufigkeit	Teilnehmer	Ort
Vorstellung BIM-Projekt-abwicklungsplan	Vorentwurf	einmal	Bauherr, Archi-tekt, Fachplaner	Büro des Bau-herrn
Abstimmung BIM-Manager und Koordinatoren	ab Vorentwurf	14-tägig	BIM-Manager, BIM-Koordina-toren	Web-Meeting

Zusätzlich kann noch im Detail festgehalten werden, in welcher Phase Daten wie oft den anderen Projektteilnehmern als Revisionen bereitgestellt werden müssen.

Tab. 25: *Vorlage für die Abstimmung Informationsaustausch*

Informations-austausch	Sender	Empfän-ger	Häufig-keit	Fach-modell	Soft-ware	Datei-format

Beispiele

Informations-austausch	Sender	Empfän-ger	Häufig-keit	Fach-modell	Soft-ware	Datei-format
Koordination der Fachplanung	TGA	GP	1×/ Woche	HKLS Elektro	HKLS Best Super-E	IFC DWG
	TWP	GP	1×/ Woche	Tragwerk	Trag!	IFC

BIM-Qualitätssicherung

Im Abschnitt Qualitätssicherung wird die generelle Strategie festgelegt, die sicherstellt, dass die BIM-Modelle für die gewählten Anwendungsfälle belastbare Daten bereitstellen und damit als die wesentliche Quelle der Projektinformationen dienen. In der anschlie-ßenden Tabelle 26 werden die einzelnen Checks mit den Verantwortlichen und den gewählten Softwareprogrammen beschrieben.

Tab. 26: *Vorlage für die verschiedenen Ebenen der Qualitätssicherung*

Qualitäts- sicherung	Definition	verantwort- lich	Software	Häufigkeit

Beispiele

visuelle Prüfung	korrekte Modellie- rung des Fach- modells	jeder Fach- planer	eigene BIM- Software	täglich
Kollisionsprüfung	keine nicht tolerier- bare Kollisionen der Fachmodelle	Generalplaner	Check-IT*	1×/Woche

BIM-Software

In diesem Abschnitt wird die Software beschrieben, die von den Projektpartnern, nach Absprache mit dem Auftraggeber, in diesem Projekt verwendet wird. Zusätzlich kann auch eine Auflistung der Hardware mit angegeben werden. Gerade bei größeren Projekten können die hardwareseitigen Anforderungen aus BIM-Software und Größe der BIM-Modelle beachtlich sein und müssen mit berücksichtigt werden.

Tab. 27: *Vorlage für Beschreibung der BIM-Software*

BIM- Anwendungsfall	Planungsdisziplin	Software	Version

Beispiele

Erstellen BIM-Fach- modell Architektur	Architektur	Great Architect Pro	A.25
modellbasierte Kostenberechnung	Kostenplanung	i*3	12.1
Modellprüfung und Bauregelnachweis	Architektur	Hummingbird	Release 8

Des Weiteren können auch noch andere Vereinbarungen zu der Softwareanwendung getroffen werden, wie die Objektbibliotheken, die Stammdaten für die Kostenberechnung oder Vorlagen für Modellelementattribute.

Abstimmung der BIM-Modellstruktur und Übergabe

In diesem technischen Abschnitt werden die Details für die abgestimmte Modellierung der Fachmodelle geklärt (siehe Kapitel 4.2). Zu diesen Punkten gehören:

- Namenskonventionen für die Dateinamen der Fachmodelle
- Namenskonventionen für gemeinsam genutzte Inhalte der Fachmodelle
- gemeinsamer Projektursprungspunkt (lokaler Ursprung)
- Georeferenzierung des Projektursprungspunktes
- Untergliederung der Fachmodelle bei größeren Projekten (nach Bauabschnitt, Geschoss, Kern/Ausbau/Fassade, Haustechnikgewerk, etc.)
- anzuwendende Richtlinien für die aus den Fachmodellen erstellten Zeichnungen.

Die für die BIM-Modelle und für die daraus generierten Zeichnungen und Dokumente festgelegten BIM-Standards werden gelistet.

Tab. 28: *Vorlage für die Festlegung der BIM-Standards*

Standard	Version	BIM-Anwendungs-fall	verantwortlich

Beispiele

IFC	IFC2x3	Planungskoordination Kollisionsprüfung Mietermanagement	Generalplaner
Excel (eigenes Tabellenformat)		Raumprogramm	Bauherr

BIM-Übergaben

Am Ende werden die vertraglich vereinbarten Lieferungen der BIM-Modelle an den Auftraggeber zusammengefasst. Diese sollen in dem BIM-Referenzprozess (wenn dieser für das Projekt vereinbart wurde) mit enthalten und einer Leistungsphase zugeordnet sein.

Tab. 29: *Vorlage für die Übergabe der BIM-Modelle*

BIM-Übergabe	Leistungs-phase	ungefährer Termin	Format	verantwort-lich

Beispiele

BIM-Grundlage zur Kostenschätzung	LPH2	Monat/Jahr	IFC, nativ	Architekt
BIM-Grundlage zur Genehmigung	LPH4	Monat/Jahr	IFC, nativ	Architekt, TGA-Planer

7 Rahmenbedingungen bei der Einführung von BIM

*Probleme kann man niemals mit derselben Denkweise lösen,
durch die sie entstanden sind.«
Albert Einstein*

Der Grundtenor zur BIM-Anwendung, dem dieses Buch verpflichtet ist, ist »anfangen im Kleinen«. Jedes Architektur- und Ingenieurbüro, jede Baufirma kann im Sinne von *little bim* heute erste Erfahrungen mit der Software und der Modellierung sammeln und erste Vorteile für sich generieren.

Für Bauherrn, die Projekte mit BIM umsetzen wollen, bildet der BIM-Projektabwicklungsplan eine erste Orientierung. Für die Wissensvermittlung und erste Richtlinien und Leitfäden gibt es bereits Angebote. Einer konkreten Anwendung von BIM in Büros, Firmen und Bauprojekten steht daher nichts entgegen.

Dennoch wird immer wieder vorgetragen, insbesondere im Umfeld öffentlicher Auftraggeber, dass der Einführung von BIM in Deutschland hier geltende Vergabevorschriften, das Wettbewerbsrecht oder andere geltende Rahmenbedingungen entgegen stünden. Auch die Vergaberegeln der Europäischen Union wurden bereits als Argument gegen die Einführung von BIM herangezogen.

Bei genauerem Hinsehen ist dies nicht der Fall. In der *European Public Procurement Directive* von 2014 wurde in Artikel 40 Abs. 4 festgehalten [European Union, 2014, S. 109]:

» For public works contracts and design contests, Member States may require the use of specific electronic tools, such as of building information electronic modelling tools or similar. … «

Es wird darüber hinaus darauf hingewiesen (Artikel 40 Abs. 1):

» Member States shall ensure that all communication and information exchange under this directive, in particular electronic submission, are performed using electronic means of communication in accordance with the requirements of this article. The tools and devices to be used for communicating by electronic means, as well as their technical characteristics, shall be non-discriminatory, generally available and interoperable with the ICT products in general use and shall not restrict economic operators' access to the procurement procedure. 《

Damit wird auch noch einmal auf die Bedeutung der elektronischen Vergabe, aber auch die erforderliche Interoperabilität und die generelle Verfügbarkeit der notwendigen Werkzeuge hingewiesen. Dies ist besonders bei der Anwendung von BIM-Werkzeugen und Formaten zu beachten.

Auch für die Rahmenbedingungen in Deutschland gilt, dass diese der Anwendung von BIM auch bei öffentlichen Baumaßnahmen nicht im Wege stehen. In einem Maßnahmenkatalog zur Nutzung von BIM in der öffentlichen Bauverwaltung unter Berücksichtigung der rechtlichen und ordnungspolitischen Rahmenbedingungen kommen Eschenbruch, Malkwitz, Grüner, Poloczek und Karl zu der folgenden Schlussfolgerung [Eschenbruch; Malkwitz; Grüner; Poloczek & Karl, 2014, 2014, S. 129]:

》 Es ist festzuhalten, dass die Einführung der BIM-Methode an keinen zwingenden Rechtsnormen scheitert. Speziell das gesetzliche Preisrecht der HOAI schließt die Umsetzung in der öffentlichen Bauverwaltung nicht aus. Entsprechendes gilt für das Vergabe- oder Vertragsrecht. 《

Und weiter:

》 In Bezug auf die Routinen in der RBBau ist ein wechselseitiger Abstimmungsprozess mit den BIM-Anforderungen erforderlich. Die Anforderungen an die BIM-Planungsergebnisse in den einzelnen Planungsstufen müssen herausgearbeitet werden. Nach den bisherigen Erkenntnissen steht jedoch der BIM-Methode weder die RBBau prinzipiell, noch die in den VHB vorgesehenen Abwicklungsmethoden für die Bauausführung entgegen. 《

In dem Gutachten wird somit dargelegt, dass es keine prinzipiellen Widersprüche zwischen der Anwendung der BIM-Methode und den rechtlichen und ordnungspolitischen Rahmenbedingungen der Honorarordnung für Architekten und Ingenieure, HOAI, der Richtlinien für die Durchführung von Bauaufgaben des Bundes, RBBau, und der Bestimmungen des Vergabe- und Vertragshandbuchs für die Baumaßnahmen des Bundes, VHB, gibt.

Auch wenn in dem Gutachten im Wesentlichen der Bundesbau im Fokus stand, so besteht doch die Annahme, dass diese Erkenntnisse auch weitgehend auf die Regularien der Länder und Kommunen zu übertragen wären.

7.1   Allgemeine Rahmenbedingungen

Zu den allgemeinen Rahmenbedingungen gehören nicht nur die rechtlichen Bestimmungen, sondern auch die weicheren Faktoren, wie der allgemeine Kenntnisstand in der Branche, entsprechende Schulungsangebote, der Stand der Ausbildung an Hochschulen,

Fachschulen und Akademien sowie die Begleitung durch die Interessensvertreter in Kammern und Verbänden.

Insbesondere für die Architekten, Ingenieure, Sonderfachleute, Bauausführenden und Handwerker soll es die Möglichkeit geben, sich selbst zu qualifizieren und qualifiziertes Personal einzustellen. Für Auftraggeber ist es in diesem Zusammenhang von Interesse, inwieweit BIM dem Stand der Technik schon entspricht, und ob es schon genügend Anbieter von Planungs- und Bauleistungen am Markt gibt, um breitgestreute Angebote bei Ausschreibungen zu erhalten.

Im europäischen Ausland, und hier insbesondere in Skandinavien und Großbritannien, können bereits eine überwiegende Anzahl der Planungsbüros und eine große Zahl der Ausführenden Erfahrungen mit BIM aufweisen und auf Ausschreibungen qualifiziert reagieren. In Skandinavien werden schon heute, und in Großbritannien ab 2016, die überwiegende Anzahl der öffentlichen Hochbauprojekte mit BIM umgesetzt. Diese Unternehmen sind auch über europaweite Ausschreibungen auf dem deutschen Baumarkt tätig.

In Deutschland arbeiten derzeit vor allem die Planungsbüros und die Firmen der Bauindustrie intensiv an einer eigenen BIM-Strategie, die entweder durch ihre Aktivitäten im Ausland mit diesen Anforderungen konfrontiert wurden, eine besonders tiefe eigene Wertschöpfungskette haben, um hohe Synergiegewinne auch vorranging intern umsetzen zu können, oder es sind allgemein innovative und technologieorientierte Unternehmen. Zu letzteren zählen auch eine ganze Reihe kleiner Büros. Verlässliche Schätzungen des prozentualen Anteils an BIM-erfahrenen Unternehmen liegen nicht vor. Die Veröffentlichung in [Smart Market Report, 2010], die von einer Adaptionsrate von 36 % in Deutschland ausgeht, ist für das Veröffentlichungsjahr zu hoch gegriffen, kann aber in den nächsten Jahren erreicht werden.

Eine große Bedeutung bekommt zukünftig die Ausbildung und Schulung. Hier gibt es an Deutschlands Hoch- und Fachschulen sicherlich noch Nachholbedarf. Während im Bereich der Forschung bereits in der Vergangenheit Pionierarbeit geleistet wurde, wie in den Projekten Mefisto [Scherer & Schapke, 2010] oder ForBAU [Günther & Borrmann, 2011], so steht BIM derzeit noch zu selten im Lehrplan. Aber viele Universitäten und Hochschulen planen, BIM-Kurse anzubieten.

Für die BIM-Ausbildung im Handwerk wurde im Projekt eWorkBau [eWorkBau Konsortium, 2015] vorbereitende Arbeit geleistet, um eine handwerksspezifische BIM-Schulung zur späteren Nutzung durch die Handwerkskammern zu konzipieren.

In Zukunft sollen aber auch die Akademien der Kammern, die Verbände und andere Weiterbildungsträger eine berufliche Weiterbildung zu den verschiedenen BIM-Thematiken anbieten. Schon heute haben die meisten Kammern und Verbände BIM-Arbeitsgruppen und Zirkel gegründet und arbeiten in der planen-bauen 4.0 zusammen. Der buildingSMART e. V. veranstaltet jährlich mehrere BIM-Anwendertage und ein BIM-Forum, in denen aktuelle Informationen und Wissen vermittelt werden. Die allgemeinen Rahmenbedingungen für eine verbreitetere Anwendung des Building Information Modeling verbessern sich schrittweise.

7.2   Auswirkungen von BIM auf die HOAI

Eine Besonderheit der deutschen Bauwirtschaft ist die Honorarordnung für Architekten und Ingenieure, aktuell in der Novellierung von 2013 [HOAI, 2013]. Diese Verordnung legt als Preisrecht die Honorare für die aufgeführten Planungsleistungen im Verhältnis zu den anrechenbaren Kosten der Bauaufgabe fest.

>> Diese Verordnung regelt die Berechnung der Entgelte für die Grundleistungen der Architekten und Architektinnen und der Ingenieure und Ingenieurinnen (Auftragnehmer und Auftragnehmerinnen) mit Sitz im Inland, soweit die Grundleistungen durch diese Verordnung erfasst und vom Inland aus erbracht werden. << [§ 1, HOAI]

Zur Anwendung des Preisrechts werden die Grundleistungen für die jeweiligen Leistungsbilder beschrieben, weitere frei vereinbare Leistungen werden als besondere Leistungen aufgeführt, unterliegen aber nicht dem Preisrecht. Für die Flächen-, Objekt- und Fachplanung werden die Leistungsbilder der Grundleistungen getrennt beschrieben und die jeweiligen Honorare in einer Honorartafel, in Abhängigkeit von den anrechenbaren Kosten und dem Schwierigkeitsgrad der Planung, festgelegt. Dabei gelten Höchstgrenzen für die anrechenbaren Kosten. So fallen zum Beispiel Planungsleisten der Objektplanung für Gebäude und Innenräume mit anrechenbaren Kosten über 25 Mio. € nicht unter das Preisrecht der HOAI, siehe § 35.

Neben der Festlegung des gesamten Honorars für die Grundleistungen bewertet die HOAI auch die Anteile des gesamten Honorars auf die jeweiligen Leistungsphasen (für die Objektplanung, siehe § 34). Die konkreten Leistungsbilder der verschiedenen Planer und deren Aufteilung nach Leistungsphasen werden in den Anhängen der HOAI beschrieben (für die Objektplanung in Anlage 10).

Prinzipiell ändern sich die wesentlichen fachlichen Leistungsbilder der Planer, wie diese in den Grundleistungen der HOAI beschrieben werden, nicht durch die Anwendung der BIM-Methode. Auch schreibt die HOAI prinzipiell nicht vor, mit welchen technologischen Mitteln eine Leistung zu erbringen ist[42]. Insofern können BIM-Leistungen, insbesondere als BIM-Insellösungen, auch ohne Weiteres im Geltungsbereich der heutigen HOAI erbracht werden.

Allerdings ergeben sich mit der konsequenten Anwendung der BIM-Methode und insbesondere in der fachübergreifenden Zusammenarbeit mittels BIM – dem *BIG BIM* – drei wesentliche Konfliktpunkte:

a) Vorverlagerung von Leistungen – Die Arbeit mit den BIM-Modellen und die frühen Variantenbildungen, Optimierungen und Abstimmungen mit den Fachplanern über BIM-Modelle erfordern eine Vorverlagerung von Planungsleistungen in frühe Phasen.

---

42 Allerdings wird auch in der neuen Novellierung der HOAI 2013 bei der Beschreibung von Leistungsbildern die bisherige dokumentenbasierte Planungsmethode zugrunde gelegt. So beschreibt die [HOAI, 2013] die Grundleistungen für Objektplaner in der Leistungsphase 3 im Anhang 10 als »Zeichnungen nach Art und Größe des Objekts im erforderlichen Umfang und Detaillierungsgrad unter Berücksichtigung aller fachspezifischen Anforderungen, zum Beispiel bei Gebäuden im Maßstab 1 : 100«.

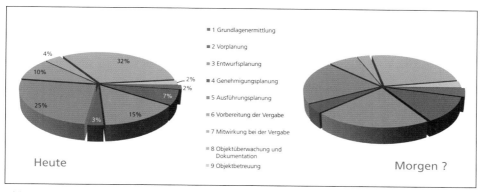

Abb. 84: *Honoraraufteilung je Leistungsphase, hier Leistungsbild Gebäude und Innenräume (Quelle: AEC3, Zahlenreihe heute nach [HOAI, 2013])*

Diese werden nicht den in der HOAI festgelegten prozentualen Bewertungen des Honorars nach den Leistungsphasen 1–9 entsprechen;

b) Verlagerung von Leistungen zwischen den Objekt- und Fachplanern – Viele Berechnungen und Auswertungen, die heute mit erheblichem Aufwand der Datenbeschaffung und -eingabe durch Fachplaner erbracht werden, werden in Zukunft mit deutlich weniger Eingabeaufwand erstellt werden können, wobei sich aber der Aufwand der Erstellung und Konsistenzprüfung des BIM-Modells als Quelle aller Auswertungen erhöhen wird. Damit verbunden ist eine Aufwandsverlagerung zwischen Objekt- und Fachplaner, die den separat festgelegten Honorartafeln für die Flächen-, Objekt- und Fachplanung nicht mehr entsprechen muss;

c) Neue Leistungsbilder, die sich aus dem BIM-Management ergeben – Diese wesentliche Komponente der fachübergreifenden Zusammenarbeit mittels BIM ist in den Grundleistungen der HOAI nicht abgebildet, könnte aber als eine besondere Leistung bewertet werden. Hierbei ergeben sich aber die Abgrenzungsprobleme zu der in den Grundleistungen beschriebenen Koordination und Integration anderer an der Planung fachlich Beteiligter.

Die Vorverlagerung, wie im Punkt a) genannt, kann bei einer Gesamtbeauftragung für die LPH1/2–9 durch den Objektplaner intern ausgeglichen werden, bietet aber Konfliktpotenzial, wenn die Ausschreibung der Leistungsphasen 1/2–4 und 5–9 getrennt erfolgt.

Die Veränderung der Aufwendungen zwischen den Objekt- und Fachplanern kann in Generalplaner- oder in Generalunternehmerverträgen im Innenverhältnis der Auftragnehmer geregelt werden, ist aber bei den meist üblichen Einzelverträgen weiterhin der gültigen Aufteilung unterworfen.

BIM-Management Leistungen können als besondere Leistungen beauftragt werden. Aber die diesem möglichen Mehraufwand gegenüberstehenden Minderaufwendungen in den als Grundleistung beschriebenen Bereitstellungs-, Koordinations- und Integrationsaufgaben können dann mit besonderer Neubewertung, die auch innerhalb der HOAI-Systematik möglich ist, berücksichtigt werden.

In der neuen Ausgabe [HOAI, 2013] wird BIM erstmalig als eine besondere Leistung der Leistungsphase 2 im Leistungsbild Gebäude und Innenräume eingeführt. Diese besondere Leistung kann auch, nach § 3 Abs. 3, HOAI, in anderen Leistungsbildern und Leistungsphasen beauftragt werden.

- *3D- oder 4D-Gebäudemodellbearbeitung (Building Information Modeling BIM)*, siehe HOAI Anlage 10 (zu § 34 Abs. 4, § 35 Abs. 7)

Die Einschätzung dieser unterschiedlichen Systematiken zwischen einer eher sequentiellen Betrachtung der Planungsleistungen innerhalb der Leistungsbilder der HOAI und der eher integralen Herangehensweise in der BIM-Methode und die Konsequenzen, die sich daraus für die Einführung von BIM in Deutschland ergeben, werden verschieden diskutiert. Während in einer frühen Studie [Liebich; Schweer & Wernik, 2011] die Autoren zu der Aussage kommen, dass die Unterschiede überwiegen und die BIM-Leistungen am besten generell von der Preisregulierung der HOAI auszuschließen wären, kommt eine spätere Studie [Eschenbruch; Malkwitz; Grüner; Poloczek & Karl, 2014] zu dem Ergebnis, dass es keine Einschränkungen seitens der HOAI zur Anwendung der BIM-Methode in Deutschland gibt.

Gemeinsam mit Liebich, Schweer und Wernik [Liebich; Schweer & Wernik, 2011] wird ebenfalls dargelegt, dass es für eine Neuausrichtung der HOAI auf die Übernahme der BIM-Methodik noch zu früh ist, da die empirischen Daten, zum Beispiel hinsichtlich einer quantitativen Bewertung der Vorverlagerung von Planungsleistungen oder zu den potenziellen Rationalisierungseffekten bei den einzelnen Leistungsbildern, noch nicht vorliegen.

In ihrem Gutachten nennen die Autoren [Eschenbruch; Malkwitz; Grüner; Poloczek & Karl, 2014] die folgenden Gründe für die Vereinbarkeit der BIM-Methodik und der HOAI:

- Die HOAI ist ausschließlich ein Preisrecht, welches das Vertragsrecht der Vertragsparteien nicht berührt, solange die Mindest- und Höchstsätze für Grundleistungen eingehalten werden, § 7 HOAI Abs. 1.
- Nicht alle in einer Leistungsphase genannten Grundleistungen müssen im Vertrag vereinbart werden, in dem Fall könnte nur der entsprechende Anteil des nach der HOAI maßgeblichen Honorars verlangt werden, § 8 Abs. 1 und 2 HOAI.
- Die HOAI beschreibt die Planungsleistungen grundsätzlich nur funktional und konkretisiert nicht, mit welcher Planungsmethodik die Planungsbeteiligten vorgehen, dies kann frei vereinbart werden. Allerdings berücksichtigt die HOAI auch nicht die potenziellen Rationalisierungseffekte neuer Methoden und Technologien im Bereich der Planung, deren eventuelle Erzielung keinen Einfluss auf die Honorarberechnung für die Grundleistungen hat.

Nichtsdestotrotz sollte BIM bei späteren Novellierungen der HOAI eine bedeutende Rolle spielen, auch um für mehr Klarheit über die Anwendung dieser Methodik bei der Beschreibung der Leistungsbilder zu sorgen. Zum Vergleich, in Großbritannien wurde die bestehende Prozess- und Leistungsbeschreibung des *RIBA Plan of Work* in der neuen Ausgabe 2013 um genau diese Punkte ergänzt [RIBA, 2013].

7.3   Leistungsbeschreibungen für BIM

Die Leistungsbilder der HOAI, aktuell [HOAI, 2013], beinhalten Grundleistungen und besondere Leistungen, die in den Anlagen bezogen auf die Leistungsbilder und Leistungsphasen beschrieben sind. Darunter:

- Leistungsbild Gebäude und Innenräume, Anlage 10 (zu § 34 Abs. 4, § 35 Abs. 7)
- Leistungsbild Tragwerksplanung, Anlage 14 (zu § 51 Abs. 5, § 52 Abs. 2)
- Leistungsbild Technische Ausrüstung, Anlage 15 (zu § 55 Abs. 3, § 56 Abs. 3)

Diese Leistungen sind verbal beschrieben, ohne explizit auf die Verbindungen dazwischen einzugehen. Aus der Beschreibung der verschiedenen Leistungsbilder geht nicht direkt hervor, welche Querbeziehungen sich für die Leistungen verschiedener Leistungsbilder ergeben, also welche Leistungen bearbeitet sein müssen, damit andere beginnen können.

BIM-Leistungen sind derzeit, wie bereits im vorherigen Kapitel dargelegt, einmal als besondere Leistung im *Leistungsbild Gebäude* in der Leistungsphase 2 genannt. Unklar ist jedoch die Abgrenzung zu den anderen Leistungen, insbesondere den Grundleistungen, in denen die *3D- oder 4D-Gebäudemodellbearbeitung* eingesetzt würde, wie beispielhaft auch aus Leistungsphase 2 des Leistungsbilds Gebäude:

- *Darstellen und Bewerten von Varianten nach gleichen Anforderungen, Zeichnungen im Maßstab nach Art und Größe des Objekts* → die Gebäudemodellbearbeitung wird ja gerade zur Variantenerstellung, Bewertung und Ausgabe von Zeichnungen in festlegten Maßstäben genutzt;
- *Bereitstellen der Arbeitsergebnisse als Grundlage für die anderen an der Planung fachlich Beteiligten sowie Koordination und Integration von deren Leistungen* → die Nutzung der 3D-Gebäudemodelle als Koordinationsmodell ist eine der Hauptvorzüge der BIM-Methode;
- *Kostenschätzung nach DIN 276, Vergleich mit den finanziellen Rahmenbedingungen* → die Raum- und Flächeninhalte können direkt aus dem 3D-Gebäudemodell entnommen werden, inklusive der Qualitätsanforderungen an die Räume, gegebenenfalls durch Verlinkung des Raum- und Funktionsprogramms.

Wenn nun die *Zeichnungen im Maßstab nach Art und Größe des Objekts* direkt aus dem BIM-Modell durch die Software erzeugt werden und die Modellierung in einem angemessenen Fertigstellungsgrad (siehe Kapitel 4.3) erfolgt, entsteht daraus keine Mehrleistung, ergo das Erstellen eines BIM-Modells zusätzlich zum Erstellen der Zeichnungen.

Bereits in den 90er Jahren des letzten Jahrhunderts wurde bei der Umstellung von manueller Zeichnung auf CAD-Zeichnung diskutiert, ob denn die (vielleicht nachträgliche, parallele oder unterbeauftragte) CAD-Arbeit nicht eine besonders zu vergütende Leistung wäre. Die Autoren waren schon damals der Meinung, dass dies weder produktiv noch haltbar ist, und prognostizieren auch jetzt, dass eine BIM-Modellerstellung separat von der Zeichnungserstellung keine Zukunft hat.

Andererseits kann ein LOD 200-Fachmodell in der Leistungsphase 3 zu einer Kostenberechnung herangezogen werden, indem bereits Bauteilmengen aus dem BIM-Modell genutzt werden. Dies wäre eine vertiefte Kostenberechnung, die genauere Angaben, auch im Variantenvergleich, und somit eine höhere Kostensicherheit für den Bauherrn bietet. Dies wiederum würde eine zusätzliche Vergütung rechtfertigen.

Sicherlich kann hier keine abschließende Einschätzung zu den möglichen Vergütungsregeln einer BIM-basierenden Planung abgeben werden, es soll aber auf die Schwierigkeiten der Abgrenzung von spezifischen neuen Leistungen, die sich aus der Anwendung von BIM ergeben, zu den »klassischen Leistungen« hingewiesen werden.

7.4   Vertragsgestaltung

Wenn ein Auftraggeber die Anwendung der BIM-Methode in einem Projekt vorsieht, dann müssen die sich daraus ergebenden Anforderungen und Leistungen im Rahmen der Vertragsgestaltung berücksichtigt werden. Wesentliche Punkte, insbesondere aus der Sicht der öffentlichen Auftraggeber, sind hierzu in [Eschenbruch; Malkwitz; Grüner; Poloczek & Karl, 2014] aufgeführt.

Prinzipiell bietet es sich an, ähnlich wie derzeit technische Vertragsanhänge, wie CAD-Richtlinien, den BIM-Projektabwicklungsplan (siehe Kapitel 6.3) in seiner ersten Fassung als Anhang zum Planervertrag formell zu vereinbaren, auch wenn ein BIM-Projektabwicklungsplan über die reinen softwareseitigen Vereinbarungen einer CAD-Richtlinie hinausgeht. Sinnvoll wäre die Bereitstellung von Vertragsmustern, die den vertragsschließenden Parteien eine gute Grundlage zur Konkretisierung der BIM-Leistungen bieten würden.

Derzeit liegen in Deutschland noch keine erprobten Mustervertragsklauseln als Textbausteine für Ergänzungsvereinbarungen zu Planerverträgen vor. Eine Referenz ist das schon 2008 erstmalig veröffentlichte Vertragsmuster für BIM-Vereinbarungen, das der amerikanische Architektenverband herausgegeben hat [AIA, 2008], beziehungsweise dessen neuere Fassung [AIA, 2013].

Eine Vertragsergänzung, die die BIM-Anwendung im Projekt regelt, sollte Folgendes beinhalten:

- die generellen BIM-Ziele und BIM-Anwendungsfälle, die in dem Projekt durch die Auftragnehmer zu verwirklichen sind

- Verantwortlichkeiten für die BIM-Koordination auf Auftraggeberseite, gegebenenfalls Vereinbarungen über die Einbeziehung eines BIM-Managers, dessen Leistungsbild und wo diese Rolle angesiedelt wird
- Bereitstellung des Koordinationsmodells und der Fachmodelle, Festlegung der Bereitstellungspflicht, der geforderten Qualität, der Methoden zur Qualitätssicherung, der Dateiformate und wie die abgeleiteten Zeichnungen zu übergeben sind
- Festlegungen über den prinzipiellen Ablauf von Koordinationssitzungen, *Jours fixes*, in denen die BIM-Methode für die Planungskoordination angewandt wird. Insbesondere sollte der Begriff *kollisionsfrei* in Bezug auf die Planungsphasen genauer definiert werden.
- Festlegungen zur Übergabe der Gesamt- und der Fachmodelle an den Auftraggeber zu definierten Meilensteinen innerhalb des Projektablaufs und zur endgültigen Übergabe als Teil der Objektdokumentation, Vereinbarungen über den jeweiligen Fertigstellungsgrad in Bezug auf die Geometrie (*Level of Geometry*) und Attributierung (*Level of Information*).
- Festlegungen zu den Fortschreibungspflichten der BIM-Modelle während der Ausführungsphase. Wie wird der ausgeführte Zustand in die BIM-Modelle eingepflegt?
- Festlegungen zu den Eigentumsrechten und der Nutzungsrechtseinräumung für die BIM-Modelle sowohl für den Auftraggeber als auch für alle weiteren Planungs- und Ausführungsbeteiligten.
- Bereitstellung der IT-Infrastruktur für die Projektbearbeitung. Wenn in der open BIM-Methode ausgeschrieben wird, wird die Hard- und Software zumeist durch den Auftragnehmer gestellt, muss aber definierten Leistungsmerkmalen entsprechen. Bei vorgeschriebener Softwareplattform wäre die Pflicht zur Bereitstellung zu verhandeln. Häufig wird auch eine Projektplattform zum Dokumenten- und Modellmanagement vorgesehen, deren Nutzung vertraglich zu regeln wäre.
- Bei Verträgen, die auf Grundlage der HOAI geschlossen werden, kommen gegebenenfalls weitere Festlegungen hinzu, zum Beispiel das Verschieben von Leistungen zwischen Leistungsphasen, wie das Vorziehen von Leistungsinhalten der LPH 5 in die LPH 3, oder das Vereinbaren besonderer Leistungen für bestimmte BIM-Ziele und Anwendungsfälle.

Ein Teil dieser Regelungsinhalte ergeben sich aus der Struktur des BIM-Projektabwicklungsplans und insbesondere aus den dort vereinbarten BIM-Zielen. Verantwortlichkeiten, Kontaktinformationen und andere organisatorische Details, aber auch ein Organigramm der Projektstruktur können entweder im BIM-Projektabwicklungsplan aufgeführt werden oder sind Bestandteil des Projekthandbuchs.

Da die erfolgreiche Umsetzung von BIM in Projekten sehr von der Art der Zusammenarbeit der Projektbeteiligten abhängt, sollten die Verträge entsprechende Klauseln enthalten, die Zusammenarbeitsmodelle, Partneringaspekte, Schlichtungen, aber auch gemeinsame, den gesamten Projekterfolg fördernde Bonus/Malus-Systeme fördern.

Oft werden auch die Punkte *Haftung* und *Urheberrechte* im Zusammenhang mit BIM als kritisch angesehen. Solange die Planung in den der jeweiligen Planungsdisziplin konkret zuzuweisenden Fachmodellen erfolgt und daher jede Änderung dem jeweiligen

Ersteller zugeordnet werden kann, sollten die Verantwortlichkeiten auch bei der Arbeit mit BIM-Modellen klar erkenntlich sein.

Weiterreichende Untersuchungen zu den juristischen Themen *Haftung* und *Urheberrecht* können an dieser Stelle nicht angeführt werden, hierzu muss auf entsprechende juristische Fachberichte verwiesen werden.

8 Ausblick

*Die meisten Probleme
entstehen bei ihrer Lösung.«
Leonardo da Vinci*

Derzeit steht, zumindest für die deutsche Bauwirtschaft, noch die umfassende Einführung des *Building Information Modeling* bevor. Die wesentlichen und wahrscheinlich auch ersten Anwendungsfälle sind in dem Buch genannt. Darüber hinaus sind jedoch eine Reihe weiterer Anwendungen, in denen BIM eine entscheidende Rolle zukommen könnte, denkbar.

Dabei steht der Begriff *BIM*, wie in Kapitel 2.2 beschrieben, für eine sehr große Spannweite an möglichen Umsetzungen in Bauprojekten, vom kleinen BIM im einzelnen Architektur- oder Planungsbüro, bis zur umfassenden und durchgängigen Anwendung der großen BIM-Methode in allen Planungsdisziplinen und Ausführungsgewerken während des Projektablaufs auf der Basis neuer kooperativer Vertragsmodelle und Abläufe in der Projektsteuerung.

Der notwenige Prozess einer stufenweisen Einführung von BIM, der von Zwischenstufen bei der Umsetzung ausgeht, wird sich über viele Jahre hinziehen. In diesem Zusammenhang werden neue, heute noch nicht im Fokus stehende BIM-Anwendungsfälle entwickelt und in die Praxis übernommen werden. Am Ende steht eine weitgehend digitalisierte Wertschöpfungskette, die jedoch die kreativen Freiräume für den besten Entwurf und die Suche nach optimalen Ausführungsverfahren erhalten muss.

Welche Tendenzen können sich beispielhaft in der zukünftigen Entwicklung abzeichnen?

8.1 Technologische Entwicklung und neue Anwendungsfelder

Weiterführende Integration

An vielen Stellen dieses Buches wird auf die Bedeutung der integralen Betrachtung, der wirklichen Zusammenarbeit und der dafür notwendigen Interoperabilität der digitalen Systeme hingewiesen, im Wesentlichen auf den Bau selbst bezogen. Dabei stehen

Bauwerksdaten nicht in Isolation zu anderen Informationssystemen, die in der Planung, Ausführung und insbesondere in der Nutzungsphase benötigt werden, beziehungsweise die selbst mit den Bauwerksdaten aktualisiert werden müssen. Im Bereich des Infrastrukturbaus wird diese Integration mit weiteren Informationssystemen noch offensichtlicher, insbesondere mit geographischen Informationssystemen.

Das Thema BIM-GIS Integration ist ein wesentlicher Kern weiterführender Entwicklungen. Die Georeferenzierung von BIM-Modellen ist dabei heute bereits Stand der Technik. Aber können auch Stadtmodelle, die jetzt auch in einem offenen Format CityGML vorliegen, zur Überprüfung der städtebaulichen Situation einfach mit dem Architekturmodell referenziert werden? Oder kann das Gebäudemodell in der entsprechend angepassten Detaillierung nach Fertigstellung in das 3D-Stadtmodell überführt und können relevante Raum- und Belegungsdaten auch in die Datenbank der Stadtplanung übernommen werden? Werden bei der energetischen Betrachtung sofort die richtigen Klimadaten des Standorts übernommen? Kann im Verkehrsinfrastrukturbau auf digitale Geländemodelle und Bodengutachten digital zugegriffen werden oder kann die Neuplanung einer Verkehrsstrecke digital hinsichtlich der Lärm- und Schadstoffausbreitung bewertet werden, ohne kostspielige Neueingabe in Simulationsprogramme?

Bei der Integration zwischen diesen sehr unterschiedlichen Datenbasen bieten sich neue Methoden, die im Bereich des *semantischen Netzes* entwickelt wurden, an. *Linked Open Data* ist einer der Stichpunkte zur Verlinkung zwischen diesen verschiedenen Informationsquellen.

Informationsbasis für nachhaltiges Bauen

Das Thema Nachhaltigkeit hat viele Nuancen, insgesamt zeichnet es sich durch eine hohe ökologische, ökonomische und sozio-kulturelle Qualität der errichteten Gebäude aus. Die Vielfalt der Einflussfaktoren auf diese zu bewertende Qualität geht einher mit der Zahl und Diversität der notwendigen Informationen zur Bestimmung dieser Qualität der Nachhaltigkeit.

Die notwendigen Kosten der Datenbeschaffung und die weitgehend manuelle Auswertung und Dokumentation der Nachhaltigkeitszertifikate sind unter anderem Gründe für die begrenzte Zahl der Nachhaltigkeitsbewertungen. Gleichzeitig werden viele Nachhaltigkeitsbetrachtungen in einer späten Planungsphase durchgeführt, in der nur noch Ergebnisse festgestellt, aber nicht mehr durch Varianten Optimierungspotentiale gesucht werden können.

Die digitale Verknüpfung von Bauwerksinformationen mit den Datenbanken des nachhaltigen Bauens, wie einer Material- und Bauteildatenbank, die alle energetischen, ökologischen und lebensdauerbezogenen Faktoren beinhaltet, ermöglicht, dass über den BIM-Anwendungsfall der modellbasierten Mengenermittlung wesentliche Kriterien der Nachhaltigkeitsbetrachtung, wie emissionsbedingte Umweltwirkungen, umweltverträgliche Materialgewinnung und der Primärenergieverbrauch, errechnet werden können. Mit dem BIM-Anwendungsfall der energetischen Berechnung können der thermische Komfort und die wärme- und feuchteschutztechnische Qualität des Gebäudes nachgewiesen werden. Auch die Faktoren des Schallschutzes können anhand der BIM-Modelldaten berücksichtigt werden. In Erweiterung einer modellbasierten Kostenberechnung können die Lebenszykluskosten mit in die Betrachtung einbezogen werden. Viele dieser einzelnen Betrachtungen können heute schon umgesetzt werden, es fehlt aber ein Gesamtkonzept für *BIM und Nachhaltigkeit*, welches zukünftig eine große Bedeutung bekommen wird.

Auch die Dokumentationspflicht, wie die EU-Bauproduktenverordnung, fordert eine stärkere digitale Verknüpfung von Herstellerinformationen mit den Ausführungsmodellen. Wie sonst lässt sich später einfach nachweisen, wo genau welche Bauprodukte mit bestimmten Recycling- oder Gefährdungsklassen verbaut worden sind?

Schnellere Baugenehmigungsverfahren

Bereits 2001–2004 hatten die Autoren in Singapur im Rahmen des CORENET Projekts an einem System der automatischen Baueingabe mit semi-automatischer Bauregelüberprüfung gearbeitet und dabei nachgewiesen, dass viele Bauregeln, wie barrierefreier Zugang, Fluchtwegberechnung oder Mindestzahl sanitärer Einrichtungen in öffentlichen Gebäuden, automatisch anhand von Gebäudemodellen geprüft werden können.

Mittlerweile ermöglicht kommerziell zur Verfügung stehende Software, wie Solibri Model Checker, solche Überprüfungen, sowohl für die Planer zur Selbstprüfung vor der Einreichung der Genehmigungsunterlagen, als auch für die Mitarbeiter von Bauämtern bei der Vorprüfung der Unterlagen, wenn diese als BIM-Modelle eingereicht werden. Jedoch ist den Autoren heute, 2015, noch kein Bauamt in Deutschland bekannt, welches eine solche Prüfung der Genehmigungsunterlagen auf BIM-Modellbasis umsetzt.

Dennoch hat die automatische Bauregelprüfung, die ein semi-automatischer Prozess der fachlichen Bewertung berechneter Ergebnisse bleibt, ein großes Potential für schnellere und weniger anfällige Planungs- und Genehmigungszyklen. Es ist vorauszusehen, dass solche Services im Rahmen der webbasierten Projektplattformen mit aufgerufen werden können, um eingestellte Planungsunterlagen kontinuierlich zu prüfen.

Am Ende werden sich auch die Bauämter dem technologischen Fortschritt auf Dauer nicht verschließen können.

Navigation

Die Gebäudemodelle verbinden visuelle 3D-Informationen, die zur Betrachtung in BIM-Viewern genutzt werden können, mit topologischen Informationen, hier insbesondere die Räume und die Raumverbindungen, wie Durchgänge, Türen, Rampen, Treppen und Aufzüge. Das sind die Voraussetzungen für automatische Wegeberechnungen und die Navigation in Gebäuden, wo klassische Verfahren, wie GPS, aufgrund der Abschirmung nicht funktionieren.

Der Anwendungsfall der *Indoor Navigation* wird zukünftig mit Hilfe von BIM-Modellen besser unterstützt, um Wegebeziehungen in Gebäuden aufzuzeigen und Hilfen bei der Navigation in geschlossenen Räumen anzubieten. Neben klassischen kommerziellen Anwendungen, wie der Wegeleitung in Shopping Malls und Flughäfen, kommen auch weitere Anwendungen infrage, einmal für die Sicherheitskräfte, wie die Feuerwehr im Brandfall, wo aufgrund der Rauchentwicklung kaum visuelle Orientierungshilfen zur Verfügung stehen, oder für das technische Servicepersonal, das Reparaturen in großen Gebäudekomplexen vornehmen muss.

Eine weiterführende Anwendung ist die *Augmented Reality*, in diesem Fall die Überlagerung der realen Umgebung mit dem computergenerierten Abbild der virtuellen Realität. Damit lässt sich auf mobilen Geräten, wie Tablets, Smartphones oder auch den neuen Datenbrillen, die Bebauungssituation prüfen, wenn das virtuelle Modell der zu errichtenden Bauwerke mit der realen Situation in der Kamera verbunden wird. Oder der aktuelle Bauzustand kann zur Abnahme der Bauleistungen vor Ort mit den virtuellen BIM-Modellen der Planung überlagert werden, um Abweichungen zu erkennen und zu dokumentieren.

Insbesondere bei Infrastrukturbauten wird die Telemetrie verstärkt genutzt, um zum Beispiel Baumaschinen beim Straßenbau automatisch zu steuern. Hierzu können die 3D-Trassierungsdaten aus dem Bauwerksmodell der Straßenplanung genutzt werden, um die Baumaschinen mittels GPS Steuerung zu führen.

Lean Construction

Die grundlegenden Ideen von *Lean Construction* und von BIM als Managementprinzip überdecken sich größtenteils, insbesondere aus der Sicht der Bauindustrie. Die Anwendung von Lean Construction zeichnet sich dabei dadurch aus[43]:

- Die Planung und ihre Ausführungsprozesse werden ganzheitlich betrachtet und gestaltet, um die Bauherrenbedürfnisse besser zu erfüllen.
- Die Arbeit wird durchgehend durch den gesamten Prozess so organisiert, dass der Wert für die Kunden maximiert und Verschwendung reduziert wird.
- Die Optimierungsbemühungen konzentrieren sich auf die Verbesserung der Gesamtleistung des Projektes, anstatt auf die Optimierung einzelner Teilbereiche.
- Die Prozesse werden vorausschauend gesteuert, um Varianzen in der Leistung der einzelnen Prozessschritte zu verringern und somit für einen stetigen Produktionsfluss zu sorgen.

In vielerlei Hinsicht können BIM-Werkzeuge und BIM-Prozesse als die natürliche Antwort auf die Fragen nach der Umsetzung der Lean Construction Ziele gesehen werden. Die im Buch vorgestellten BIM-Ziele der verbesserten Kommunikation mit Bauherren durch Visualisierung, Integration von Planungs- und Ausführungsprozessen und durchgängige Verbesserung der Planungsqualität sind identisch mit den Grundsätzen des Lean Construction.

Technologische Herausforderung

Viel wird derzeit über die *Industrie 4.0* diskutiert, die vierte industrielle Revolution, die nach der ersten – Mechanisierung durch Dampfkraft, der zweiten – Serienproduktion am Fließband mit Elektrizität und der dritten – Digitalisierung und Automatisierung der

---

43   Siehe https://de.wikipedia.org/wiki/Lean_Construction, ebenfalls zur Definition des Begriffs *Lean Construction* als »ein integraler Ansatz für die Planung, Gestaltung und Ausführung von Bauprojekten.« [Stand: 09/2015]

Produktion, jetzt mittels intelligenter, vernetzter Wertschöpfungsprozesse und dem *Internet der Dinge* die intelligente Fertigung bis zur Losgröße 1 und die direkte Kommunikation der Produktionswerkzeuge und Werkstücke anstrebt. Eine wichtige Voraussetzung ist die eindeutige Identifikation der »Dinge«, gewährleistet über RFID oder ähnliche Technologien, und eine Repräsentation im Internet, eine IP-Adresse, worüber diese kommunizieren können.

Damit kann zum Beispiel die Baustellenlogistik revolutioniert werden. Ein geliefertes Bauteil wird über die RFID erkannt, eine Statusmeldung an die Bauleitung automatisch gesandt und nach Einbau und Freigabe zur Abrechnung und Bezahlung freigegeben – ähnlich, wie es heute schon bei der Paketverfolgung großer Paketdienste erfolgt.

Die Bedeutung der Cloud Dienste mit bislang unbekannten Rechen- und Datenspeicherleistungen wird ebenfalls zunehmen, die klassischen Projektplattformen werden mit speziellen Online-Plattformen und zukünftigen BIM-Servern zusammenwachsen. Ob es dabei wirklich zu der gleichzeitig von allen Planungsteilnehmern bearbeitbaren BIM-Datenbank im Netz kommt, ist sicherlich noch ungewiss. Weitere sicherheits- und haftungsrelevante Fragen sind ebenso offen, wie die generelle Frage, ob ein gleichzeitiger Zugriff, Anzeige und Konsistenzprüfung im Hintergrund wirklich qualitäts- und effizienzsteigernd sind. Planung zeichnet sich auch dadurch aus, bewusst temporäre Inkonsistenzen zum Ausprobieren neuartiger Lösungen in Kauf zu nehmen.

Die bereits weit fortgeschrittene 3D-Druck-Technologie, deren Angebote immer kostengünstiger werden, wird es auch erlauben, häufiger materielle und haptisch erfahrbare Modelle aus den BIM-Modellen zu erstellen, die auch Farben und Oberflächenbeschaffenheiten berücksichtigen.

Offene Fragen

Es besteht jedoch auch eine Reihe offener technischer Fragen, die im Zuge weiterer Forschung und Entwicklung geklärt werden müssen.

- Langzeitarchivierung der BIM-Modelle: Der Lebenszyklus einer baulichen Anlage liegt oft bei weit über fünfzig Jahren, wie kann sichergestellt werden, dass auf BIM-Modelle als der zentralen Informationsquelle über diesen Zeitraum zugegriffen werden kann?
- Sicherheit der Informationen: Wie kann sichergestellt werden, dass das jetzt häufig im Netz verteilte und bald auch bearbeitbare BIM-Modell vor unbefugtem Zugriff geschützt werden kann? Das betrifft sowohl sensible Bauwerksinformationen, als auch die persönlichen Informationen zu den Bearbeitern und späteren Nutzern.
- Weiterentwicklung der Interoperabilität: Die heute zur Verfügung stehenden Schnittstellen erlauben das Referenzieren geteilter BIM-Modelle und die Unterstützung des Änderungsprozesses. Im Bereich parametrischer Modelle, benötigt für Bauproduktinformationen oder BIM-Modelle zur partiellen Weiterbearbeitung, fehlen noch einheitliche Standards, ebenso bei der Verlinkung mit externen Informationsquellen. Können hierzu offene Standards zeitnah entwickelt werden, die von allen wesentlichen Akteuren akzeptiert werden?

8.2   Anforderungen an Aus- und Weiterbildung

Bei der weiterführenden Einführung von BIM in den Unternehmen der deutschen Bauwirtschaft und in realen Bauprojekten wird sehr bald festgestellt werden, dass der kritische Punkt nicht das fehlende Angebot an BIM-fähiger Software ist.

Zum Teil sind mögliche Einschränkungen in den tradierten Rahmenbedingungen der
zeichnungsorientierten Leistungserbringung und in der auf Separierung der Einzelleistun-
gen in Verträgen bezogenen Vergabe begründet.

Aber die wohl wahrscheinlichste Einschränkung kommt aus dem fehlenden Wissen
um die Möglichkeiten, aber auch Risiken, der Methode BIM und der praktischen Umsetzung in den Planungs- und Ausführungsprozessen. Kurz – es mangelt an geeignetem
Personal.

Hieraus ergibt sich ein großer Bedarf an BIM-Weiterbildung in den Büros und Unternehmen und an einer bedarfsgerechten Ausbildung an den Universitäten, Hochschulen
und in der beruflichen Ausbildung. Die Curricula einer breit aufgestellten, nicht auf das
Erlernen eines spezifischen BIM-Werkzeugs eingeschränkten, BIM-Schulung müssen erarbeitet und an möglichst vielen Lehreinrichtungen umgesetzt werden. Dabei empfiehlt es
sich, eine Einigung auf gemeinsame Qualitätsstandards für die Ausbildung[44] anzustreben.

Ähnlich wie in anderen neuen Berufs- und Rollenbildern, wie zum Beispiel beim Facility
Manager vor 15 Jahren, gibt es für die neuen Rollen des BIM-Managers und BIM-Koordinators heute keine Qualitätskriterien oder qualifizierenden Abschlüsse – jeder kann sich
diese Bezeichnung zulegen. Auch hier ist eine Zertifizierung der Person, Abteilung oder
Beratungsfirma anzustreben, in der das notwendige Hintergrundwissen abgefragt wird.

---

44 Hierzu wurde im Juni 2015 eine gemeinsame Initiative des buildingSMART mit dem VDI gegründet,
    um eine BIM-Ausbildungsrichtlinie für Deutschland zu erarbeiten und in der VDI/buildingSMART 2552
    Blatt 8 *BIM – Qualifikationen* zu veröffentlichen.

Epilog

Bis zu diesem Punkt haben wir nun innerhalb des Buches 1331-mal das Akronym BIM immer wieder in der Bedeutung der verschiedenen *Building Information M's* gebraucht und dargelegt, dass der Begriff frühestens seit 1992 für diese Herangehensweise an eine moderne Planungs- und Ausführungsmethode verwendet wurde.

Was wir Ihnen jedoch bis jetzt vorenthalten haben, der Begriff BIM ist noch viel älter und kann genau auf das Jahr 1905 datiert werden. Damals, noch Femininum, war die BIM bereits mit dem BAM und dem BUM, beide Maskulinum, hier im Lande zugegen:

BIM, BAM, BUM

Ein Glockenton fliegt durch die Nacht,
als hätt er Vogelflügel,
er fliegt in römischer Kirchentracht
wohl über Tal und Hügel.

Er sucht die Glockentönin BIM,
die ihm vorausgeflogen;
d. h. die Sache ist sehr schlimm,
sie hat ihn nämlich betrogen.

»O komm«, so ruft er, »komm, dein BAM
erwartet dich voll Schmerzen.
Komm wieder, BIM, geliebtes Lamm,
dein BAM liebt dich von Herzen!«

Doch BIM, dass ihr's nun alle wisst,
hat sich dem BUM ergeben;
der ist zwar auch ein guter Christ,
allein das ist es eben.

Der BAM fliegt weiter durch die Nacht
wohl über Wald und Lichtung.
Doch, ach, er fliegt umsonst! Das macht,
er fliegt in falscher Richtung.

Christian Morgenstern
Galgenlieder, 1905

Das, liebe Leser, sollte Ihnen nach Lektüre dieses Buches über das eigentliche BIM, jetzt eindeutig ein Neutrum, nun nicht mehr passieren. Wir hoffen, Ihnen einen in die richtige Richtung führenden Korridor aufgezeigt zu haben, innerhalb dessen Sie Ihren Weg der BIM-Anwendung einschlagen können.

Danksagung

Unser besonderer Dank gilt unserer Lektorin Sigune Meister, die unser Buchprojekt mit ihren Anregungen, aber auch mit großer Geduld begleitet und damit zum Gelingen beigetragen hat.

Gleichzeitig möchten wir uns bei allen Kollegen bedanken, die uns mit Abbildungen und Hinweisen zum Thema unterstützt haben und mit denen wir, seit Langem in buildingSMART verbunden, den Weg zur Etablierung der BIM-Methode gemeinsam bestreiten.

Weiterer Dank geht an unseren verständnisvollen Familien- und Freundeskreis, dem wir die vielen Stunden, in denen wir dieses Buch schrieben, nicht widmen konnten.

9 Anhang

9.1 Glossar

3D-Modell
3D-Modelle basieren auf einer vollständig dreidimensionalen geometrischen Beschreibung eines Objektes. Ein komplexes geometrisches Objekt wird aus den entsprechenden Elementarobjekten zusammengesetzt. Kanten-, Flächen- und Volumenmodelle sind 3D-Modelle.

4D-Modell
4D-Modelle sind eine Erweiterung des 3D-Modells um eine zeitliche Komponente, den Terminplan (4D = 3D + Zeit). Durch die Simulation des zeitlichen Verlaufs der Bauwerkserstellung wird die Planung von Bauablaufplänen optimiert.

5D-Modell
5D-Modelle sind eine Erweiterung des 3D-Modells um zeitliche Komponenten (4D) und Kosten (5D = 3D + Zeit + Kosten). Unter Berücksichtigung der modellbasierter Mengen, des Material- und Personalbedarfs und damit der Kosten wird eine zusätzliche Simulation des Kostenverlaufs ermöglicht.

Bauwerksmodell
Bauwerksmodelle sind objektbasierte digitale Abbildungen der Bauteile eines Bauwerkes und ihrer Eigenschaften. Dabei wird nicht von einem monolithischen Gesamtmodell ausgegangen, sondern jeder Fachplaner erstellt in seinem Anwendungsprogramm sein fachspezifisches Bauwerksmodell. Die Bauwerksmodelle ermöglichen ein effektives Informationsmanagement während des gesamten Lebenszyklus eines Bauwerks, von der Entwurfsidee bis zum Rückbau und Recycling.

Bauwerksmodell, fachspezifisch
Fachspezifische Bauwerksmodelle werden durch die Fachplaner in ihren BIM-Anwendungsprogrammen erstellt. Die fachspezifischen Bauwerksmodelle werden im Koordinationsmodell u. a. zur Kollisionsprüfung oder zum Erstellen von Gesamtsichten zusammengeführt. Synonym wird der Begriff Fachmodell genutzt.

BCF – BIM Collaboration Format
Das Austauschformat BCF ist ein offenes Datenformat, welches den Austausch von Nachrichten und Änderungsanforderungen zwischen Softwareprogrammen, wie BIM-Checker und -Viewer, und BIM-Modellierungssoftware unterstützt.

BIG BIM
BIG BIM beschreibt die durchgängige und interdisziplinäre Anwendung der BIM-Methode über den gesamten Lebenszyklus des Bauwerkes. Die Potenziale von BIM werden dabei vollständig genutzt. Der Begriff BIG BIM wurde aus dem Buch *BIG BIM little bim* [Jernigan, 2007] übernommen. Die deutsche Entsprechung lautet BIM Integration.

BIM
Das aus dem Englischen kommende Akronym BIM steht sowohl für Building Information Model, Building Information Modeling und auch für Building Information Management im Bauwesen.

BIM – Building Information Model
Building Information Model ist die englische Entsprechung für das digitale Bauwerksmodell. Synonym werden auch die Begriffe BIM-Modell und Bauwerksmodell genutzt.

BIM – Building Information Modeling
Building Information Modeling ist eine Arbeitsmethode im Bauwesen, die sowohl neue Formen der Zusammenarbeit und Koordination aller am Bau Beteiligten über den gesamten Lebenszyklus eines Bauwerkes als auch effizientere Wege der Informationsbereitstellung auf Basis digitaler Technologien beinhaltet. Synonym wird auch der Begriff BIM-Methode genutzt.

BIM – Building Information Management
Die zentrale Aufgabe des Building Information Management ist die projektbegleitende Steuerung der BIM-Prozesse, die Organisation des Informationsflusses in Planung und Ausführung sowie der Übergabe an den Betrieb und die Kontrolle der Erfüllung der BIM-Ziele. Synonym wird auch der Begriff BIM-Management genutzt.

BIM Execution Plan
Der BIM Execution Plan legt die Grundlagen der BIM-basierten Zusammenarbeit in einem Projekt fest. Dieser wurde zuerst als BIM Project Execution Planning Guide durch die CIC Research Group der Penn State University aufgestellt. In Deutschland wird der Begriff BIM-Projektabwicklungsplan genutzt.

BIM-Insel
BIM-Insel beschreibt die auf eine Fachdisziplin oder ein Planungsbüro beschränkte Anwendung von BIM und ist somit eine Insellösung. Die Potenziale von BIM werden dabei nur zur Optimierung der eigenen Prozesse genutzt. Der Begriff BIM-Insel ist die Entsprechung für little bim, dieser Begriff wurde aus *BIG BIM little bim* [Jernigan, 2007] übernommen.

BIM-Integration
BIM-Integration beschreibt die durchgängige und interdisziplinäre Anwendung der BIM-Methode über den gesamten Lebenszyklus des Bauwerkes. Die Potenziale von BIM werden dabei vollständig genutzt. Der Begriff BIM-Integration ist eine Entsprechung für BIG BIM, dieser Begriff wurde aus *BIG BIM little bim* [Jernigan, 2007] übernommen.

BIM-Methode
BIM-Methode wird als alternativer Begriff für BIM - Building Information Modeling verwendet.

BIM-Modellierungssoftware

Der Begriff BIM-Modellierungssoftware wird für alle CAD-Programme genutzt, die der parametrischen 3(++) dimensionalen und bauteilorientierten Erstellung, Bearbeitung und Auswertung von BIM-Modellen dienen.

BIM-Projektabwicklungsplan

Der BIM-Projektabwicklungsplan bildet die Grundlage einer BIM-basierten Zusammenarbeit, definiert BIM-Ziele, organisatorische Strukturen und Verantwortlichkeiten und legt die geforderten BIM-Leistungen sowie die Software- und Austauschanforderungen fest. Der BIM-Projektabwicklungsplan sollte Vertragsbestandteil für alle Projektteilnehmer sein.

BIM-Prozess

Der BIM-Prozess stellt einen Arbeitsprozess innerhalb des Planens, Ausführens oder Bewirtschaftens dar, der besonders mit der Anwendung der BIM-Methode verbunden ist.

BIM-Server

Der BIM-Server ermöglicht das zentrale Speichern und Verwalten der Informationen und die Versionierung der einzelnen Bauwerksmodelle, so dass alle Projektbeteiligten immer auf den jeweils aktuellsten Stand zugreifen können. Es können Erweiterungen bekannter Projektplattformen sein oder neuartige Cloud-basierte Werkzeuge.

BIM CAD-Software

Der Begriff BIM CAD-Software wird für alle Anwenderprogramme genutzt, die der parametrischen 3(++) dimensionalen und bauteilorientierten Erstellung, Veränderung und Auswertung von BIM-Modellen dienen. Die englische Entsprechung lautet *BIM authoring tools*. Der präzisere deutsche Begriff ist BIM-Modellierungssoftware.

BIM-Viewer

Ein BIM-Viewer ist eine Software zur Betrachtung und Auswertung von Bauwerksmodellen. BIM-Viewer besitzen nicht die Funktionalität, BIM-Modelle zu ändern.

buildingSMART

buildingSMART ist eine internationale, nicht profitorientierte Organisation, die seit 1995 daran arbeitet, offene Standards für durchgängige Planungs-, Ausführungs- und Bewirtschaftungsprozesse zu schaffen, damit die Bauindustrie global wettbewerbsfähiger wird. Sie ist der Träger des open BIM Gedankens und Herausgeber von IFC und anderen internationalen Standards.

B-rep – Boundary Representation

B-rep ist eine Geometriemethode zur Beschreibung beliebiger 3D-Geometrien aus Begrenzungsflächen, die eine Hüllgeometrie vollständig umschließen. Ein B-rep ist ein Volumenmodell. Die deutsche Entsprechung lautet Begrenzungsflächenmodell.

CAD

Das Akronym CAD steht sowohl für *computer-aided drafting*, deutsch rechnergestütztes Zeichnen, als auch für *computer-aided design*, deutsch rechnergestütztes Konstruieren. Im Bauwesen erfolgte die Einführung von CAD im Wesentlichen als rechnergestütztes Zeichnen im Sinne des 2D-CAD. Das rechnergestützte Konstruieren stand dagegen kaum im Vordergrund.

CityGML – City Geography Markup Language

CityGML ist ein offenes Austauschformat für virtuelle 3D-Stadtmodelle. Es basiert auf dem Basisstandard GML, der von dem *Open Geospatial Consortium (OGC)* herausgegeben wird.

Closed BIM

Closed BIM, die geschlossene BIM Lösung, bezeichnet eine Arbeitsweise mit BIM in einer einheitlichen proprietären Softwarelandschaft.

CSG – Constructive Solid Geometry

CSG ist eine Geometriemethode zur Erstellung beliebiger 3D-Geometrien aus Booleschen Operationen (Vereinigung, Differenz, Schnitt) zwischen 3D-Grundkörpern (Kugel, Kegel, Quader, Zylinder, Torus), auch Primitive genannt. Ein CSG ist ein Volumenmodell. Die deutsche Entsprechung lautet Konstruktive Festkörpergeometrie.

Detaillierungsgrad

Der Detaillierungsgrad der Modellelemente beschreibt die geometrische Genauigkeit der digitalen Bauelemente. Die englische Entsprechung lautet *Level of Detail*. Die genauere Bezeichnung wäre *Level of Geometry* um dies von dem Umfang der Attributierung, dem *Level of Information*, abzugrenzen.

Fachmodell

Fachmodelle werden durch die Fachplaner in ihren BIM-Modellierungsprogrammen erstellt. Sie können im Koordinationsmodell u. a. zur Kollisionsprüfung oder zum Erstellen von Gesamtsichten zusammengeführt werden. Synonym wird der Begriff Fachspezifisches Bauwerksmodell genutzt.

Fertigstellungsgrad

Der Fertigstellungsgrad des Bauwerksmodells beschreibt das Fortschreiben des Bauwerksmodells während der gesamten Planungsphase. Er ist abhängig von der Leistungsphase, der Fachdisziplin, den vereinbarten Leistungen und wichtig für bestimmte Auswertungen. Die englische Entsprechung lautet *Level of Development*.

Flächenmodell

Im Flächenmodell werden 3D-Körper durch das Aneinanderfügen von Flächen definiert. Flächenmodelle können verdeckte Linien darstellen und Oberflächeninformationen wie Farbe und Textur beinhalten. Meist kommt es daher bei Visualisierungen zur Anwendung. Ein Flächenmodell enthält keine Informationen über das Volumen, deshalb ist es nicht möglich, Mengenermittlungen durchzuführen.

gbXML

gbXML steht für *green building XML*, eine Schnittstelle, die speziell zur Übertragung von thermischen Modellen zwischen BIM/IFC und energetischer Berechnungs- und Simulationssoftware verwendet wird.

IDM – Information Delivery Manual

IDM beschreibt eine Methode, anwenderseitig die Datenübergabeanforderungen zu definieren. Die Methode besteht grob aus zwei Teilen, zum einen der Prozessdefinition mit der Beschreibung der Übergänge zwischen Prozessen, die *process map*, zum andern der Auflistung der BIM-relevanten Modellelemente und Attribute, die übergeben werden sollen, die *exchange requirements*. IDM ist als ISO 29481-1 registriert.

IFC – Industry Foundation Classes

Das Austauschformat IFC ist eine hersteller- und länderübergreifende Schnittstelle für den modellbasierten BIM Datenaustausch. Teilmengen der IFC werden als Model View Definitionen in Softwareschnittstellen umgesetzt. buildingSMART International entwickelt und etabliert IFC als offenen Standard für das Bauwesen seit 1995. IFC ist als ISO 16739 registriert.

IFD – International Framework for Dictionaries

IFD ist ein Schema, und damit Grundlage für Datenbanken, zur Definition von Merkmalen, inklusive der Mehrsprachigkeit, der Einheiten und der Querbeziehungen zwischen Merkmalen. Das *buildingSMART Data Dictionary*, bSDD, ist eine Implementierung dieses Schemas. IFD ist als ISO 12006-3 registriert.

Informationsgrad

Der Informationsgrad eines Modellelements beschreibt die Vollständigkeit der an die Modellelemente angehängten Informationen. Diese sind von der Projektphase, der Fachdisziplin und den vereinbarten Leistungen abhängig. Die englische Entsprechung lautet *Level of Information*.

Kantenmodell

Beim Kantenmodell oder Drahtmodell werden Linien beziehungsweise Kanten aneinandergefügt, um den Eindruck eines 3D-Körpers zu simulieren. Ein Kantenmodell enthält keine Informationen über Flächen und Volumen und kann nicht für verdeckte Linien und flächige, schattierte Ansichten genutzt werden.

Kollisionsprüfung

Die Kollisionsprüfung ist die Durchführung einer automatischen Prüfung eines oder mehrerer fachspezifischer Bauwerksmodelle auf Überschneidungen, Durchdringungen, doppelte Elemente oder fehlende Durchbrüche der Modellelemente. Die Ergebnisse der Kollisionsprüfung können im BCF Format gespeichert und von der entsprechenden BIM-Software gelesen und angezeigt werden.

Koordinationsmodell

Das Koordinationsmodell ist ein Gesamtbauwerksmodell, das für die Koordination temporär aus den fachspezifischen Bauwerksmodellen zusammengestellt wird. Es dient der Koordinierung der beteiligten Fachdisziplinen und Gewerke, insbesondere der Kollisionsprüfung und der Erstellung von Gesamtansichten und Auswertungen.

KPI – Key Performance Indicator

Mit den KPI werden Zielgrößen genannt, deren Grad der Erfüllung kritisch für den Gesamterfolg eines Projektes sind. Die deutsche Entsprechung lautet Leistungskennzahl.

Leistungskennzahl

Damit werden Zielgrößen benannt, deren Grad der Erfüllung kritisch für den Gesamterfolg eines Projektes ist. Die englische Entsprechung lautet *Key Performance Indicator*.

Level of Detail

Der geometrische Detaillierungsgrad der Modellelemente wird oft im Zusammenhang mit entsprechender Anwendung, wie Kostenermittlung, aufgestellt. Ein weiteres englisches Synonym ist *Level of Geometry*. Die deutsche Entsprechung lautet geometrischer Detaillierungsgrad.

Level of Development

Damit wird der Fertigstellungsgrad der fachspezifischen Bauwerksmodelle zu einer bestimmten Projektphase und für die BIM-Nutzung freigegebene Anwendungen bezeichnet. Die deutsche Entsprechung lautet Fertigstellungsgrad.

Level of Information

Der Detaillierungsgrad der Attributierung der Modellelemente wird oft im Zusammenhang mit entsprechender Anwendung, wie projektbegleitendes Facility Management, aufgestellt. Die deutsche Entsprechung lautet alphanumerischer Detaillierungsgrad.

little bim

little bim beschreibt die auf eine Fachdisziplin oder ein Planungsbüro beschränkte Anwendung von BIM und ist somit eine Insellösung. Die Potenziale von BIM werden dabei nur zur Optimierung der eigenen Prozesse genutzt. Der Begriff little bim wurde aus *BIG BIM little bim* [Jernigan, 2007] übernommen. Die deutsche Entsprechung lautet BIM-Insel.

Modellelement

Das Modellelement ist die digitale Abbildung eines realen Bauelements im Bauwerksmodell. Weitere Informationen, wie Ausprägung, Material, Kosten, können dem Modellelement hinzugefügt werden. Der Detaillierungsgrad und der Informationsgrad beschreiben den Grad und Umfang der geometrischen und alphanumerischen Beschreibung des Modellelements.

MVD – Model View Definition

Die Model View Definitionen beschreiben eine Teilmenge des IFC Datenschemas für unterschiedliche Datenaustauschszenarien, die in Planungsprozessen angewandt werden sollen. Diese MVD werden in Softwaresystemen als Import- und Exportschnittstellen umgesetzt.

mvdXML

Eine MVD kann computerinterpretierbar als mvdXML beschrieben werden. Dabei werden sowohl die MVD spezifische Teilmenge des IFC-Standards erfasst als auch Prüfregeln für konsistente IFC-Dateien.

NURBS

Non Uniform Rational B-Splines, NURBS, ist eine Methode des *Boundary Representation* Modells. Die umgrenzenden Flächen werden als Freiformflächen, B-Splines, beschrieben und können daher gekrümmt sein.

Ontologie

Eine Ontologie ist eine Informationsrepräsentation, welche Teile einer Wissensdomäne in einer formalen Struktur beschreibt. Es ist eine Form der Modellbildung mit ähnlichen Prinzipien, wie der Abstraktion und Generalisierung. Der Begriff Ontologie und dessen Verwendung in verschiedenen Bereichen sind sehr vielschichtig. Die Erklärung hier bezieht sich auf Ontologien in der Wissensrepräsentation und Softwareentwicklung, wie im Rahmen des semantischen Webs.

Open BIM

Open BIM, die offene BIM Lösung, bezeichnet eine Arbeitsweise in einer offenen Softwarelandschaft mit offenen BIM-Standards, die den Datenaustausch zwischen den unterschiedlichen BIM-Softwareprodukten ermöglichen.

Objektinformationen

Objektinformationen sind Parameter der Modellelemente, wie Typ, Parameter, Herstellerinformationen, Materialeigenschaften und die Zuordnung zur Bauwerksgliederung, die für Modellelemente erfasst und ausgewertet werden. Beim BIM-Datenaustausch müssen diese mit übertragen werden.

Parametrik

Ein parametrisches Modellelement wird in seiner geometrischen Ausprägung durch Parameter, wie Breite, Höhe, Profilabmessungen und Ähnliches gesteuert, die untereinander in Beziehung stehen können (wie Höhe ist zweimal die Breite). Parametrische Bauwerksmodelle erlauben auch die Abhängigkeit zwischen verschiedenen Modellelementen zur geometrischen Ausprägung zu nutzen. Das Verschieben einer Wand hat dann zum Beispiel die Änderung der Raumabmessungen zur Folge. Damit kann eine ursprüngliche Konstruktionsabsicht, englisch *design intent*, nachvollzogen werden.

PDM – Product Data Management

PDM ist ein in der verarbeitenden Industrie angewandtes Konzept zur integralen Verwaltung aller produktrelevanten Modelle und Dokumente. Im Mittelpunkt steht das integrierende Produktmodell. Die deutsche Entsprechung ist Produktdatenmanagement.

PLM – Product Lifecycle Management

PLM ist ein über das inbegriffene PDM hinausgehendes Konzept, das alle Informationen, die im Lebenszyklus eines Produkts anfallen, integriert. Dies schließt eine Abstimmung der Methoden und Prozesse der Produktentwicklung mit ein. In der verarbeitenden Industrie ist dies die Zieldefinition des unternehmensweiten IT Einsatzes.

STEP

STEP, der *Standard for the Exchange of Product model data*, ist eine Serie von ISO Standards zur Definition von Produktmodellen und deren offenem Austausch zwischen PDM-Systemen.

Virtuelles Gebäudemodell

Dies ist der frühere Begriff für Bauwerksmodell, geprägt durch Graphisoft, basierend auf deren geschütztem Begriff *Virtual Building™«.

Virtuelle Stadtmodelle

Darunter versteht man städtebauliche Computermodelle, in denen Gebäude und geographische Informationen, wie Terrain, Straßen, Plätze, Vegetation und anderes, 3D-visualisiert werden können. Anwendungsfälle sind die Stadtplanung, das Stadtmarketing und Umgebungsmodelle. In diesem Umfeld wird CityGML als offenes Austauschformat genutzt.

Volumenmodell

Im Volumenmodell werden 3D-Körper vollständig durch ihre Hülle beschrieben, wobei klar zwischen innen und außen unterschieden werden kann. Für jeden Punkt im Raum kann festgestellt werden, ob sich dieser im, auf oder außerhalb eines Körpers befindet. Volumenmodelle werden für Kollisionsprüfungen, Mengenermittlungen und andere Anwendungsfälle benötigt.

XML

XML, die *eXtensible Markup Language*, ist eine vom *Word Wide Web Consortium*, W3C, veröffentlichte Definitionssprache für die Beschreibung strukturierter Daten, ursprünglich aus SGML, einer Auszeichnungssprache, hervorgegangen. Spezielle Schemas, XML Schema Definitionen, XSD, liegen vielen Schnittstellenbeschreibungen für den Datenaustausch zugrunde.

9.2   Literaturverzeichnis

[AIA, 2008]   AIA (The American Institute of Architects): AIA Document E202 – Building Information Modeling Protocol Exhibit. 2008

[AIA, 2013]   AIA (The American Institute of Architects): Document E203 – Building Information Modeling and Digital Data Exhibit. 2013

[BauInfoConsult, 2014]   BauInfoConsult: 10,5 Milliarden € Fehlerkosten: Nichtwohnungsbau besonders anfällig. Studie, 2014, www.bauinfoconsult.de/presse/pressemitteilungen/2014/10_5_milliarden_fehlerkosten_nichtwohnungsbau_besonders_anfallig/2230 [Stand: 26.08.2014]

[BIM-forum, 2013]   BIM-forum: Level of Development Specification for Building Information Models. 2013, http://bimforum.org/lod. [Stand: 19.08.2015]

[Building and Construction Authority, 2012]   Building and Construction Authority: Singapore BIM Guide. Singapur, 2012

[Building and Construction Authority, 2013]   Building and Construction Authority: Singapore BIM Guide Version 2. Singapur, 2013, bimsg.wordpress.com/singapore-guide/bim-guide/ [Stand: 20.11.2015]

[buildingSMART, 2014]   buildingSMART: Open Standards 101. 2014, www.buildingsmart.org/standards/technical-vision/open-standards-101 [Stand: 05.01.2015]

[buildingSMART, 2014]   buildingSMART: Summary of Industry Foundation Classes (IFC). 2014, www.buildingsmart-tech.org/specifications/ifc-overview [Stand: 05.01.2015]

[CIC Research Group, 2010]   CIC Research Group: BIM Project Execution Planning Guide. 2010, http://bim.psu.edu [Stand: 19.08.2015]

[COBIM project, 2012]   COBIM project: Common BIM Requirements 2012 – Series 1 General part. Helsinki, Finnland, 2012

[Crotty, 2012]   Crotty, Ray: The Impact of Building Information Modelling: Transforming Construction. Abingdon, Oxon: SPON Press, 2012

[DIN 18205, 1996]   DIN 18205:1996-04. Bedarfsplanung im Bauwesen.

[Eastman, 1975]   Eastman, Charles: The use of computers instead of drawings in building design. Journal of the American Institute of Architects 63 (1975), Nr. 3, S. 46–50

[Eastman, 1978]   Eastman, Charles: The representation of design problems and maintenance of their structure. IFIPS Working Conference on Application of AI and PR to CAD. Grenoble, France,1978

[Eastman, 1999]   Eastman, Charles: Building product models. Computer environments supporting design and construction. Raton, Florida: CRC Press, 1999

[Eastman; Teicholz; Sacks & Liston, 2011]   Eastman, Chuck; Teicholz, Paul; Sacks, Rafael; Liston, Kathleen: BIM Handbook: A Guide to Building Information Modeling for Owners, Managers, Designers, Engineers, and Contractors – 2nd Ed. Hoboken, New Jersey: John Wiley und Sons, 2011

[Egger; Hausknecht; Liebich & Przybylo, 2014]   Egger, Martin; Hausknecht, Kerstin; Liebich, Thomas; Przybylo, Jakob: BIM-Leitfaden für Deutschland – Information und Ratgeber. Forschungsinitiative ZukunftBAU (Hrsg.): München, 2014, www.bbsr.bund.de/BBSR/DE/FP/ZB/Auftragsforschung/3Rahmenbedingungen/2013/BIMLeitfaden/01_start.html?nn=43665 4undnotFirst=trueunddocId=702606 [Stand: 19.08.2015]

[Eschenbruch; Malkwitz; Grüner; Poloczek & Karl, 2014]   Eschenbruch, Klaus; Malkwitz, Alexander; Grüner, Johannes; Poloczek, Aadam; Karl, Christian: Maßnahmenkatalog zur Nutzung von BIM in der öffentlichen Bauverwaltung unter Berücksichtigung der rechtlichen und ordnungspolitischen Rahmenbedingungen. Bonn: Forschungsinitiative ZukunftBAU, BBSR, 2014

[Elser & Schmal Cachola, 2012]   Elser, Oliver; Schmal Cachola, Peter (Hrsg.): Das Architekturmodell. Werkzeug, Fetisch, Kleine Utopie. Zürich: Scheidegger & Spiess, 2012

[European Union, 2014]   European Union: Directive 2014/24/EU of the European Parliament and of the Council on public procurement. Official Journal of the European Union, English, Legislation 57, 08.03.2014, S. 67–244

[eWorkBau Konsortium, 2015]   eWorkBau Konsortium: Projekt: eWorkBau – BIM-Schulungen für das Handwerk. H.-P.-I. f. Hannover, (Hrsg.), www.ework-bau.de [Stand: 05.01.2015]

[Fanelli, 2004]   Fanelli, Giovanni; Fanelli, Michele: Die Kuppel Brunelleschis. Geschichte und Zukunft eines großen Bauwerks. Florenz: Mandragora, 2004

[Gielingh, 1988]   Gielingh, Wim: General AEC Reference Model. ISO/TC 184/SC 4/WG 1 N322. Delft, Netherlands, 1988

[Günther & Borrmann, 2011]   Günther, Willibald; Borrmann, André: Digitale Baustelle – innovativer Planen, effizienter Ausführen: Werkzeuge und Methoden für das Bauen im 21. Jahrhundert. Berlin/Heidelberg: Springer VDI, 2011

[Hahnloser, 1972]   Hahnloser, Hans R.: Villard de Honnecourt. Kritische Gesamtausgabe des Bauhüttenbuches ms. fr. 19093 der Pariser Nationalbibliothek. 2. Aufl. Graz: Akademische Druck- und Verlagsanstalt, 1972

[Hausknecht & Liebich, 2011]   Hausknecht, Kerstin; Liebich, Thomas: BIM Richtlinie für Architekten und Ingenieure, Qualitätsanforderungen an das virtuelle Gebäudemodell in den einzelnen Planungsphasen des Entwurfs- und Bauprozesses. München, 2011

[Hausknecht & Liebich, 2013]   Hausknecht, Kerstin; Liebich, Thomas: Der BIM-Workflow mit offenen Standards. In: Achamer, Christoph; Kovacic, Iva (Hrsg.): BIM for LCS. Praxisreport. TU Wien, 2013

[Hausknecht et al., 2014]   Hausknecht, Kerstin; Liebich, Thomas; Weise, Matthias; Linhard, Klaus; Steinmann, Rasso; Geiger, Andreas; Häfele, Karl-Heinz: BIM/IFC software certification process by buildingSMART. In Mahdavi, Ardeshir; Martens, Bob; Scherer, Raimar (Hrsg.): eWork and eBusiness in Architecture, Engineering and Construction – Proceedings of the ECPPM 2014 Conference. Leiden, Netherlands: CRC Press, 2014

[Hendrickson, 2007]   Hendrickson, Chris: Project Management for Construction: Fundamental Concepts for Owners, Engineers, Architects and Builders – Version 2.1, Juni 2007

[HM Government, 2012]   HM Government. Industrial strategy: government and industry in partnership – Building Information Modeling. London, 2012

[HOAI, 2013]   HOAI: Honorarordnung für Architekten und Ingenieure vom 10. Juli 2013 (BGBl. I S. 2276). Berlin, 2013

[ISO 10303-21, 2002]   ISO 10303-21:2002. Industrial automation systems and integration – Product data representation and exchange – Part 21: Implementation methods: Clear text encoding of the exchange structure

[ISO 10303-11, 2004]   ISO 10303-11:2004. Industrial automation systems and integration – Product data representation and exchange – Part 11: Description methods: The EXPRESS language reference manual

[ISO 10303-42, 2014]   ISO 10303-42:2014. Industrial automation systems and integration – Product data representation and exchange – Part 42: Integrated generic resource: Geometric and topological representation

[ISO 16739, 2013]   ISO 16739:2013. Industry Foundation Classes (IFC) for data sharing in the construction and facility management industries

[ISO/TC 59/SC 13, 2014]   ISO/TC 59/SC 13:2014. Organization of information about construction works. www.iso.org/iso/standards_development/technical_committees/list_of_iso_technical_committees/iso_technical_committee.htm?commid=49180 [Stand: 05.01.2015]

[Jernigan, 2007]   Jernigan, Finith: Big BIM little BIM, The practical approach to building information modelling. Integrated practise done the right way. Salisbury, Maryland: 4Site Press, 2007

[Junge & Liebich, 1998]   Junge, Richard; Liebich, Thomas: Product Modelling Technology – the Foundation of Industry Foundation Classes. Proceedings of the European Conference on Process and Product Modeling. Watford, England, 1998

[Koch, 2014]   Koch, Wilfried: Baustilkunde. Das Standardwerk zur europäischen Baukunst von der Antike bis zur Gegenwart. 32. Aufl. München: Prestel Verlag, 2014

[Laugier, 1755]   Laugier, Marc-Antoine: Essai sur l'architecture. 2. Aufl., 1755

[Laiserin, 2002]   Laiserin, Jerry: Comapring Pommes and Naranjas. The LaiserinLetter, 2002, www.laiserin.com/features/issue15/feature01.php [Stand: 26.8.2014]

[Lévy, 2012]   Lévy, Francois: BIM in small-scale sustainable design. Hoboken, New Jersey: John Wiley und Sons, 2012

[Liebich, 1994]   Liebich, Thomas: Wissensbasierter Architekturentwurf: Von den Modellen des Entwurfs zu einer intelligenten Computerunterstützung. Weimar: VDG, 1994

[Liebich; Schweer & Wernik, 2011]   Liebich, Thomas; Schweer, Carl-Stephan; Wernik, Siegfried: Die Auswirkungen von Building Information Modeling (BIM) auf die Leistungsbilder und Vergütungsstruktur für Architekten und Ingenieure sowie auf die Vertragsgestaltung. Bonn: Forschungsinitiative ZukunftBAU, BBSR, 2011

[Lymath, 2014]   Lymath, Anthony: The 20 key BIM terms you need to know. NBS (Hrsg.), Dezember 2014, www.thenbs.com/topics/BIM/articles/the-20-key-bim-terms-you-need-to-know.asp [Stand: 01.01.2015]

[MacLeamy, 2007]   MacLeamy, Patrick: Patrick MacLeamy on the Future of the Building Industry. www.hok.com/thought-leadership/patrick-macleamy-on-the-future-of-the-building-industry [Stand: 05.01.2015]

[NATSPEC, 2011]   NATSPEC: National BIM Guide. NATSPEC National BIM Guide, 2011

[NIBS buildingSMART alliance, 2012]   NIBS buildingSMART alliance: NBIMS-US™ Version 2 – Reference Standards, Information Exchange Standards, Best Practice Guidelines and Annexes. Washington, www.nationalbimstandard.org. [Stand: 05.01.2015]

[NIBS buildingSMART alliance, 2013]   NIBS buildingSMART alliance: Frequently Asked Questions About the National BIM Standard-United States. 2013, www.nationalbimstandard.org/faqs [Stand: 20.11.2015]

[Race, 2013]   Race, Steven: BIM Demystified – An Architect's Guide to Building Information Modelling [BIM]. London: RIBA Publishing, 2013

[Reformkommission Bau von Großprojekten, 2015]   Reformkommission Bau von Groß-projekten: Komplexität beherrschen – kostengerecht, termintreu und effizient. Berlin: Bundes-ministerium für Verkehr und digitale Infrastruktur, 2015

[RIBA, 2013]   RIBA: RIBA Plan of Work 2013. www.ribaplanofwork.com [Stand: 05.01.2015]

[Richens, 1976]   Richens, Paul: New Developments in the OXSYS System. Second International Conference of Computer in Engineering and Building Design. London, 1976

[Scherer & Schapke, 2010]   Scherer, Reimar; Schapke, Sven-Eric: MEFISTO: Management – Führung – Information – Simulation im Bauwesen. Dresden: TU Dresden, 2010

[Sichermann, 2013]   Sichermann, Stefan: Lego startet neue Serie *Gescheiterte deutsche Groß-projekte*. Der Postillon, 18.02.2013, www.der-postillon.com/2013/02/lego-startet-neue-serie-gescheiterte.html [Stand: 19.08.2015]

[Smart Market Report, 2010]   Smart Market Report: The Business Value of BIM in Europe. Badford: McGraw Hill Construction, 2010

[Smart Market Report, 2014]   Smart Market Report: Business Value of BIM for Construction in Major Global Markets. Bedfort, MA: MacGraw Hill Construction, 2014

[Smart Market Report, 2014]   Smart Market Report: The Business Value of BIM for Owners. Bedford, MA: MacGraw Hill Construction, 2014

[Stachowiak, 1973]   Stachowiak, Herbert: Allgemeine Modelltheorie. Wien/New York: Springer, 1973

[Statistisches Bundesamt, 2013] Statistisches Bundesamt: Strukturerhebung im Dienstleistungs-bereich Architektur- und Ingenieurbüros 2011. Wiesbaden, 2013

[Statistisches Bundesamt, 2015] Statistisches Bundesamt: Volkswirtschaftliche Gesamtrech-nungen, Inlandsproduktsberechnung 2014. Wiesbaden, 2015

[Tan et al., 2015] Tan, Helene Aude; Kirmayr, Thomas; Gantner, Johannes; Liebich, Thomas; Homolka, Sarah; Noisten, Peter: The Reference Building Process with special respect to sustainable certification and the mandatory BIM requirements management. In Rickers, Uwe; Hochschule Konstanz: Lake Constance 5D-Conference 2015. Proceedings: Constance, 4th–5th of May 2015 Constance, 2015, S. 123–132

[Ulrich & Fluri, 1992] Ulrich, Peter; Fluri, Edgar: Management. Eine konzentrierte Einführung. Stuttgart/Bern: Haupt, 1992

[van Nederveen & Tolman, 1992] van Nederveen, G.; Tolman, F.: Modelling Multiple Views on Buildings. Automation in Construction. S. 215–224, Dezember 1992

[Verbände der deutschen Bauwirtschaft, 2009] Verbände der deutschen Bauwirtschaft, Leitbild Bau: Zur Zukunft des Planens und Bauens in Deutschland – eine gemeinsame Initiative der deutschen Bauwirtschaft. Berlin: Zentralverband Deutsches Baugewerbe, 2009

[VICO Software, 2014] VICO Software: Model Progression Specification. 2014, www.vicosoftware.com/model-progression-specification [Stand: 26.08.2014]

[Wix & Liebich, 1997] Wix, Jeffrey; Liebich, Thomas: Building Construction Core Model. ISO/TC 184/SC 4/WG 3, N599. 1997

9.3 Softwareverzeichnis

Die hier alphabetisch gelisteten Softwareprodukte sind in diesem Buch erwähnt, allerdings erhebt die Aufstellung keinen Anspruch auf Vollständigkeit.

[Stand: 09/2015]

4Projects	www.4projects.com
Advanced Steel	www.autodesk.de/products/advance-steel/overview
AECOsim Building Designer	www.bentley.com/de-DE/Products/AECOsim+Building+Designer
Affinity	www.trelligence.com/index.php
Allplan Architektur	www.nemetschek-allplan.de/software/architektur
Allplan Design2Cost	www.nemetschek-allplan.de/software/kostenmanagement
Allplan Engineering	www.nemetschek-allplan.de/software/ingenieurbau
ArchiCAD	www.graphisoft.de/archicad
ArchiCAD HKLSE-Modeller	www.graphisoft.de/archicad/zusatzprodukte/hklse-modeller/index.html
Asite	www.asite.com
AutoCAD Architecture	www.autodesk.de/products/autocad-architecture/overview
AutoCAD MEP	www.autodesk.de/products/autocad-mep/overview
AVEVA Bocad	www.aveva-bocad.com/de/startseite.html

BIM 360	www.autodeskbim360.com
BIM Server	www.graphisoft.de/bim_server
BIM+	www.bimplus.net
BIM4You	www.brz.eu/de/bausoftware/building-information-modeling
Brief Builder	www.briefbuilder.nl
Cadwork	www.cadwork.de
Cinema4D	www.maxon.net/de/products/cinema-4d-studio.html
Connected BIM	www.aconex.com/bim-management
DDS CAD	www.dds-cad.de
Digital Project	www.gehrytechnologies.com/en/products
DProfiler	http://beck-technology.com/dprofiler.html
dRofus	www.drofus.no/en
form•Z	www.formz.com/products/formz.html
Generative Components	https://www.bentley.com/en/products/product-line/modeling-and-visualization-software/generativecomponents
Geometry Gym	www.grasshopper3d.com/group/geometrygym
Grasshopper	www.grasshopper3d.com
HottCAD	www.hottgenroth.de
IDA ICE	http://equa.ch/home/page.aspx?page_id=2767
InfoCAD	www.infograph.de
ISM	www.bentley.com/en-US/Products/Structural+Analysis+and+Design/ISM
iTWO	www.rib-software.com/de/landingpage/rib-itwo.html
Kostenkalkül	www.dbd.de/dbd-kostenkalkuel/Pages/default.aspx
MagiCAD	www.magicad.com/de
Microstation Hyper-modelling	www.bentley.com/de-DE/Products/MicroStation/hypermodels.htm
Navisworks	www.autodesk.com/products/navisworks/overview
ObjectARX	http://usa.autodesk.com/adsk/servlet/index?siteID=123112undid=773204
Plancal Nova	www.plancal.de/produkte/nova.html
ProjectWise	www.bentley.com/en-US/Products/projectwise+project+team+collaboration
Raumtool 3D	www.solar-computer.de
Revit	www.autodesk.de/products/revit-family/overview
Revit IFC-Add-on	http://sourceforge.net/projects/ifcexporter
RFEM/RSTAB	www.dlubal.com/de
Rhinoceros	www.rhino3d.com/de
Rukon	www.tacos-gmbh.de/index.php?ziel=startseite

SchüCal	www.schueco.com/web/de/partner/fenster_und_tueren/ metallbau_software/software
Scia Engineer	http://nemetschek-scia.com/de/software/product-selection/ scia-engineer
SketchUp	www.sketchup.com/de
Solibri	www.solibri.com/products/solibri-model-checker
Strakon	www.dicad.de
Syncro	https://synchroltd.com/synchro-pro/
Tekla BIMsight	www.teklabimsight.com
Tekla Structure	www.tekla.com/de/produkte/tekla-structures
Trimble Connect	http://connect.trimble.com/
Vectorworks	www.computerworks.de/produkte/vectorworks.html
Vico Office	www.vicosoftware.com
VisualARQ	www.visualarq.com/de

9.4   Bildnachweis

Abb. 1	Der Postillon. Fürth: Februar 2013
Abb. 2	Statistisches Bundesamt, 2013
Abb. 3	Statistisches Bundesamt, 2015
Abb. 4	Dimitar Sotirov, Shutterstock 109936955
Abb. 5	[Building and Construction Authority, 2013], S. 21, übersetzt und bearbeitet
Abb. 6	HITOS Projekt, 2006. Statsbygg Norwegen
Abb. 7	[Liebich, 1994]
Abb. 8:	Allegorische Darstellung der Vitruvianischen Urhütte (Quelle: Frontispiz von Charles Eisen [Laugier, 1755])
Abb. 9	Lothar Haselberger: Werkzeichnungen am Jüngeren Didymeion-Vorbericht. (Ancient Construction Plans at Didyma. Preliminary Report), Istanbuler Mitteilungen 30 (1980) 191–215
Abb. 10:	Beispiel aus dem Hüttenbuch von Villard de Honnecourt [Hahnloser, 1972]
Abb. 11:	Die drei Kuppeln: Dom in Florenz, St. Paul Kathedrale in London, Kapitol in Washington (Quelle: eigene Zusammenstellung nach [Fanelli, 2004], [Koch, 2014], Benjamin Brown French)
Abb. 12	Chuck Eastman, 1975
Abb. 13	M. Fischer & C. Kam (2002) PM4D Final Report – CIFE Technical Report Number 143, Senate Properties, Olof Granlund Oy, YIT Corporation, Finland, CIFE, Stanford University, USA
Abb. 14	[Liebich; Schweer & Wernik, 2011], aktualisiert
Abb. 17	Mark Bew; Mervyn Richards, 2008
Abb. 19	Patrick MacLeamy, 2007
Abb. 20	Patrick MacLeamy, 2007

Die Bildrechte aller weiteren, hier nicht genannten Abbildungen liegen bei den Autoren.

9.5   Stichwortverzeichnis